国家自然科学基金项目·管理科学与工程系列丛书

科技资源市场配置理论与实证研究

戚 湧 著

科 学 出 版 社
北 京

内 容 简 介

本书从科技资源分类和特点、计划配置与市场配置的认识出发，开展公共物品理论、新制度经济学理论、博弈理论和系统理论等相关理论研究，探究科技资源市场配置的模式和机制，开展科技资源市场配置国内外现状分析，进行我国科技资源市场配置实证研究，围绕科技成果资源、科技条件资源、科技人才资源、科技信息资源和科技投入资源五类科技资源开展理论与实证研究，进行科技资源市场配置规制研究，在此基础上提出我国科技资源市场配置的模式和机制，指出优化我国科技资源市场配置的路径。

本书可供政府部门、高校院所、科研机构、创新创业企业、科技工作者以及广大创新创业人员参考阅读。

图书在版编目（CIP）数据

科技资源市场配置理论与实证研究 / 戚湧著. —北京：科学出版社，2018.7
 ISBN 978-7-03-050566-8

Ⅰ. ①科⋯ Ⅱ. ①戚⋯ Ⅲ. ①科学技术-资源管理-市场配置-研究 Ⅳ. ①G311

中国版本图书馆 CIP 数据核字(2016)第 267740 号

责任编辑：魏如萍 / 责任校对：郑金红
责任印制：张 伟 / 封面设计：无极书装

科 学 出 版 社 出版
北京东黄城根北街 16 号
邮政编码：100717
http://www.sciencep.com

北京虎彩文化传播有限公司 印刷
科学出版社发行 各地新华书店经销
*
2018 年 7 月第 一 版　开本：720×1000　B5
2018 年 7 月第一次印刷　印张：15
字数：300 000
定价：120.00 元
(如有印装质量问题，我社负责调换)

前　言

"资源"一般指所拥有的物力、财力、人力等各种要素，它随人们的需求和认识而变化。经济学主要针对资源的有限性与人们需求的无限性之间的矛盾，把资源作为配置对象，研究经济社会资源合理优化配置的途径和手段。当今，全球各大经济体范围内国与国之间的竞争已经逐渐从一般资源配置竞争上升到科技资源配置竞争。科技资源是支撑和推动科技创新活动所需要的科技成果资源、科技条件资源、科技人才资源、科技信息资源、科技投入资源和科技政策资源，是带动经济超越简单再生产和扩大再生产的创新经济要素、制度要素和社会要素的总和，是实施创新驱动发展战略和建设创新型经济必不可少的投入要素。

习近平总书记指出："进入 21 世纪以来，新一轮科技革命和产业变革正在孕育兴起，全球科技创新呈现出新的发展态势和特征"，"传统意义上的基础研究、应用研究、技术开发和产业化的边界日趋模糊"，"科技创新活动不断突破地域、组织、技术的界限，演化为创新体系的竞争，创新战略竞争在综合国力竞争中的地位日益重要。"科技创新和产业竞争已成为当今各大经济体最难把握而又必须面对的战略必争之地。当前我国经济发展正处于"新常态"，经济增速换挡回落，经济结构不断优化升级，产业消费需求逐步成为主体，经济发展由要素驱动、投资驱动向创新驱动转变，科技创新成为经济发展新常态下的主旋律。加强区域科技资源市场配置、提高科技资源市场配置效率，推动区域科技创新与进步已成为当今的时代要求。2014 年 3 月，全国政协"一号提案"建议充分发挥市场配置科技资源的决定性作用，让全社会创新活力竞相迸发；以绩效为导向，建立健全针对不同创新活动的分类评价机制，改进科技资源配置方式。党的十八届三中全会提出："经济体制改革是全面深化改革的重点，核心问题是处理好政府和市场的关系，使市场在资源配置中起决定性作用和更好发挥政府作用"，并提出科技体制改革的主要目标和任务是"发挥市场对技术研发方向、路线选择、要素价格、各类创新要素配置的导向作用"。2015 年 3 月，《中共中央国务院关于深化体制机制改革加快实施创新驱动发展战略的若干意见》提出加快实施创新驱动发展战略，就是要使市场在资源配置中起决定性作用和更好发挥政府作用，破除一切制约创新的思想障碍和制度藩篱，因此在积极迎接新科技革命和产业变革带来的新挑战时，要充分利用好国际、国内两大资源，协调好市场和政府两大力量，优化科技资源配置，构建高效的科技供给体系，努力实现更多核心、关键、共性技术的突破，把创新驱动发展的战略主动权掌握在自己手中。

我国目前科技资源市场配置初见成效，但还存在区域科技资源配置重复低效、市场配置机制不够、配置结构失衡、政策规划不够完善、信息渠道不够畅通等问题，造成这些问题的原因主要是政府与市场的关系尚未完全理顺。在技术创新中要更加注重发挥市场的作用，把更多的技术创新资源以市场手段配置给企业；要构建有利于发挥市场作用的技术创新政策体系，更多地采用普惠性政策调动企业和社会的创新积极性；要发挥市场对科技成果的评价和筛选作用，细化落实政府采购政策，更多地采取引导基金、购买服务、"项目贷款制"等支持方式。大力扶持科技服务业的发展，特别要支持小微科技型服务企业和新型研发组织的发展；要放宽科技服务型企业的准入，促进科技服务业涌现出各种各样的新型业务、新型业态和全新的企业组织形态。加强科技资源配置的统筹协调和公开透明，用好政府这只"看得见的手"。同时，完善同行评审机制，让资源更多分配给真正能出成果的科研团队，让一切劳动、知识、技术、管理、资本的活力竞相迸发，推进创新型国家建设。充分发挥市场配置科技资源的决定性作用、共奏全社会创新的主题曲、提高科技资源市场配置绩效具有重要的学术价值和应用前景。

本书是编者近年来相关领域的研究成果，主要内容分为11章。第1章为绪论，包括科技资源定义和特点、计划配置与市场配置的认识以及科技资源配置改革过程研究内容；第2章为科技资源配置理论分析，包括科技资源配置理论基础和科技资源配置国内外研究现状研究内容；第3章为我国科技资源市场配置实证研究，包括基于SFA方法的科技资源市场配置实证分析、基于社会网络分析的科技资源市场配置实证分析以及基于合作博弈理论的科技资源市场配置研究内容；第4~8章分别开展科技成果资源、科技条件资源、科技人才资源、科技信息资源以及科技投入资源五类科技资源的市场配置研究，每章包含内涵研究、国内外研究现状以及市场配置的实证研究内容；第9章为科技资源市场配置规制研究，包括规制的内涵、科技资源市场配置规制的国内外研究现状以及科技资源市场配置规制的实证研究内容；第10章为我国科技资源市场配置模式和机制，通过国内外经验借鉴，提出我国科技资源市场配置模式和机制；第11章提出优化我国科技资源市场配置路径。朱婷婷、许凤、刘延杰等博士研究生以及郭逸、王静、饶卓、刘军、王昊义、王明阳、周星等硕士研究生参与相关章节的撰写工作，在此表示感谢。

由于时间匆促，本书如有不足之处请予批评指正。

编　者

2017年11月

目　　录

第1章　绪论 ··· 1
    1.1　科技资源的定义和特点 ··· 1
    1.2　计划配置与市场配置的认识 ·· 11
    1.3　科技资源配置改革过程 ·· 19
    1.4　本章小结 ·· 26

第2章　科技资源配置理论分析 ·· 28
    2.1　科技资源配置理论基础 ·· 28
    2.2　科技资源配置国内外研究现状 ··· 42
    2.3　本章小结 ·· 45

第3章　我国科技资源市场配置实证研究 ·· 46
    3.1　基于 SFA 方法的科技资源市场配置实证分析 ······················· 46
    3.2　基于社会网络分析的科技资源市场配置实证分析 ·················· 53
    3.3　基于合作博弈理论的科技资源市场配置研究 ························ 63
    3.4　本章小结 ·· 72

第4章　科技成果资源市场配置研究 ·· 74
    4.1　科技成果资源的内涵 ··· 74
    4.2　科技成果资源市场配置的国内外研究现状 ··························· 78
    4.3　科技成果资源市场配置的实证研究 ···································· 81
    4.4　本章小结 ··· 102

第5章　科技条件资源市场配置研究 ··· 103
    5.1　科技条件资源的内涵 ··· 103
    5.2　科技条件资源市场配置的国内外研究现状 ·························· 105
    5.3　科技条件资源市场配置的实证研究 ··································· 106
    5.4　本章小结 ··· 115

第6章　科技人才资源市场配置研究 ··· 116
    6.1　科技人才资源的内涵 ··· 116
    6.2　科技人才资源市场配置的国内外研究现状 ·························· 118
    6.3　科技人才资源市场配置的实证研究 ··································· 124

6.4　本章小结 ·· 136
第7章　科技信息资源市场配置研究 ·· 137
　　7.1　科技信息资源的内涵 ·· 137
　　7.2　科技信息资源市场配置的国内外研究现状 ······································· 138
　　7.3　科技信息资源市场配置的实证研究 ·· 140
　　7.4　本章小结 ·· 149
第8章　科技投入资源市场配置研究 ·· 150
　　8.1　科技投入资源的内涵 ·· 150
　　8.2　科技投入资源市场配置的国内外研究现状 ······································· 151
　　8.3　科技投入资源市场配置的实证研究 ·· 153
　　8.4　本章小结 ·· 167
第9章　科技资源市场配置规制研究 ·· 169
　　9.1　规制的内涵 ··· 169
　　9.2　科技资源市场配置规制的国内外研究现状 ······································· 175
　　9.3　科技资源市场配置规制的实证研究 ·· 178
　　9.4　本章小结 ·· 194
第10章　我国科技资源市场配置模式和机制 ··· 196
　　10.1　国内外典型案例分析 ·· 196
　　10.2　我国科技资源市场配置的模式和机制探究 ····································· 202
　　10.3　本章小结 ·· 210
第11章　优化我国科技资源市场配置路径 ··· 211
　　11.1　理顺管理体制，加强科技资源配置的统筹与协调 ·························· 211
　　11.2　深化机构改革，优化科技资源配置的布局和结构 ·························· 212
　　11.3　加强科技立法，提升科技资源配置的权威和规范 ·························· 214
　　11.4　完善投入机制，优化科技资源配置政策和支持 ····························· 215
　　11.5　实施人才战略，加强科技资源配置基础和动力 ····························· 217
　　11.6　加强平台建设，促进科技资源配置共建和共享 ····························· 218
　　11.7　建立创新体系，促进科技资源配置产学研紧密结合 ······················ 220
　　11.8　建立区域联盟，强化科技资源配置区域能力 ································· 221
参考文献 ··· 223

第1章 绪 论

1.1 科技资源的定义和特点

1.1.1 科技资源的定义

资源是一种投入要素，是人类一切活动的基础，可以经过人类的活动形成社会财富。《辞海》对资源的解释是"资财的来源，一般指天然的财源"。联合国环境规划署对资源下的定义是"所谓资源，特别是自然资源，是指在一定时期、地点条件下能够产生经济价值，以提高人类当前和将来福利的自然因素和条件"。国外学者从面向可持续发展经济学的角度提出泛资源（pan-resource）理论，使人们对于资源的认识进入一个全方位、完整的状态。泛资源理论认为，知识经济高速发展将促进传统经济学资源内容变革，使资源概念突破"传统的资源"，发展为一个具有自然资源、社会资源和知识资源三个层面的系统。在这个系统中，科技资源（science and technology resources）应该是能直接或间接推动科学技术进步从而促进经济发展的一切资源，包括一般意义的劳动力、专门从事科学研究人员、资金、科学技术存量、信息、环境等[1]。科技资源是知识资源的一个重要组成部分，具有知识资源的一切基本特征。在对国外既有研究成果进行总结发展的基础上，国内学者认为科技资源可以做如下的定义和理解：科技资源是科技活动的主要条件，它是科学研究和技术创新的生产要素的集合。从社会再生产的角度看，科技资源不仅包括投入科学研究和技术创新过程中的财力、人力、物力和知识信息等资源形成的科学研究与技术创新的条件，而且包括科学研究和技术创新的产出，即科技成果。

随着经济和科学技术的发展，科技资源作为支撑全社会自主创新的基础条件，日益成为一个国家或地区的重要战略资源。科技资源是科学技术基础性条件，也是科技创新活动的基础。科学技术进步与创新日益成为支撑和引领经济社会发展的主导力量。将科技资源与其他资源进行比较，可以更好理解科技资源的内涵。科技资源与自然资源的相同之处是都是一种资源，是人类社会进行社会实践活动的基础条件。科技资源与自然资源的不同之处是科技资源具有较强的社会性，来源于人类社会，带有明显的人类社会产物的特点。虽然科技资源与其他社会资源都是来源于人类劳动的过程与结果，但是服务领域不同。科技资源是创新活动的主要条件,是投入科学和技术创新过程中的生产要素。通过科学研究和技术创新,科技资源不仅能够创造物质财富和精神财富,还能推动社会生产力的发展,促进人类生活质量的提高,推进人类劳动条件的改善。将创新成果及要素作为一种资源的相关研究兴起于 20 世纪末,类似的提法包括科技资源、技术创新资源、科技创新资源和创新资源[2]。在文献研究的基础上,本书认为科技资源是科技创新活动所需要的包括科技成果资源、科技条件资源、科技人才资源、科技信息资源、科技投入资源、科技政策资源等各类支撑和推动科技创新的资源,是带动经济超越简单再生产和扩大再生产的创新经济要素、制度要素和社会要素的总和。

1. 科技资源的分类

1) 依其创生主体的不同对科技资源进行分类

有学者指出科技资源的形成过程有些类似于制度变迁的规律,依其创生主体的不同,将其分成诱致性科技资源和强制性科技资源。前者是指在遵循其自身发展规律的前提下,通过科技需求的诱导,经过较长时间的历史积累,逐步形成并发挥作用的科技资源;后者是指借助于政府及其代理机构的力量,在短期内迅速形成并发挥作用的科技资源。这两类科技资源只有通过长时间的历史积累、相互协调才能不断完善,逐渐发挥出其对科技活动应有的支撑作用。诱致性科技资源包括科技人力资源、科技财力资源、科技物力资源、科技信息资源、科技市场资源和科技文化资源;强制性科技资源主要指科技制度资源。依其创生主体的不同对科技资源进行分类如图 1-1 所示。

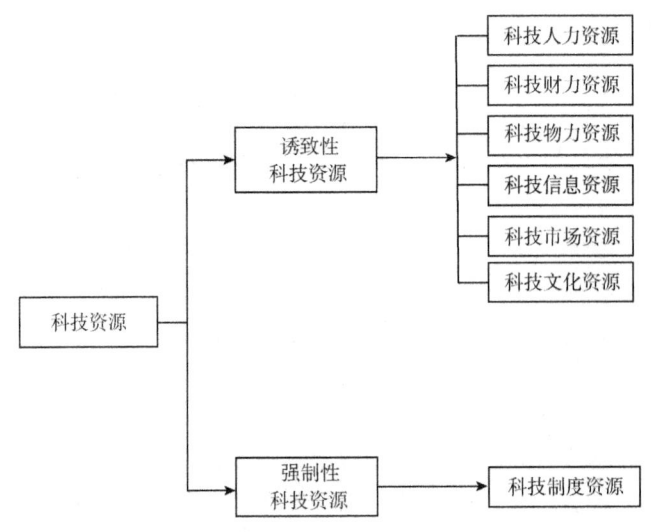

图 1-1 依其创生主体的不同对科技资源进行分类

2) 依其内容特点及相互作用关系对科技资源进行分类

科技资源内部要素各自具有不同的内容特征,在科技资源系统内起到不同的作用,发挥不同的功能,所处的地位各不相同。可以将其分为两大类:一是基础性核心科技资源,包括科技人力资源、科技财力资源、科技物力资源、科技信息资源,是科技资源的核心要素,为科技活动提供物力支持,在任何科技活动过程中都是必不可少的资源;二是整体功能性科技资源,包括科技市场资源、科技文化资源和科技制度资源,对基础性核心科技资源进行配置,使其更好地发挥对科技活动的支撑作用。整体功能性科技资源,其整体功能的实现是在对基础性核心科技资源进行配置的过程中逐渐完善并发展成熟的。依其内容特点及相互作用关系对科技资源进行分类如图 1-2 所示。

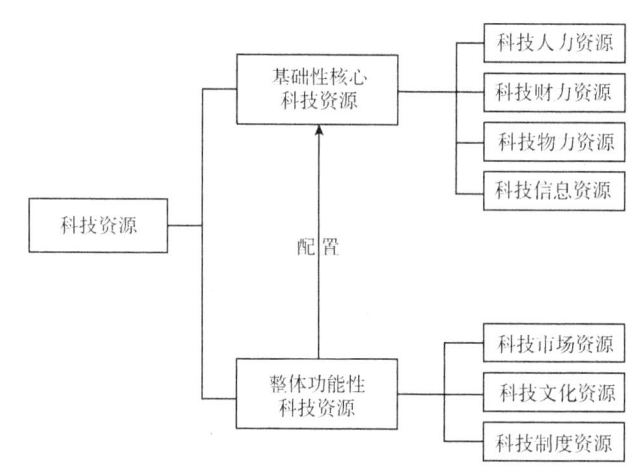

图 1-2 依其内容特点及相互作用关系对科技资源进行分类

2. 科技资源的属性

科技资源作为科学研究与技术创新不可缺少的条件,其属性是在一定社会经济环境条件下形成的,既具有客观性,也具有一定的主观性,在某种程度上随着人的意识和认识程度发生变化[3]。科技资源具有多种属性,其主要属性可以概括为以下五个方面。

1) 分布的差异性

分布的差异性分为科技资源空间和时间上分布的差异性。其中,科技资源空间上分布的差异性主要表现为区域科技资源分布的差异性。人类一切科学研究和技术创新都离不开一定的空间范围——区域,任何国家或地区的科技活动都是在一定区域内实现的,不同的区域环境塑造出性质各异、层次不同、各具特色的区域经济发展模式和科技发展政策,从而导致区域科技资源分布的差异性。科技资源时间上分布的差异性主要表现为科技资源时间分布的非均衡性，科技资源在其形成过程中的数量、质量、存在状态、利用的经济效益都随时间发生变化而表现出非均衡性。科学研究和技术创新具有较强的不确定性，人类历史演进过程中存在科学革命、技术革命和产业革命，从而导致一个国家或地区科技资源的规模、结构和效能存在"革命性"变迁而表现出非均衡性。

2）系统中的协同性

科技资源与自然资源、其他社会经济资源在一定的时空条件下相互作用，形成独特的相互联系、相互耦合的自然生态系统和社会经济系统，系统中的每一类资源都是这个大系统中的一个环节，每一个环节的缺损或破坏都有可能导致整个大系统平衡的扰动甚至崩溃。在"科学技术是第一生产力"和"科技资源是第一资源"的时代，科技资源与自然资源、其他社会经济资源的协同性尤为重要。科技资源只有与自然资源、其他社会经济资源在自然生态系统和社会经济系统组成的大系统中有效协同，充分体现科技资源的系统协同性，才能正确发挥其产出效能。另外，科技资源内部的各项资源只有在科技资源配置系统中有效协同，才能充分发挥各自的产出效能。

3）运动中的规律性

科技资源并不是静止不动的，而是遵循一定规律处于不断运动之中，参与经济、社会、生态复合大系统的变化。例如，科技人力资源运动中遵循人力资本投资规律，其收益分配遵循科技人力资源资本化规律及科学共同体和技术共同体的运动规律；科技财力资源运动中遵循公共投资社会效益最大化和私人投资利润最大化规律；科技物力资源运动中遵循资产折旧规律；科技信息资源运动中遵循规模报酬递增规律，以及网络信息系统规律等。另外，科技资源也存在自身的变化循环规律。总之，科技资源永远处于动态的变化之中，并表现出一定的规律性。

4）运营中的高增值性

科技资源与其他形式的资源相比具有较强的社会性，与其他资源的使用不同，科技资源投入科学研究和技术创新的产出——科技成果或科技产品往往更多地融入人类的智力因素，其投入往往能够产生大大超过其自身价值的价值。科技资源由于科技活动而高度增值是科技资源运营中的一个重要特征。

5）使用和影响的长效性

科技资源是科技活动的主要条件，是科学研究和技术创新的生产要素集合。由于科学技术具有继承与积累性，所以无论是知识形态还是物质形态的科技成果都是科技资源不可或缺的组成部分，因此知识形态的科技资源尤其具有长效性，主要表现在三个方面：一是其他一些资源常常表现为使用的一次性，而科技资源可以反复长期使用，并且由于其社会性的特点，不像自然资源存在枯竭的问题，在某种意义上可以说是"取之不尽"的；二是由于科学研究和技术创新遵循自身的规律，常常需要一个催生、演化的过程，而且从科技到生产，再到最终取得经济效益和社会效益需要一个相对较长的过程，因此表现为长效性；三是科技资源投入-产出的作用具有长效性。

科技资源的属性结构如图 1-3 所示。

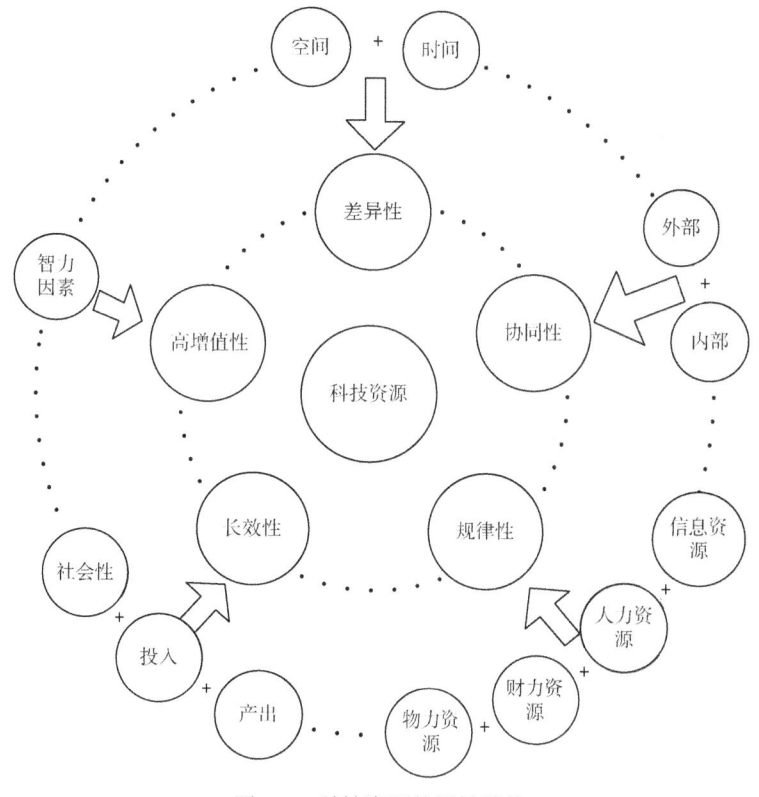

图 1-3 科技资源的属性结构

1.1.2 科技资源的特点

1. 地域性

我国各地区经济发展历史和当前的经济发展水平具有较大的东西、南北差异，在长期的时代选择下，已经逐步形成具有不同主导产业的区域经济格局，如东北是以振兴老工业基地为基础而发展的重工业基地，中部六省强调以先进制造业为基础的中部崛起，环渤海湾经济圈、珠江三角洲经济区、长江三角洲经济区等沿海经济区则强调高技术密集型经济，西部地区则支持以自然资源开发为基础的西部大开发[4]。不同区域，不仅自然资源、科技资源供给上存在非常大的差异，其科技资源需求也由于产业结构差异而迥异,对科技资源投入强度的要求也有所不同。因此,我国中央政府与地方政府本着从本地实际出发、突出重点、体现特色的原则,以促进本区域内尽快形成与发展支柱产业、主导产业和优势产业为目标而进行科技资源市场配置,在一定程度上不仅有助于实现各区域的特色性科技资源需求与供给的匹配,而且有利于提高科技资源市场配置效率,提高科技资源的投入产出比。另外,政府在引导科技资源市场配置时也要考虑到与国家经济和技术战略相一致,通过政策引导来兼顾科技资源市场配置中一些区域的薄弱之处,对其进行调整和改善,完善科技资源优化治理,促进区域内科技、经济与社会发展的良性循环。科技资源的地域性如图1-4所示。

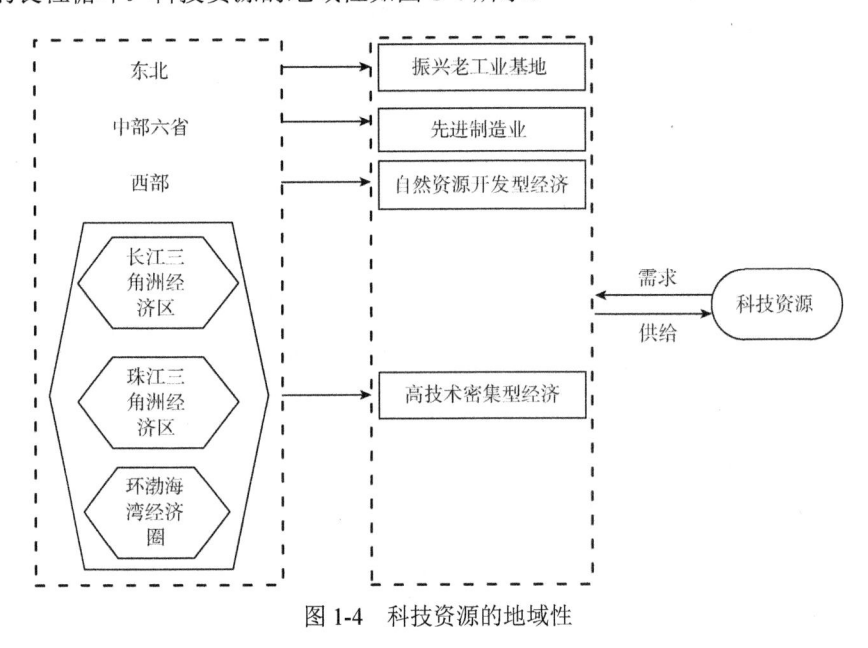

图1-4 科技资源的地域性

2. 整体涌现性

诱致性科技资源要素与强制性科技资源要素相互影响、相互作用形成了涌现性,促成科技资源由要素质到整体质的提升。系统的整体涌现性是由结构效应和环境作用共同产生的。只有当合理的结构方式产生正的结构效应,且系统处于熵值减小的状态时,整个系统才呈现出"整体大于部分之和"的有序发展状态[5]。要使科技资源发挥出"整体大于部分之和"的功效,就必须不断调整科技资源的系统结构,使其与外界环境进行有效的物质、能量和信息的交换,正确搭配科技资源各要素的比例关系,完善已有的组织架构,提供有效的制度供给,使系统不断发展壮大。科技资源的整体涌现性如图1-5所示。

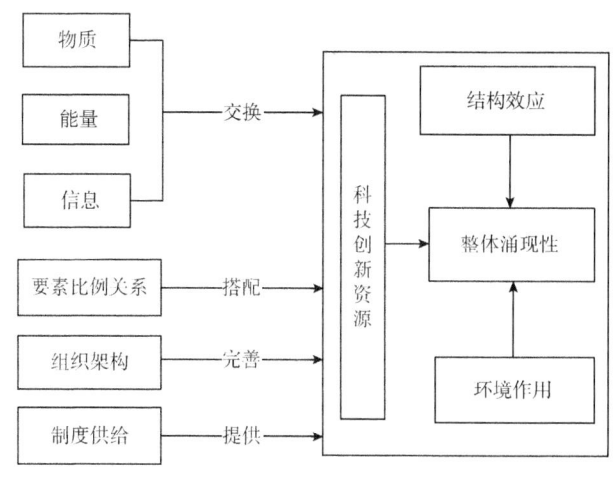

图 1-5　科技资源的整体涌现性

3. 动态演化性

科技资源要素作为促进经济增长的内涵资源要素，经历了从无到有、逐渐积累的历史发展过程。科技资源市场配置随着经济和社会发展的需求变化以及科技系统本身的发展与演化而不断改变。每一个区域的科技资源拥有量也在不断地变化，当企业、高校、科研院所乃至社会上出现新人才、新技术、新知识、新成果、新投入和新活动时，科技资源的存量与结构就会改变。因此，完全理想化的均衡型科技资源市场配置难以实现，政府和各社会团体只能根据市场运行机制和政策引导机制来尽量实现科技资源市场配置的科学化与合理化，提高科技资源利用效率。科技资源的动态演化性如图 1-6 所示。

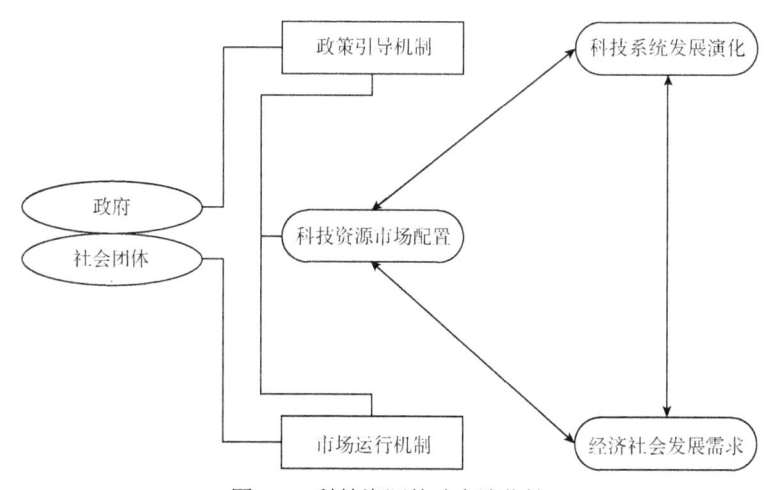

图 1-6　科技资源的动态演化性

4. 等级层次性

在复杂系统中，系统由要素质到整体质的飞跃不是一次完成的，其中会产生不同的涌现等级，形成不同的等级层次。在基础性核心科技资源要素子系统与整体功能性科技资源要素子系统相互作用的过程中，完成了科技资源要素系统由要素质到整体质的提升；科技资源要素系统在与外界环境相互作用的过程中，其配置功能不断完善并发挥作用，不断产生新的涌现性，从而形成更高一级的层次：科技资源配置系统层次；科技资源配置系统在与经济、社会等环境作用的过程中，原有的系统功能不断得到加强，并产生了新的等级层次，形成了新的系统：科技资源配置生态系统。科技资源要素系统处于科技生态系统的低级层次，是受支配的对象；科技资源配置系统处于中间层次，起到协调中枢的作用，推动科技资源配置生态系统的建设。科技资源的等级层次性如图 1-7 所示。

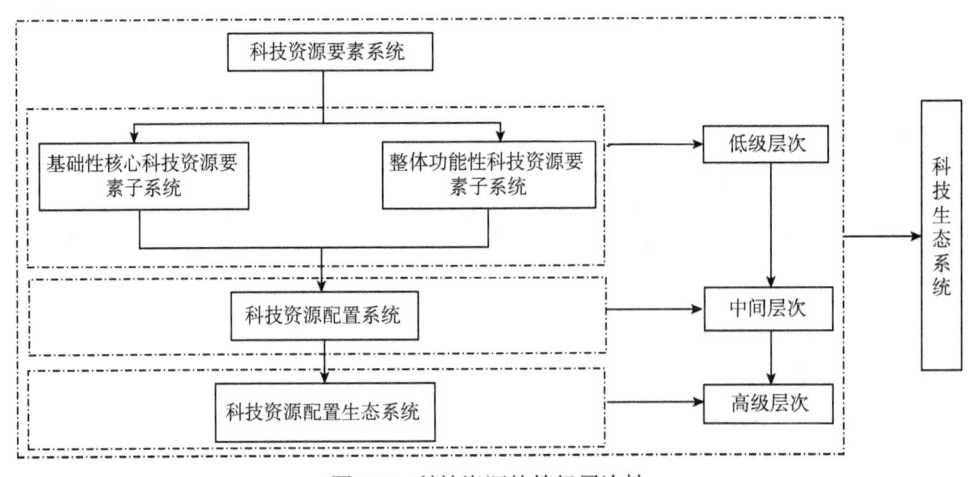

图 1-7 科技资源的等级层次性

5. 自组织性

科技资源在与外界环境进行有效交换的过程中，当内外部环境满足一定的条件、系统状态达到一定的阈值时，整个系统在自运行机制下呈现一种有序的自运行状态。形成这种有序结构的动力来源于系统内部各子系统的相互竞争、合作的协同效应及由此带来的有序参量的支配过程。科技资源的自组织性如图 1-8 所示。

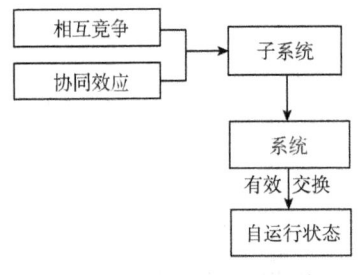

图 1-8 科技资源的自组织性

6. 与环境的互塑共生性

科技资源市场配置系统不断地接受着环境的输入，如教育系统提供的人力资源、经济系统提供的物质资源以及政府政策的干扰等。环境作为科技资源市场配置系统的输入，不断地影响、改变着系统内科技资源的发展方向与累积速度，影响着系统的行为特征。当资源的输入大于压力的输入时，环境利于科技资源的积累与发展，促进科技资源市场配置效率的提高，进而使科技资源市场配置行为体现出环境的特性。同时，科技资源的相互作用影响着系统的环境[6]。另外，科技资源要素的相互作用不断影响着系统向环境进行输出。科技资源要素的相互作用对环境的输出，塑造并影响着系统的环境。所以，应充分重视系统对环境的影响，不断调整系统输出的功能，使之更适应环境的变化，促进环境的发展。随着科学技术的不断进步，科技资源要素相互间作用产生的副产品对生态环境的影响越来越强烈，使整个生态系统面临越来越大的生存危机，以至威胁整个人类的生存与发展。因此，加强可持续发展的科技能力建设势在必行。通过大力发展绿色科技，不断优化科技资源输出的效果，使科技资源要素的相互作用产生的结果既能促进经济发展，又能有效解决经济发展与环境保护之间的矛盾，从而使科技、经济、自然协调发展。科技资源与环境的互塑共生性如图 1-9 所示。

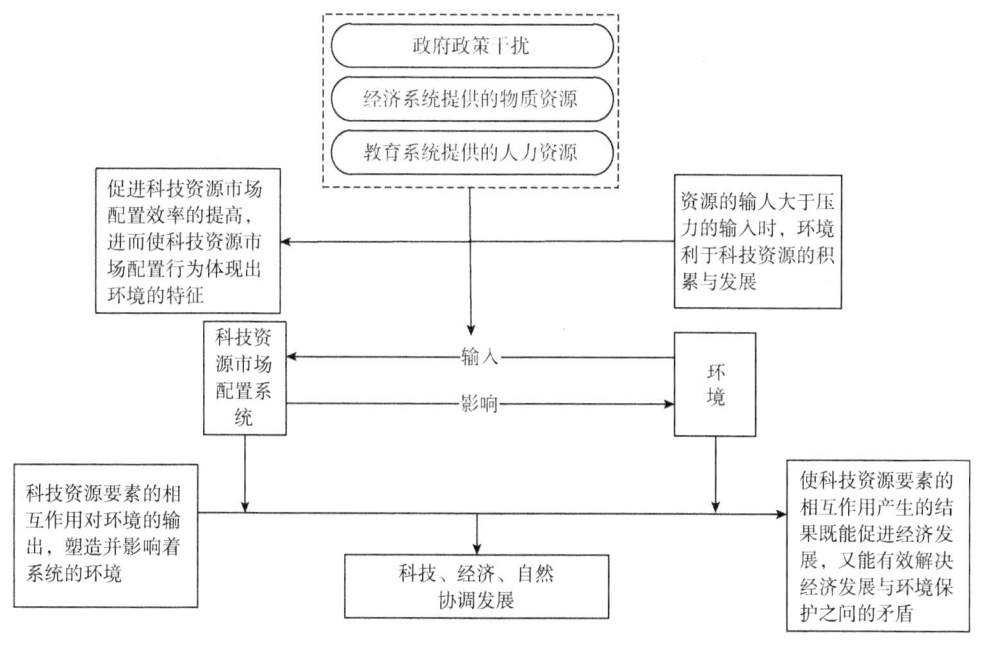

图 1-9 科技资源与环境的互塑共生性

综上，科技资源是创新活动的主要条件，是投入科学和创新过程中的生产要素，也是一种多属性、多形式、多形态、多特性的广泛存在。本书依其科技创新活动的投入类型将科技资源分为科技人才资源、科技投入资源、科技条件资源、科技信息资源、科技成果资源和科技政策资源，如图1-10所示。

```
                    ┌── 科技人才资源 ──┬── 科技人员
                    │                  └── 科技服务人员
                    │
                    │                  ┌── 政府科技财政支出
                    ├── 科技投入资源 ──┼── 高校和科研院所科技投入
                    │                  └── 科技金融融资
                    │
                    │                  ┌── 科学仪器
  科技资源 ─────────┼── 科技条件资源 ──┼── 研究基地
                    │                  └── 网络科技环境
                    │
                    │                  ┌── 科技文献
                    ├── 科技信息资源 ──┼── 科技数据
                    │                  └── 科研公用信息
                    │
                    │                  ┌── 专著、学术论文
                    ├── 科技成果资源 ──┼── 鉴定成果
                    │                  └── 专利技术
                    │
                    └── 科技政策资源 ──┬── 法律条款
                                       └── 优惠政策
```

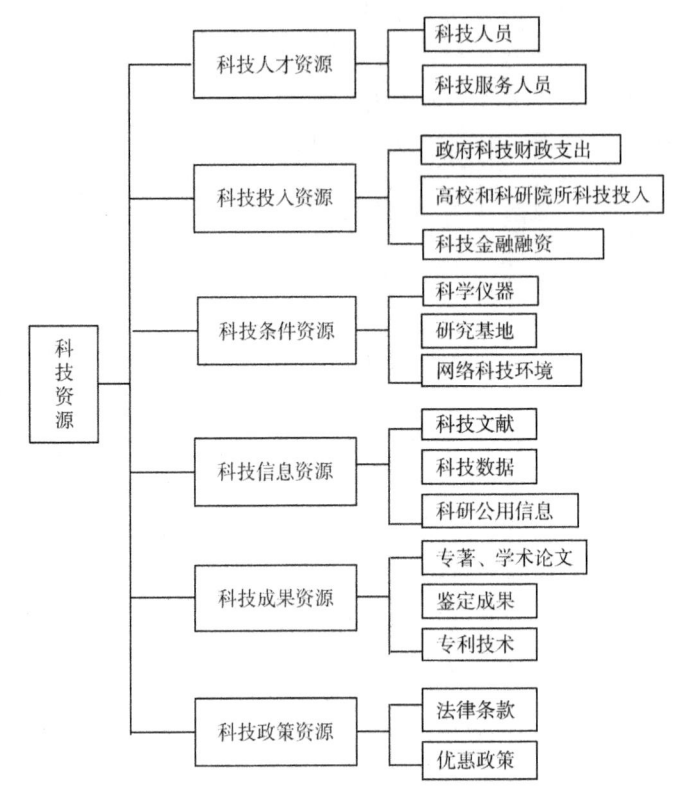

图1-10 依其科技创新活动的投入类型对科技资源进行分类

其中，科技人才资源是直接从事创新活动和为科技创新活动提供直接服务的人员，是创新活动的行为主体，在创新活动中起着决定性作用，主要包括科技人员和科技服务人员；科技投入资源是指从事科技创新活动所需的经费，主要来自政府拨款、企业或科研机构自筹资金、银行贷款等其他资金，投向新产品研发、创新活动服务、创新成果转化等，主要包括政府科技财政支出、高校和科研院所科技投入以及科技金融融资；科技条件资源是创新活动的重要基础，加强科技条件资源建设是提高自主创新能力的重要保障，主要包括用于创新活动的科学仪器、研究基地、网络科技环境；科技信息资源是指具有价值和使用价值，与社会活动相关的各种科技、贸易、生产方面的资料、消息等，是反映科技政策、动态和成果等的重要信息资源，是促进技术创新发展的重要因素，主要是指科技文献、科技数据、科研公用信息；科技成果资源是指人们在创新活动中通过复杂的智力劳动所产生的具有被公认的学术或经济价值的知识产品资源，主要包括专著、学术

论文，鉴定成果，专利技术，科技成果资源是无形资产中不可缺少的重要组成部分；科技政策资源是为创新活动提供辅助性协作的各项政策支持，为创新活动提供宏观保障，主要包括政府为保障创新活动的法律条款、优惠政策。

1.2 计划配置与市场配置的认识

1.2.1 计划经济与市场经济体制比较

19世纪下半叶，人们首次提出"经济体制"这一术语，但当时并没有赋予它太多的含义。第二次世界大战之后，对于经济体制的研究才逐渐深入。日本学者青木昌彦和奥野正宽[7]认为经济体制是各种制度的补充，是一个复杂的系统，社会制度不是由什么人有意设计的，而是适应环境、社会变化的新结构不断被发现，即在所谓的适应性进化（adaptive evolution）的过程中产生的。钱国靖[8]认为经济体制是生产关系和上层建筑的重要组成部分。樊纲[9]认为经济体制是包括一切凡是与生产、交换和收入分配相关的社会关系和社会制度。李炳炎[10]认为经济体制是指一定生产关系或经济制度的具体表现形式，社会主义经济体制是指在社会主义公有制关系下，一定的经济运动过程（包括生产、流通、分配和消费）的组织形式、权限划分、管理方式、机构设置的整个体系。经济体制除了指整个国民经济的管理体制外，还包括各行各业各自管理体制，作为体现社会主义基本经济制度的经济体制，在不同的国家和不同的历史阶段可以是不一样的。

可以发现，在以上的理解中，经济体制基本上被界定为经济制度的具体实现形式，它是一个有机的体系。现代社会存在两种基本的经济体制——计划经济（command economy）和市场经济（market economy）。

1. 计划经济

马克思和恩格斯[11]明确指出："生产资料的全国性集中将成为自由平等的生产者的联合体所构成的社会的全国性基础，这些生产者将按照共同合理的计划自觉地从事社会劳动。"马克思虽然没有提出"计划经济"这一概念，但他指出了计划经济的发展方向。其后，列宁[12]最早正式提出"计划经济"这一概念，他在1906年所写的《土地问题和争取自由的斗争》中指出：只有实行社会化的计划经济制度，同时把所有土地、工厂、工具的所有权转交给工人阶级，才能消灭一切剥削。之后，何新[13]认为计划经济是"统制经济"——统一管制经济，在旧式的公有制经济中存在。在这种体制中不承认私有财产的合法地位，或认为私有民营经济只能是公有制经济的补充。当然这样的一种观点是比较旧式的，也确实和中华人民共和国成立之初是比较吻合的。

1) 计划经济的概念

国内外学者从不同的角度对计划经济进行阐述，各有特点、各有所长，但较一致公认：计划经济，或计划经济体制，又称指令型经济，是一种经济体系，在这种体系下，国家在生产、资源分配以及产品消费等各方面，都是由政府事先进行计划。"生产什么、怎样生产和为谁生产"这三个基本经济问题由政府解决。计划经济意味着人们基于对客观经济规律的认识，自觉地有意识地对社会生产和流通进行指导与调节。这表明在社会主义制度下，人民已经处于主动地位，能够掌握自己的命运，社会已经开始从必然的王国向自由的王国迈进。计划经济优越性的实现，将保证社会主义经济在提高经济效益的前提下，以较高的速度稳定地、持续地、健康地发展，从而不断地提高全体人民的生活水平。

2) 计划经济的特点

在社会主义条件下，计划经济的特征主要表现在：一是能够使整个国民经济的各个环节，包括生产、流通、分配、消费基本上保持平衡，实现有计划的发展；二是能够在整个国民经济的范围内，合理地利用人力、物力、财力和自然资源，取得最大限度的宏观经济效益，避免重大的损失和浪费；三是能够根据一定时期内发展国民经济的战略目标、战略步骤和实施重点，集中必要的人力、物力、财力去进行重点建设，克服国民经济的薄弱环节；四是能够有计划、有步骤地抓紧发展科技、文教事业，促进科学技术的研究和应用，组织科技攻关，加速科学技术的进步，引进和推广国外科技的先进成果，并大力培养科学技术人才、管理人才以及其他各方面的人才，从而在有效地实现生产力各要素的合理组织的基础上促进社会生产力的迅速发展；五是能够适应国民经济协调发展的需要，根据各个地区的资源情况和其他条件，逐步实现生产力的合理布局，发挥各个地区的经济优势，逐步缩小乃至消除地区之间的经济、文化发展不平衡；六是能够在执行过程中，通过反馈信息，及时掌握社会经济发展的动向，及时发现矛盾和进行调整，避免比例关系的严重失调；七是可以同商品经济结合起来，形成在公有制基础上的有计划的商品经济，在全社会的规模上自觉地运用价值规律，既能保证国民经济的统一性，又能使它富有生机和活力。但是，要把这些优越性从可能变为现实，必须把计划建立在科学的基础上，并要有一个适合生产力发展的经济体制，包括合理的计划管理体制。

2. 市场经济

1776年亚当·斯密[14]提出"看不见的手"的著名论断，使人们第一次对市场经济运行的基本法则有了清晰的认识。亚当·斯密提倡的经济自由主义对资本主义各国实行自由放任的市场经济制度产生了深远的影响，以后的经济学家也大都沿着经济自由主义的轨迹，结合当时的经济发展需要进行经济理论的发展与创新。

1）市场经济的概念

市场经济，又称自由市场经济，是承认并维护私人拥有生产资料和鼓励自由竞争，通过市场交换中的价格调节供求和资源分配的经济运行体制，而不是像计划经济一般由国家所引导。

供给小于需求时，物品价格会上升，单个企业获利增加，会有更多企业进入市场，此时会扩大生产，生产规模扩大到一定规模后，供给会大于需求，物品价格会下降，单个企业的获利减少，很多企业逐渐退出市场，生产规模缩小，当缩小到一定规模，又会形成供不应求。市场经济的资源配置如图 1-11 所示。

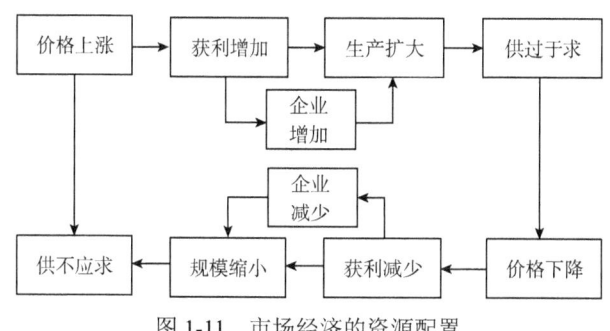

图 1-11　市场经济的资源配置

2）市场经济的特点

市场经济一产生，便成为有效率和活力的经济运行载体。迄今为止，全世界绝大多数国家都走上了市场经济的道路。这种经济体制的趋同，一方面表明市场经济具有极强的吸纳能力和兼容能力，另一方面也意味着经济模式的多样性和丰富性。世界各国经济的丰富实践，使得经济模式在多样化的基础上日益走向互相整合。现代市场经济存在以下共同特点。

一是资源配置的市场化。资源配置是指为使经济行为达到最优和最适度的状态而对资源在社会经济的各个方面进行分配的手段和方法的总称。市场经济区别于计划经济的根本之处就在于不是以习俗、习惯或行政命令为主来配置资源，而是使市场成为整个社会经济联系的纽带，成为资源配置的主要方式。在经济运行中社会各种资源都直接或间接地进入市场，由市场供求形成价格，进而引导资源在各个部门和企业之间自由流动，使社会资源得到合理配置。

二是经济行为主体的权、责、利界定分明。经济行为主体如家庭、企业和政府的经济行为，均受市场竞争法则制约和相关法律保障，赋予相应的权、责、利，成为具有明确收益与风险意识的不同利益主体。如果经济行为主体的权责利不界定清楚，那么，主体特别是企业这一微观层次就很难成为真正的自主性市场竞争主体。

三是经济运行的基础是市场竞争。市场经济的理念普遍强调竞争的有效性和公平性。为达到公平竞争的目的，政府从法律上创造出适宜的外部环境，为企业提供平等竞争的机会。如美国的反托拉斯法、德国的反对限制竞争法、日本的禁止垄断法等。只有把各市场利益主体的活动都纳入法律的框架内，才能维护市场竞争的有序性和正常运行。

四是实行必要的、有效的宏观调控。在自由竞争市场经济时期，国家的经济职能主要是保护经济发展的秩序，不直接干预经济运行。但是在现代市场经济条件下，国家对经济的干预和调控便成为经常的、稳定的体制要求，政府能够运用经济计划、经济手段、法律手段以及必要的行政手段，对经济实行干预和调控。其目的，一方面是为经济的正常运转提供保证条件，另一方面则是弥补和纠正市场的缺陷。

五是经济关系的国际化。经济活动的国际化不仅表现在国际进出口贸易、资金流动、技术转让和无形贸易的发展等方面，还表现为对协调国际利益的各种规则与惯例的普遍认同和参与。

上述所有市场经济的共同特征，对于发展中国家建立与完善市场经济体制都是值得借鉴的，同时发达国家市场经济的相异特点也应该借鉴。例如，美国"企业自主型"市场经济强调对企业主体地位的确立和保障，政府对企业的关系真正的含义是服务；德国"社会市场经济"体制的以稳定求发展和实现经济发展与社会发展之间良性循环的做法，对于处理好发展与稳定、公平与效率的关系具有一定的参考意义；日本"政府指导型"市场经济强调市场与计划的有效结合，对于发展中国家发挥政府调节的优势、提高资源利用的时空效率也不乏参考价值。

3. 计划经济体制与市场经济体制的区别

计划经济与市场经济是两种对立的经济体制。它们的区别如表1-1所示，具体主要表现在以下几个方面。

表1-1 计划经济和市场经济的区别

经济体制	计划经济	市场经济
供求关系	供给型	供给需求型
发展方式	追求均衡发展	不均衡发展
价格体系的作用	人为决定	供求关系决定
分配原则	按劳分配	按资分配和按劳分配结合
对人的安排使用	服从安排、服从计划	自由流动
政府和企业关系	政府的主观意识是企业的灵魂，企业无独立经营权	企业有独立经营权

（1）计划经济与市场经济二者供求关系不同。计划经济是一种供给型的经济体制。在这种经济体制中，经济活动只表现为单一的产品运动。国家计划完全以实物量为指标来进行综合平衡；市场经济是一种供给需求型的经济体制。在这种经济体制中经济活动存在两种运动方式：一种是商品的运动，另一种是货币的运动（前者构成了社会的总供给，后者则表现为社会的需求）。这两种运动方式既相互交织又相互分离，这便形成了以价值量为衡量标准的社会总需求和总供给的关系。

（2）计划经济与市场经济二者发展方式不同。计划经济追求均衡发展，认为经济发展应是平稳的，正常的经济发展应是没有失业现象、没有经济周期的。这样便通过计划的安排人为地实现了整个社会的普遍就业、物价不变和生产持续高速增长。这些做法实际上使经济发展中的问题表现为隐性的特点，即隐性失业、隐性通货膨胀、隐性经济周期。市场经济是不均衡发展的，表现为经济周期、通货膨胀、失业现象表面化和经常化。整个经济长期处于社会总需求与社会总供给的矛盾中，由于货币（需求）对商品（供给）的强有力的拉动和调节，整个经济在矛盾中发展，在运动中前进，经济充满了生机和活力。

（3）计划经济与市场经济二者价格体系的作用不同。计划经济中价格由国家人为决定，不反映商品供求关系。价格体系一般不完善，商品比价不合理，价格作为国家计算销售额必不可少的价值指标，一般不波动。由于价格不反映供求关系，所以经济生活中价值规定这只"看不见的手"对经济影响很小，甚至没有影响。市场经济中复杂的经济生活主要表现为总需求和总供给的关系。但国家一般不计算一定时期社会总需求和总供给各是多少，而是通过价格的变动来反映一定时期社会总供给和总需求的相对差异，并以此来调节经济。因此，市场经济中价格体系是最完善、最合理的，价格对社会经济生活反映也最敏感、最直接。

（4）计划经济与市场经济二者分配原则不同。计划经济的分配原则，在生产力水平还不发达的条件下提倡要按劳分配，贯彻多劳多得、少劳少得、不劳不得的宗旨，但这一分配原则在现实中要真正做到却是很难的。实际上最终形成的是一种有差别分配和无差别分配相结合的分配方式。市场经济贯彻按资分配和按劳分配相结合为主体的分配原则。对于生产资料所有者来讲，贯彻按资分配。另外，对于企业的生产者来讲，则严格贯彻按劳分配的原则，即干多干少不一样，干好干坏也不一样。

（5）计划经济与市场经济二者对人的安排使用不同。计划经济中，人是计划的一个重要对象。人们往往以服从安排、服从计划为工作的首要前提，在这种条件下，人才没有脱颖而出的环境，在任何一个部门往往都可能存在怀才不遇和用人不当的现象，具体表现为人员不流动、用人论资排辈、能上不能下、轮流坐庄等。市场经济中，人也是商品。在社会的人才市场中，人根据其能力不同是有高低贵贱之分的，而人们在工作过程中的"跳槽、人往高处走、水往低处流"成为一种非常正常合理的社会现象，这也是社会生产力解放的最大标志，一个人无论能力大小、水平高低，在社会上都能找到自己的位置。

（6）计划经济与市场经济二者政府和企业关系不同。计划经济中，政府的主观意识是企业的灵魂。政府将其对客观世界的反应通过计划的形式下放给企业，企业仅仅是政府计划的一个具体执行单位，自身没有独立经营自主权。这也使得整个社会不具备产生和造就企业家的环境与氛围，每个企业的厂长仅仅是国家计划的忠实执行者和企业内部生产的组织与计划者。市场经济中，政府和企业是裁判员和运动员之间的关系。企业有绝对的自主权参与市场竞争，而政府的作用只是为企业创造良好的政治和经济环境，并间接规范企业行为。

1.2.2 计划经济与市场经济在中国的改革发展

科学社会主义创始人马克思、恩格斯设想未来的社会主义将实行计划经济。十月革命胜利后，列宁把计划经济思想付诸实施，创建了人类历史上第一个社会主义计划经济体制，在一定历史时期内取得了辉煌的成就。因此，在很长时间内计划经济被认为是社会主义的本质特征和优越性所在，为各社会主义国家所采用。计划经济与市场经济在中国的改革发展时间轴如图1-12所示。

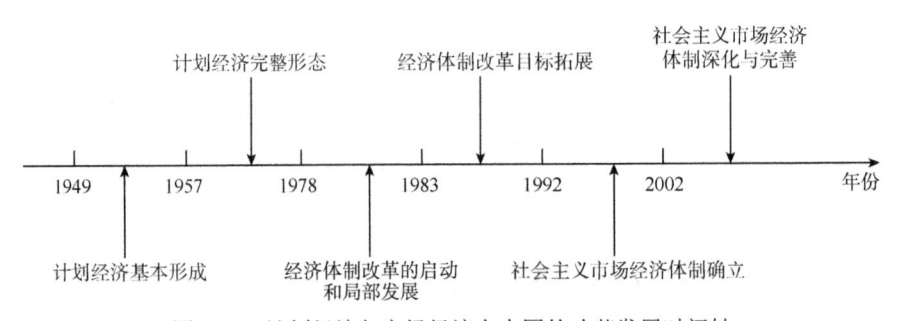

图1-12 计划经济与市场经济在中国的改革发展时间轴

1. 计划经济基本形成（1949~1957年）

1949~1957年是计划经济从准备条件到基本形成阶段，这个阶段以国营经济迅速发展和社会主义改造为基础，先从有关国计民生的重要行业和重要产品开始，然后逐步扩展。1949~1952年，国家首先对金融业和对外贸易实行了计划管理，对短缺而又重要的产品实行了统购统销。1953~1957年，随着国家对主要农副产品实行统购统销和对私营商业的社会主义改造，社会主义改造基本完成。

2. 计划经济完整形态（1958~1978年）

1958~1978年，计划经济占绝对主体地位。在这个时期，国民经济计划的管理水平很低，经济波动很大，有些年份甚至没有年度计划。不过就计划经济的基础来看，单一的公有制虽然分为全民所有制和集体所有制，但是无论是农村的人民公社还是城市的集体企业，实际上其经营管理都严密控制在各级政府部门手中。

3. 经济体制改革的启动和局部发展（1979~1983年）

我国认识到了传统计划经济存在的弊端，提出要进行改革，我国经济体制改革实际上就是从计划经济体制逐渐向市场经济体制转变。党的十一届三中全会会议公报明确指出："现在我国经济管理体制的一个严重缺点是权力过于集中，应该有领导地大胆下放，让地方和工农业企业在国家统一计划的指导下有更多的经营管理自主权。"表明我国重新开始对经济发展中计划与市场关系问题的理论探索。在此基础上，1979年4月中央工作会议提出，国民经济要"以计划经济为主，同时充分重视市场调节辅助作用"。1982年9月，党的十二大报告中进一步明确了"计划经济为主、市场调节为辅"的经济改革模式，市场开始成为配置资源的重要补充手段。所有制改革一方面坚持公有制为主体，另一方面允许个体、私人和"三资"企业的存在和发展，放开一块市场经济；在公有制经济的经营形式方面，农村集体经济实行家庭联产承包经营责任制，国有企业实行承包制，国家指令性计划的范围不断缩小，在中央和地方的关系方面，中央政府开始给予地方政府更多的自主权。

4. 经济体制改革目标拓展（1984~1992年）

随着改革实践的不断发展，中央对于中国社会主义经济内涵的认识不断深化。1984年10月，党的十二届三中全会通过《中共中央关于经济体制改革的决定》，第一次明确提出社会主义有计划商品经济理论。1985年，在党的十二届五中全会所确立的改革路线的指引下，中央对改革模式做了新的概括，细化了社会主义经济体制改革的主要内容，即建立起独立自主自负盈亏的企业、竞争性的市场体系，国家对于经济的管理主要以间接调控为主，逐步缩小计划实施的范围和程度。1992年春，邓小平发表南方谈话，强调要坚持党的十一届三中全会以来的路线、方针、政策。判断姓"资"还是姓"社"的问题的标准，应该主要看是否有利于发展社会主义社会的生产力，是否有利于增强社会主义国家的综合国力，是否有利于提高人民的生活水平。"社会主义的本质，是解放生产力，发展生产力，消灭剥削，消除两极分化，最终达到共同富裕"。邓小平视察南方的重要谈话进一步阐明了改革开放的重大意义，阐述了建立社会主义市场经济的理论基本原则，这对中国的改革开放和社会主义现代化建设具有重大而深远的意义。

5. 社会主义市场经济体制确立（1993～2002 年）

1992 年 10 月，党的十四大明确提出中国经济体制改革的目标是建立社会主义市场经济体制，进一步明确了社会主义市场经济体制的内涵是使市场在社会主义国家宏观调控下对资源配置起基础性作用，使经济活动遵循价值规律的要求、适应供求关系的变化；通过价格杠杆和竞争机制的功能，把资源配置到效益较好的环节中去，并给企业以压力和动力，实现优胜劣汰，运用市场对各种经济信号反应比较灵敏的优点，促进生产和需求的及时协调，同时也要看到市场有其自身的弱点和消极方面，必须加强和改善国家对经济的宏观调控。党的十五大报告提出了"公有制为主体、多种所有制经济共同发展"的基本经济制度。这是对国有经济的主导作用和公有制的主体地位进行重新认识，它深刻地回答了长期以来在所有制问题上束缚人们思想的许多重大理论和认识问题，为继续调整和完善所有制结构，推进国有企业的改革，加快社会主义市场经济体制的建立，指明了前进方向。

6. 社会主义市场经济体制深化与完善（2003 年至今）

2003 年 10 月，党的十六届三中全会通过的《中共中央关于完善社会主义市场经济体制若干问题的决定》规定了完善社会主义市场经济体制的目标和主要任务，即"按照统筹城乡发展、统筹区域发展、统筹经济社会发展、统筹人与自然和谐发展、统筹国内发展和对外开放的要求，更大程度地发挥市场在资源配置中的基础性作用，增强企业活力和竞争力，健全国家宏观调控，完善政府社会管理和公共服务职能，为全面建设小康社会提供强有力的体制保障"。党的十六届三中、四中全会通过的决议标志着中国市场经济体制改革正式进入以建立完善的社会主义市场经济体制为目标的攻坚阶段。2012 年党的十八大强调："要更大程度更广范围发挥市场在资源配置中的基础性作用。"增加了"更广范围"四个字，这个过程反映了我国改革的深入和我们党对社会主义市场经济认识的深化。2013 年 11 月，党的十八届三中全会通过的《中共中央关于全面深化改革若干重大问题的决定》，把以往发挥市场在资源配置中的基础性作用改为使市场在资源配置中起决定性作用。2017 年，党的十九大报告指出要着力构建市场机制有效、微观主体有活力、宏观调控有度的经济体制，其核心是如何正确处理政府与市场的关系。

计划经济与市场经济在中国的改革发展汇总如表 1-2 所示。

表 1-2　计划经济与市场经济在中国的改革发展汇总

计划经济基本形成	国家完成对农业、手工业和资本主义工商业三个行业的社会主义改造
计划经济完整形态	无论是农村的人民公社还是城市的集体企业，实际上其经营管理都严密控制在各级政府部门手中
经济体制改革的启动和局部发展	党的十二大报告中明确"计划经济为主、市场调节为辅"的经济改革模式
经济体制改革目标拓展	建立起独立自主自负盈亏的企业、竞争性的市场体系，国家对于经济的管理主要以间接调控为主，逐步缩小计划实施的范围和程度
社会主义市场经济体制确立	党的十五大报告提出了"公有制为主体、多种所有制经济共同发展"的基本经济制度
社会主义市场经济体制深化与完善	在加入 WTO（World Trade Organization，世界贸易组织）之后，越来越重视"市场"在资源配置中的作用，党的十八届三中全会强调市场在资源配置中起决定性作用

中国社会主义市场经济的发展，经过了半个多世纪理论和实践的艰辛探索，有过正反两方面的经验和教训，说明市场经济是人类文明的重要成果，是经济发展不可逾越的客观规律，因此，我国要自觉适应社会主义市场经济发展的新形势，不断学习新知识、研究新情况、解决新问题，继续探索社会主义制度和市场经济有机结合的途径与方式。

1.3　科技资源配置改革过程

中华人民共和国成立初期，我国的科技管理体制主要为苏联的高度集中的国家统包统管模式。随着我国经济社会的不断发展以及改革开放的实行，这种苏联模式已经无法满足国家的实际需要。1985年我国开始了科技管理体制的改革，科技管理体制改革极大地促进了我国经济、社会和科技事业的发展。当前，在全球性经济危机的大背景下，我国经济保持稳定持续增长，习近平主席提出了全面建成小康社会的伟大目标，作为经济体制改革的重要组成部分，相关部门着手制定科技中长期发展规划，为我国经济社会的持续稳定发展提供"新动能"。

在当前形势下，回顾我国科技管理体制改革的整体历程，总结我国科技管理体制改革的成功经验，归纳整个改革历程中发现的相关问题。在此基础上研究分析我国下一步的科技管理体制改革目标，将会推动我国科技管理体制改革的顺利发展，将有利于我国经济体制改革的发展，并成为我国经济社会健康发展的坚实基础。

1.3.1　国内研究现状

宋河发和睢纪纲[15]从体制机制内涵出发分析了科技体制机制及其改革的内

涵，结合现有研究和现状分析，从国家创新体系框架出发研究了我国科技体制机制面临的突出问题，提出我国科技体制机制改革的目标、主线、原则、重点任务与对策措施。杨振寅等[16]认为中国科技管理体制改革已经没有退路，旧制度不能适应不断变化的外部环境，不具备持续地支撑创新的能力；我国科技界的科技政策制定、行政决策相当封闭，错误的决策往往没有人承担责任，还要到处做正面宣传。张忠迪[17]从内部和外部两方面分析我国高校科技创新体制与机制问题并对高校科技创新体制和机制改革提出三个方面的建议。李正风[18]从转变政府在科技工作中的职能、确立企业在科技进步中的主体地位和进一步完善科技管理体制等方面进行了探讨。曾丽雅[19]分析我国现行科技体制中存在的各种弊端，尝试找出其症结之所在，并探讨当下科技体制改革的方向。曾白凌和张金来[20]认为科技创新体制是由科技创新组织、科技创新制度、科技创新政策和科技创新机制等要素构成的一个功能系统。依法规范、保障和激励科技创新组织的活动，加强科技创新法律制度建设，协调科技创新政策与法律的关系，建立健全科技创新法律机制，是科技创新体制与法治关系研究的核心内容。杜宝贵[21]认为科技创新是国家创新体系的核心组成部分。处在社会转型时期的我国，需要寻求支撑科技创新的本土化制度安排，"科技创新举国体制"的提出正是基于这种背景的探索。其具体分析了转型时期我国"科技创新举国体制"重构中的手段与目的、举国与市场、局部与整体、集中和集成、成功与失败的几个重要关系。周振华[22]认为一个比较有效率的科技宏观管理体制，在设定行为主体关系时，应具有较大的包容性、全面的覆盖性与强有力的黏合性，比较宽松、有容忍度、开放性等体制特征有助于加强科技创新与改善生活质量、促进经济增长的有机结合，激发微观组织的创新活力。同时，我们要从科技创新的不确定性和企业盈利模式出发，构建具有灵活的、可调整的科技宏观管理的作用机制，从而使科技资源的投入较准确地用在经过选择的科技创新项目上，提高科技创新的投入产出比。黄涛和张瑞[23]认为科技管理体制改革是一项系统工程，涉及科学技术哲学、科学社会学、制度经济学、公共管理学以及技术创新学等多学科领域，这些学科的基本原则和理念方法为深化科技管理体制改革提供了重要的理论背景、学科支撑、方向导引和政策启发，遵循和借鉴这些学科领域的原则与方法，有助于使科技体制改革的对策措施符合科技自身发展规律、符合科学社会的运行规律、符合市场经济体制的要求，为科技发展提供激励框架，实现科技与经济的密切结合，进而促进科学技术事业的发展。

综上，科技管理体制的建设对我国科技发展有很重要的影响，科技管理体制的好坏决定了科技创新能力发展水平的高低。我国的科技管理体制在改革开放以来得到了快速发展，改变过去中央集中统一管理的模式，科研活动有了较大的自由度，但是与国外发达国家成熟的科技管理体制相比仍有不少差距。我国科技管理体制存在的问题如图 1-13 所示。

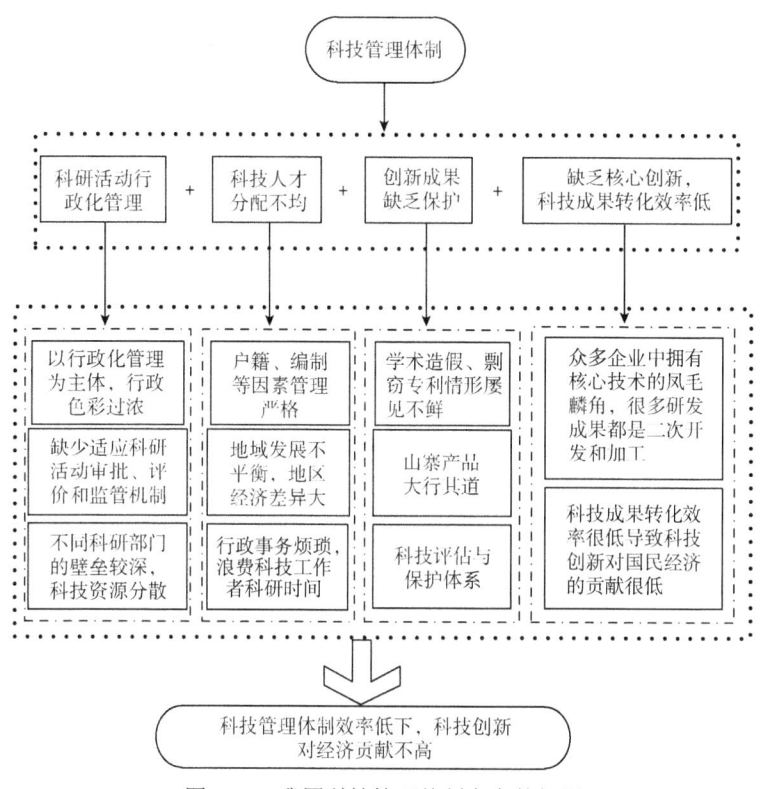

图 1-13 我国科技管理体制存在的问题

1.3.2 我国科技管理体制改革的主要历程

在中华人民共和国成立初期至 1978 年间，我国主要采用苏联模式的科技管理体制——企业、院所、高校及国防科研机构相互独立，政府对其实行单一计划、集中管理，相关政府部门设计计划方案来推动科学研发项目的开展[24]。中华人民共和国建立伊始就面临极度恶劣的国际环境，西方国家对我国采取全面封锁的政策，且历经连年战乱，国内资源亦损耗殆尽，正是这些现实条件决定了高度集中的苏联模式对于推动我国科研体系的建立以及加快我国科技发展发挥了重要作用。但是到 20 世纪 70 年代末期，随着国际形势和国家发展战略的变化，这一体制的局限日益显现。它是一个相对封闭的垂直结构体系，科技与经济存在"两张皮"的现象；没有知识产权的概念，缺少科技成果有偿转让的机制，不利于技术扩散；在科研院所内，国家用行政手段直接管理过多，存在"大锅饭"的现象，不利于调动科研机构的主动性与积极性。总之，在社会主义市场经济体制下，这种体制缺乏面向经济建设的动力与活力，不利于科学技术在经济建设中发挥应有的作用。1985年3月,《中共中央关于科学技术体制改革的决定》标志着科技体制改革的正式启动。该决定提出全国主要科技力量要面向国民经济主战场,为经济建设服务,并规定我国科学技术体制改革的根本目的是使科学技术成果迅速地、广泛地应用于生产,使科学技术人员的作用得到充分发挥,大大地解放科学技术生产力,促进经济和社会的发展。从那时至今,政府在推动科技体制改革的政策供给方面做出了巨大努力,依据改革目标与政策重点的调整,可大致分为三个阶段[25]。

(1) 突破旧体制框架阶段。这一阶段科技发展的指导思想是要落实"经济建设必须依靠科学技术,科学技术必须面向经济建设"的方针。主要政策走向是"放活科研机构、放活科技人员",而政策供给则主要集中在拨款制度、技术市场、组织结构及人事制度等方面,鼓励研究、教育、设计机构与生产单位的联合,并提出了技术开发型科研机构进入企业的五种发展方向,政府支持和鼓励民营科技企业发展,建立高新技术产业开发试验区,加快科技成果的产业化[26]。改革拨款制度的目的是要从资金供应上改变科研机构对行政部门的依附关系,使其主动地为经济建设服务,用商品经济规律调整科技力量的布局,扩大全社会的科技投入,加速科技成果商品化,国家在调整拨款制度的同时集中有限财力,加强国家长远发展和经济、国防建设中关键问题的研究,主要措施是根据1985年科技普查结果,对技术开发类的科研机构,在5年内逐步削减事业费,直至完全或基本上停拨,通过减少科研机构的科研经费,促使科研机构更主动地为经济建设服务,促进科技成果转化;对基础类的科研机构,拨给一定额度的事业费,实行基金制,通过基金对项目给予支持;对公益类的科研机构继续拨给事业费,实行包干制;对综合类的科研机构视具体情况,多渠道组织经费来源,核减下拨经费。这项改革进展比较顺利,但存在研究所经费严重短缺、整体实力下降的问题[27]。在调整组织结构方面,主要采取政-研分开,下放科研机构,扩大研究所自主权,鼓励研究所和产业界、学术界、大企业的联合,强化企业的研发能力等措施来改变科研单位自成体系的状况,合理配置科研力量。为了形成人才辈出、人尽其才的局面,国家采取实行专业技术职务聘任制,鼓励停薪留职、业余兼职和人员合理流动,实行科研承包责任制和人员优化组合等措施来改革科研人员管理制度[28]。

(2) 强化市场机制阶段。我国的经济改革自邓小平同志1992年于深圳发表的南方谈话为界进入全新阶段,我国开始了社会主义市场经济的新阶段。随着经济改革的不断加深,我国科技管理体制改革亦在不断加强,在此阶段我国科技管理体制改革的方向变为"面向""依靠""攀高峰"。国家政策主要趋向于在"稳住一头""放开一片"的基础上调整科学研究的结构并分流科学技术人才,促进科学技术与经济社会协调同步发展,在该阶段,我国科学技术发展的主要指导思想为:

稳定支持基础研究，开展高技术和重大的科技问题研究，提高科技实力；增加各级政府对科技活动的投入，优化科技投入的结构；推进研究所的管理改革，分类定位，建立现代研究院所制度，改革人事分配制度；放开各类直接为经济建设服务的研究机构，放开科技成果商品化和产业化活动，使之以市场为导向运行，为社会经济发展做贡献，如鼓励各类研究机构实行技工贸一体化，与企业合作经营，鼓励科研机构实行企业化管理（变为企业，进入企业成为企业的技术中心或与企业结合三种方式），支持和扶植技术中介机构等[29]。

（3）构建国家创新体系阶段。此阶段最重要的改革指导思想是实施"科教兴国"战略。政策走向是要加强国家创新体系建设，加速科技成果产业化。政策供给集中在促进科研机构转制、提高企业和产业创新能力等方面。逐步实现一些研究院所的市场化，实施课题制管理等。2012年是我国科技管理体制改革的关键年份，这一年我国召开了数个科研领域的重要会议，包括中国科学技术协会第九次全国代表大会、全国科技创新大会、中国工程院第十三次院士大会以及中国科学院第十八次院士大会等。根据这些会议研究成果凝聚出大量切实有效的政策、措施：推进科研机构改革和转制，目的是加强创新体系建设，提升创新能力；加快机构的转制，促使企业成为创新主体，目的是培养企业创新能力，提升其竞争能力；建立企业技术中心，给予多项优惠政策和新产品补贴，加强高新区的建设，支持民营科技企业的发展；大力推进科技成果转化，使科技成果尽快转化为生产力，规定高新技术成果可以入股，作价金额可以达到注册资本的35%，另有约定的除外，这样不仅使技术商品化了，而且使技术资本化了，另外还规定了科研机构和高校转化的技术成果要以20%奖励科技成果完成人员和为转化该成果做出重要贡献的人员。该奖励可以是现金奖励，也可以是股权奖励；为根据科学技术活动不同的特点而实行切实有效的激励，实行奖励制度的改革，相关的改革措施主要包括：调整国家科学技术奖励内部结构、简化精炼国家科学技术奖励项目、增加国家层次的奖励项目设立，并减少部分和地方奖励项目等[30]。

我国科技管理体制改革的主要历程如图1-14所示。

1.3.3 我国科技管理体制改革的深化

以知识的产生、分配和应用为基础的知识经济已在全球兴起，并在逐步改变国家间的经济竞争方式和政治格局。知识经济的产生和发展对科学技术管理体制提出了新的要求，主要包括科技体系调整和科技与经济的一体化两个方面[31]。深化科技管理体制改革，要以构建中国特色国家创新体系为目标，推动以科技创新为核心的全面创新，推进科技治理体系和治理能力现代化，激发大众创业、万众创新的热情与潜力，主动适应和引领经济发展新常态，加快创新型国家建设步伐，为实现发展驱动力的根本转换奠定体制基础。

```
突破旧体制框架  →  强化市场机制  →  构建国家创新体系
```

落实"经济建设必须依靠科学技术，科学技术必须面向经济建设"的方针　　分流科技人才，调整科研结构，推进科技经济一体化的发展　　促进科研机构转制，提高企业和产业创新能力

- 建立高新技术产业开发试验区，加快科技成果的产业化
- 减少科研机构的科研经费，促使科研机构更主动地为经济建设服务
- 实行专业技术职务聘任制，鼓励停薪留职、业余兼职和人员合理流动
- 采取政-研分开，下放科研机构，扩大研究所自主权
- 支持基础研究，开展高技术和重大的科技问题研究
- 优化科技投入的结构
- 建立现代研究院所制度，改革人事分配制度
- 放开科技成果商品化和产业化活动，使之以市场为导向运行
- 推进科研机构改革和转制
- 推进科技成果转化
- 促使企业成为创新主体
- 改革奖励激励模式机制

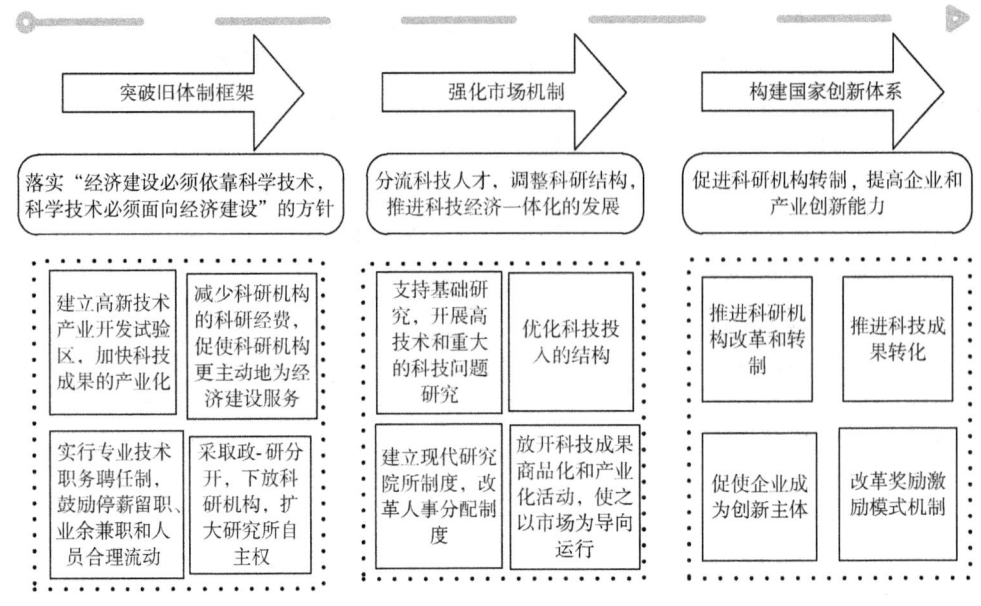

图 1-14　我国科技管理体制改革的主要历程

（1）建立符合创新规律的创新治理体系。政府在一个国家的科技发展中到底起什么作用，不同政治、经济体制和不同经济发展阶段的国家各不相同。就我国而言，有两个基本点：一是按照市场经济的基础规则，政府应在市场失灵（market failure）的领域发挥主导作用；二是根据我国的经济发展阶段，政府应该在产业科技发展中起引导作用。按照两个基本点，政府应在以下几个方面深化改革，发挥更大作用：一是推动政府职能从研发管理向创新服务转变。政府科技管理重点转向完善规划政策、优化创新环境和提供创新服务，最大限度减少政府对创新活动的行政干预，让政府机构化身为为创客提供服务的"店小二"。健全科技项目管理平台，探索由第三方机构管理科技计划和项目资金，完善以目标和绩效为导向的科技计划管理体制，加强科技计划项目全过程的信息公开和信用管理。健全激励机制和容错纠错机制，为改革创新者撑腰鼓劲。以创新驱动发展为引导，简政放权、放管结合，针对下放、取消的项目，全力构建事中事后监管制度。强化政府的服务意识，弱化管制思想，转变政府职能，使政府角色由监管者向服务者转变。建立健全决策、执行、评价相对分开、互相监督的运行机制。建立财政科技投入稳定增长机制，加强科研项目分类管理，建立创新调查和科技报告制度，提高财政资金使用效益。二是健全创新决策咨询机制。强化政府战略规划、政策制定、环境营造、公共服务、监督评估和重大任务实施等职能。建立创新治理的社会参与机制，发挥各类行业协会、基金会、科技社团等在推动创新驱动发展中的作用。从创新驱动发展战略高度建立科技创新决策领导机构，协调科技、教育、

人才相关部门、机构和规划的功能定位与资源配置,推动科学技术创新相关部门和机构提高创新治理的综合化与专业化水平。三是构建科技管理基础制度。再造科技计划管理体系,改进和优化国家科技计划管理流程,建设科技计划管理信息系统,构建覆盖全过程的监督和评估制度。完善科技报告制度,建立国家重大科研基础设施和科技基础条件平台开放共享制度,推动科技资源向各类创新主体开放。建立创新调查制度,引导各地树立创新发展导向。理顺国家宏观科技管理体制,改革现有的科技预算和投入体制,避免科研经费分散和重复使用,促进国家目标的实现[32]。确立政府在公共科技领域的主导作用,增强国家在重大平台技术、共性技术、公共技术供给方面的作用[33],建立政府科技管理活动中相应的制约手段[34],保证重大科技计划和项目的出台能得到充分的论证,同时有相应的责任制确保其真正落实[35, 36]。

(2) 重视科技人才的培养与管理。目前的科研体制行政化不能使一流人才脱颖而出,受到机制体制的约束和某些行政化思想的影响,科学家的研究自由度太低、科学自由的思想没有基础,这是我国科学创新体系中需要解决的重大问题之一[37]。着力为人才松绑减负,健全人才培养开发机制,建设创新型大学,推进"双一流"建设,在自主招生、经费使用等方面开展落实办学自主权的制度创新。突出经济社会发展需求导向,建立高校学科专业、类型、层次和区域布局动态调整机制。推进部分普通本科高校向应用技术型高校转型,探索校企联合招生、联合培养模式,完善产学研用结合的协同育人模式。统筹产业发展和人才培养开发规划,加强产业人才需求预测,加快培育重点行业、重要领域、战略性新兴产业人才。注重人才创新意识和创新能力培养,改革基础教育培养的模式,强化兴趣爱好和创造性思维,培养探索建立以创新创业为导向的人才培养机制。加强科学普及,实施提升公民科学素养行动计划。对有条件的科技企业家开展高端培训。支持教学科研人员参与国际学术交流和出国(境)开展学术交流活动,实行计划报备、区别管理;支持创新人才引进政策。实施更加开放的人才政策,加大全球引才引智力度,全面用好国际国内人才资源。采取柔性引进、项目引进、专项资助引进等方式,大力引进国外人才和智力。简化外籍高层次人才居留证件、人才签证和外国专家证办理程序。建立外国人就业证和外国专家证一门式受理窗口,对符合条件的人才优先办理外国专家证,放宽年龄限制,探索创新引进外籍高层人才在签证、停留居住、永久居留等方面的特殊便利措施,对特殊人才开辟专门渠道。建立基础研究人才培养长期稳定支持机制。加大对新兴产业以及重点领域、企业急需紧缺人才支持力度。建立健全对青年人才普惠性支持措施。加大教育、科技和其他各类人才工程项目对青年人才培养支持力度,在国家重大人才工程项目中设立青年专项。发挥科研"第一桶金"作用,继续加大对青年科技人员的支持力度;完善释放人才活力的流动配置机制。打破户籍、地域、身份、人事关系等制约，促进科研院所、高等学校人才与企业科技人才的双向流动，推进人才资源合理流动、有效配置，促使人才更好地生根发展。建立人才发展挂钩合作机制，促进人才在地区之间合理流动和协同创新。对符合条件的海外高层次留学人才及科技创新业绩突出、成果显著的人才，开辟高级职称评审绿色通道，建立高层次人才、急需紧缺人才优先落户制度。加快人事档案管理服务信息化建设，完善社会保险关系转移接续办法，为人才跨地区、跨行业、跨体制流动提供便利条件。我国科技管理体制改革的深化如图 1-15 所示。

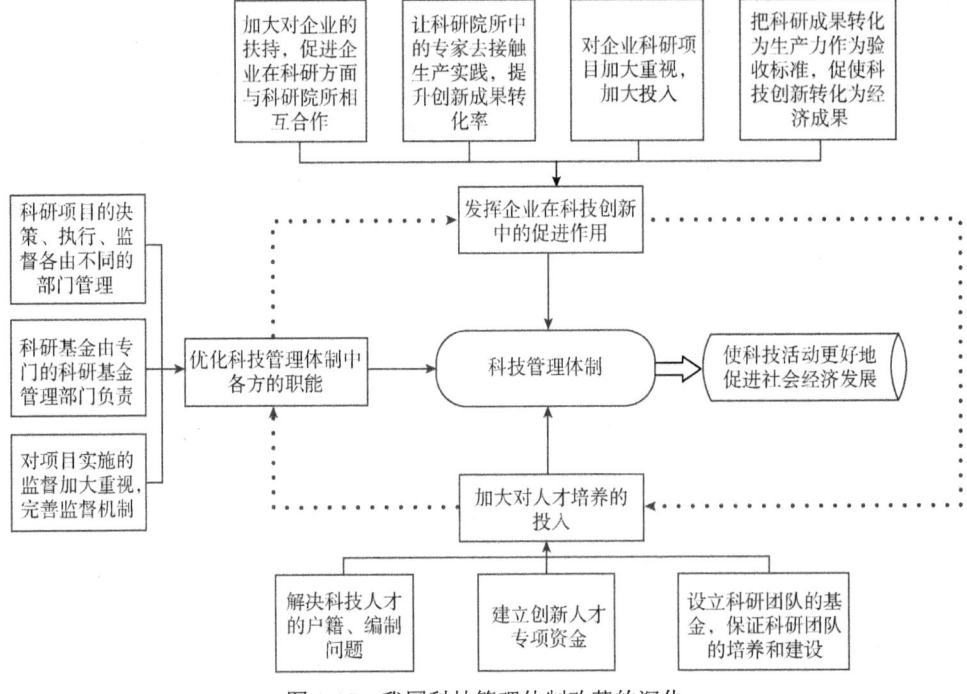

图 1-15　我国科技管理体制改革的深化

综上所述，科技体制改革发展到今天，仍然有许多深层次的问题需要解决，包括与市场经济体制相符的科技体制所需要的基本法律框架，政府与市场的关系，科研院所的治理结构，社会力量的发挥，政府在国家科技发展中职能的定位，科技资源的使用和监督等，这些都是制约我国科技发展的重要因素。只有逐步解决好这些问题，我国的科技发展才会有一个健康、稳定的发展基础。

1.4　本章小结

本章从科技资源的定义和特点、计划配置和市场配置的认识以及科技资源配置改革过程三方面进行分析。

科技资源的定义和特点部分，主要阐述科技资源的定义和科技资源的特点，定义中包括科技资源的分类、科技资源的属性，得出科技资源分为科技人才资源、科技投入资源、科技条件资源、科技信息资源、科技成果资源和科技政策资源。

计划配置和市场配置部分，主要开展计划经济体制与市场经济体制比较、计划经济与市场经济在中国的改革发展等研究，认为市场经济区别于计划经济的根本之处就在于不是以习俗、习惯或行政命令为主来配置资源，而是使市场成为整个社会经济联系的纽带，成为资源配置的主要方式。在经济运行中，社会各种资源都直接或间接地进入市场，由市场供求形成价格，进而引导资源在各个部门和企业之间自由流动，使社会资源得到合理配置。

科技资源配置改革过程部分，主要介绍国内研究现状、我国科技管理体制改革的主要历程和我国科技管理体制改革的深化，认为科技体制改革仍然有许多深层次的问题需要解决，包括与市场经济体制相符的科技体制所需要的基本法律框架，政府与市场的关系，科研院所的治理结构，社会力量的发挥，政府在国家科技发展中职能的定位，科技资源的使用和监督等，这些都是制约我国科技发展的重要因素。只有逐步解决好这些问题，我国的科技发展才会有一个健康、稳定的发展基础。

第 2 章　科技资源配置理论分析

2.1　科技资源配置理论基础

2.1.1　公共物品理论

1. 公共物品的概念

公共物品思想最早出现于英国资产阶级思想家 Hobbes 关于国家本质的论述中。Hobbes 认为国家和政府的职能是为个人提供如共同防卫类的公共物品，而且政府本身也应该是一种公共物品。同时，Hobbes 也指出契约对于公共物品提供的重要性。另一位较早讨论公共物品的思想家是 Hume，他基于人的利己主义，说明了个人无力解决公共事务，每一个人的"搭便车"行为导致公共事务往往无法得到有效的解决。Smith 也对公共物品的思想进行过论述，他认为政府的主要职责是保护个人和社会所拥有的权利，使之不受到侵犯，并且满足公众的需求，建设并维持某些公共事业和设施。基于目前西方经济学家对公共物品的研究现状，大多数的经济学家是将公共物品作为一个既定的事实来处理，对于公共物品的概念并没过多地争论。1954 年，萨缪尔森（P. A. Samuelson）给公共物品严格定义："每个人对这种物品的消费不会造成任何人对该物品消费减少的物品。"然而不争论并不代表萨缪尔森的定义是完善的，因为公共物品的概念应该包括消费和生产两方面信息，而不能仅包括消费的特质。

综上所述，公共物品是指用于满足社会公共消费需要的产品。它是相对于私人物品而言的，是指私人不愿意生产或者无法生产而由政府提供的、社会中所有消费者均具有同等消费机会且不会被个体长久占用的服务或产品，包括国防、治安、法律制度、公共基础设施、社会保障和公共福利制度等[38]。

2. 公共物品的分类

按照非竞争性和非排他性的程度、公共物品的受益范围、公共物品的存在形式和公共物品的使用功能等不同标准对公共物品进行分类，如表 2-1 所示。

（1）按照非竞争性和非排他性的程度分类：纯公共物品和准公共物品。在拥挤点（当消费者的数目增加到该点之前，每增加一个消费者的边际成本是零；而达到该点之后，每增加一个消费者的边际成本开始上升）之前，同时具有消费的

表 2-1 公共物品的分类

序号	分类标准	分类情况
1	非竞争性和非排他性的程度	纯公共物品和准公共物品
2	公共物品的受益范围	全球性公共物品、全国性公共物品、地方性公共物品
3	公共物品的存在形式	有形公共物品和无形公共物品
4	公共物品的使用功能	基础性公共物品、管制性公共物品、保障性公共物品、服务性公共物品

非排他性和非竞争性的物品就是纯公共物品，有时也称公有公益类物品，如国防、治安、法律、空气污染控制、防火、路灯、天气预报和大众电视等。在拥挤点之前，只满足非排他性和非竞争性之一的物品就是准公共物品，准公共物品是介于私人物品和纯公共物品之间的一种物品形式，是指具有有限的非竞争性和非排他性的物品。准公共物品又可分为两类，即准公共物品Ⅰ和准公共物品Ⅱ[39]。准公共物品Ⅰ又称俱乐部类公共物品，在消费上具有竞争性和非排他性。例如，那些可以收费的公路桥，以及公共游泳池、电影院、图书馆等都是这方面的例子。准公共物品Ⅱ是指在消费上具有非竞争性，但是却无法有效地排他。对于这种产品，不付费者不能被排除在消费之外，如公共渔场、公用牧场等就是如此，此外同时具有竞争性和排他性的物品是私人物品，具体如表 2-2 和图 2-1 所示。

表 2-2 按照非竞争性和非排他性的程度进行物品的分类

分类标准	非竞争性	竞争性
非排他性	纯公共物品：国防、治安、法律等	准公共物品Ⅰ：收费的公路桥、公共游泳池、电影院、图书馆等
排他性	准公共物品Ⅱ：公共渔场、公用牧场等	私人物品：衣服、食品等

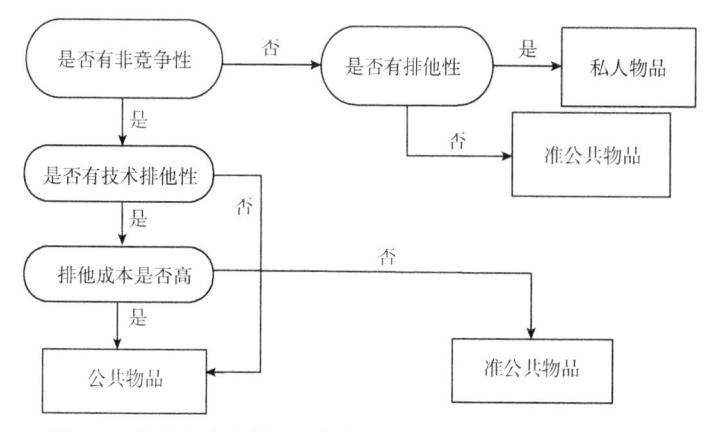

图 2-1 按照非竞争性和非排他性的程度进行物品分类的标准

（2）按照公共物品的受益范围分类：全球性公共物品、全国性公共物品和地方性公共物品。全球性公共物品即国际性公共物品指能够被全世界消费者共同、平等消费的物品，如全球环境、统一的世界商品及服务市场等。全国性公共物品是指那些可供全国全体居民同等消费并且共同享用的产品，如国防、法律、经济稳定、跨地区的公共设施等。地方性公共物品是指在某些地方或区域层次上被消费者共同且平等地消费的产品或地方基础设施、垃圾处理、街道照明等。

（3）按照公共物品的存在形式分类：有形公共物品和无形公共物品。有形公共物品是指以客观的物质形态表现存在的物品，主要包括城市基础设施如道路、公共医疗卫生设施、公共图书馆、体育馆等。无形公共物品是指以肉眼无法直接观察的形式存在但可被消费者消费的物品，主要包括基础教育、国防、环境保护等。

（4）按照公共物品的使用功能分类：基础性公共物品、管制性公共物品、保障性公共物品和服务性公共物品。基础性公共物品，主要是指基础设施一类的公共建筑或工程，如社区公益健身场所的健身设施等。管制性公共物品，主要是指针对国家及社会治理、保护国家及国民权益的无形的规章法律制度，如宪法、法律等制度安排以及国家安全或地方治安。保障性公共物品，主要是指为国民生活、生存提供的协助性保证措施，如社会保障、疾病防治。服务性公共物品，主要是指能提高国民生活质量的可供大众消费的物品，如公共交通、医疗卫生保健等服务性公共项目。

2.1.2 新制度经济学理论

从 20 世纪 60 年代开始，制度分析在西方的经济学界受到越来越多的关注，70~80 年代，新制度经济学兴起。1991 年和 1993 年新制度经济学的两位代表人物科斯和诺思先后获得诺贝尔经济学奖，更是进一步提升了新制度经济学的影响。其实，在经济学中制度分析的传统由来已久，新制度经济学只是这一传统流传至今所形成的众多经济学分支之一。

20 世纪 60 年代末，由于西方资本主义出现了滞涨现象，凯恩斯学派的政府干预政策显得束手无策。基于此，以科斯为代表的新制度经济学应运而生。科斯认为企业出现的实质就在于企业以其内部的行政管理来替代市场上的商品交易，从而节约市场交易的费用。在其《企业的性质》一文中，科斯强调市场交易的成本。在其 1959 年的《联邦通讯委员会》一文中，科斯提出了以明晰产权安排来解决外部性问题的办法，在其 1960 年的论文《社会成本问题》中，科斯更系统地阐述了这一思想，并明确使用了"交易费用"概念。科斯反对新古典经济学教条式的经济学研究，主张理论分析要贴近现实，并广泛采用案例分析和经验研究。但同时，科斯也采用新古典经济学的边际分析、均衡分析等方法来分析制度问题，努力把制度分析纳入主流经济学的分析框架之中。也正是基于这种分析方法上的"新意",威廉姆森才将这种理论与美国的旧制度经济学区分开来,将其命名为"新制度经济学"[40]。科斯的思想得到后来的学者的广泛讨论和不断发展。阿罗、张五常、威廉姆森等人发展了科斯的交易费用理论,阿尔钦、德姆赛茨、巴泽尔、哈特等人发展了科斯关于产权安排的理论。这两个侧重点不同的分支,也构成了新制度经济学关于交易费用和产权安排两个不同的分析思路。同时,契约经济学、新组织经济学也随之发展起来,关于企业的性质和公司治理结构的分析构成了新制度经济学中的企业理论。诺思、福格尔等人也开始用交易费用和产权的分析思路,借助经济计量分析手段来研究制度变迁问题,逐步形成了制度变迁理论与国家理论和新经济史学。新制度经济学与其他学科的交叉更是愈演愈烈:新制度经济学与法学结合,形成了经济法学;新制度经济学与政治学、公共选择理论相结合,形成了交易费用政治学,并推动了宪政经济学的发展;新制度经济学与发展经济学相结合,形成了发展经济学的制度学派。新制度经济学在其涉足的众多领域中已形成了表 2-3 所示的较为成熟的主要理论分支。

表 2-3　新制度经济学的主要理论分支

序号	理论分支	主要内容
1	产权理论	通过界定、使用和变更产权安排,降低或消除市场机制运行的社会成本,改善资源配置
2	交易费用理论	交易费用决定了企业的存在,企业采取不同的组织方式最终目的是节约交易费用
3	组织理论	对人类社会经济活动中的各种组织形式加以解释,说明各种组织形式的经济逻辑
4	契约理论	在特定交易环境下来分析不同合同人之间的经济行为与结果
5	制度变迁理论	研究制度因素在经济增长与发展过程中的内生性
6	新经济史学	构建社会历史演进的宏大理论体系,并力图在其自身的理论框架内,对人类的发展与停滞、繁荣与衰退做出全新的和系统的解释

本书主要介绍产权理论和契约理论的相关内容,为开展科技资源市场配置的模式研究奠定理论基础。

1. 产权理论

产权是基于社会所确认的人们对某种财产或者资产所拥有的各种权利的综合,是基于物的存在和使用的人们之间的一种权利关系,是人的社会存在的一种肯定方式。科斯认为"有效率的经济组织是经济增长的关键",而"有效率的组织需要在制度上做出安排和确立产权,以便造成一种激励"。现代产权理论研究的基本问题之一是在交易费用大于零的情况下产权对效率的影响。

1) 产权的性质

一是产权在本质上是一种社会工具。产权在其本质上体现为一种社会关系，是调节人与人之间的利益关系的根本制度。具体来说，产权的社会性体现在以下两个方面：一方面，产权是由社会规则体系约束和保障的，或者说，产权主体所能获得的财产权利，不能超越社会规则约束，也只有那些得到了社会规则体系的保障的产权才能得以实现。另一方面，产权是一项排他性的权利，反映的是人与人之间的规则约束，其本质是人与人之间的权利关系。应当注意的是，并非只有私有产权才具有排他性的特点，公有产权同样具有排他性，完全没有任何排他性的产权是不存在的。

二是产权是关于财产使用的制度。由产权的社会性可知，财产的所有者，并不能无约束地使用其财产，所有权最终要体现为财产所有者在一定的范围内自由选择如何使用其财产的权利。此外，产权能够带来的相关收益，也需要通过财产的使用来获得；财产的出租或转让则是在一定的时间内或无限期地转让了某几项关于财产使用的权利；被转让的产权，其价值的高低也取决于财产的使用给权利主体带来的收益的高低。产权是关于财产使用的制度，这并不是指产权只包括财产的使用权，而是指在现实的经济活动中，产权的实现必然要落实到财产的使用上；只有把各项使用财产的权利界定清楚，财产所有者的权利才能落到实处，产权的转让才会具有明确对象，才会有确定产权价值高低的依据。

三是产权是附着在财产上的一系列权利的集合。产权是关于财产使用的制度，财产具有多样性。产权主体会根据自己的目的和能力的不同，选择不同的使用方式。使用财产的权利，往往不是一项，而是多项；而某项财产到底有多少种使用方式，这些使用方式具体是什么，就取决于使用者的目的和能力。而自己无力开发，或自己开发财产使用潜力的能力低于其他经济主体，如果条件允许，产权的所有者也会以一个比自己开发财产使用潜力要合算的价格将关于财产使用的某些权利转让给其他权利主体。因此，物品属性的多样性和人们在使用物品时目的和能力的不同，必然会导致产权的多重性，即同一件财产上附着了多项关于这一物品使用的权利。

总之，产权作为一种排他性的权利，是调节人与人之间利益关系的根本制度；在社会规范的约束下，不存在至高无上的无限制地使用财产的权利，产权只能体现为在社会规范所确定的范围内的，关于财产使用的权利；由于同一项财产往往具有多重属性，在可能的范围内，根据权利主体的目的和能力的不同，关于财产使用的权利往往不是一项而是多项，产权最终会表现为多项关于使用财产的权利构成的权利束。可见，产权的社会性、实在性和多重性是相互关联、紧密统一的，只有正确认识了产权的社会性、实在性和多重性，才能科学地理解产权的概念。

2）产权的类型

一是私有产权。所谓私有产权，就是指权利主体为个人的权利，是由个人所拥有的各类财产权利。这也是最为普通的产权类型。这种产权形式下，拥有产权的个人可以根据自己的需要选择如何行使这一权利，或者将权利转让。无论如何处理最终决策都取决于个人的选择，由个人自主决定。这种情况下，产权的排他性特点也最为明显，除了拥有这些权利的个人之外，其他任何组织或个人在没有得到产权所有者同意的情况下，不得占有、损害该项权利，或者阻碍所有者行使这一权利。也就是说，私有产权确定了拥有这项产权的唯一的经济主体，同时也确定了其他所有经济主体，在未得到权利所有者同意的情况下，不得染指这项权利——这也是对其他经济主体较为明确的限制。当然，私有产权的排他性在限制了其他经济主体的同时，也不能排除对产权主体本身的限制。

二是共有产权。如果产权的主体是由多个经济主体所构成的共同体，权利为共同体内所有成员共同拥有，则称这种产权为共有产权。在拥有产权的这个共同体内部，每一个成员对这一产权的拥有，都不排斥共同体内其他人拥有同样的权利，但它排除了共同体外的成员对这一产权的染指。

三是集体产权。集体产权是指产权的主体是一个集体，行使各种权利的决定必须由一个集体做出，即由集体的决策机构以民主程序对权利的使用做出决策。集体产权与共有产权有着明显的不同。共有组织的成员对于如何行使其权利的决定是不需要事先与他人协商的，各个成员都享有共有的产权，各个成员都可以作为相对独立的权利主体而决策。而集体产权的产权主体则是一个唯一的集体，集体内任何成员都不能单独拥有这项权利，相应决策必须由整个集体来做出。

四是政府产权。政府产权在理论上是指产权由政府拥有，政府按可接受的政治程序来决定谁可以使用或不能使用这些权利。政府产权的性质完全取决于政府的性质。阿尔钦认为，西方民主社会的政府产权类似于股份分散的公司产权。但是，政府产权一般具有比私人产权相对较弱的特性。在政府产权下，权利一般是由政府所选择的代理人来行使。作为权利的行使者，代理人对于资源的使用与转让以及最后成果的分配都不具有充分的权能，这使得他对经济绩效不够关心，对其他成员进行监督的激励不足。而政府要对代理人进行充分的监督的费用极其高昂，再加上掌握政府权力的实体往往为了其政治利益而偏离利润最大化动机，在选择代理人时具有从政治利益而非经济利益考虑的倾向，因而，政府产权下的外部性也是较大的，经济效率较低。

五是公有产权。在现代社会，公有产权是一种广泛存在于不具备消费排他性资源上的"非实在"产权安排。在这样的产权条件下，每个社会成员都愿意享用资源所带来的好处而不愿意为其存在支付费用，因为它一旦存在每个人都可以非排他地从中受益。

目前我国区域科技资源市场配置低效的根本原因在于区域科技资源的多重资源属性，国家、区域以及所有者的多重主体特性等使得科技资源的产权更为复杂。通过区域科技资源的流动与交易实现区域科技资源的再配置是提高区域科技资源市场配置效率的有效途径之一，但其实施关键同样在于必须以有效的产权界定为基础，否则在区域科技资源流动与交易中很难形成监督机制。产权关系越明确，交易费用越低，科技资源市场配置效率越高。

2. 契约理论

契约又称合同、合约，是法学、社会学、政治学和经济学中一个普遍使用的概念。契约的含义一般从法律的契约和制度分析的契约两方面进行理解。首先从法律的契约的角度看，更多情况下，人们往往使用的是契约在法律中的概念，或者说，契约或合同，通常是一个法律概念。在新制度经济学中，对契约的界定，往往也是基于法律中的契约概念，再进一步将这一范畴应用于制度分析的范式之中。《中华人民共和国合同法》明确给定了契约的定义，在"总则"第一章第二条规定："本法所称合同是平等主体的自然人、法人、其他组织之间设立、变更、终止民事权利义务关系的协议。"从制度分析的契约角度看，新制度经济学对契约问题的研究，其目的并不是重构契约的概念和定义，而是将契约视为一个方法论工具，这个工具的意义在于分析交易过程中的各类因素，从而对相关制度问题进行深入剖析。或者说，在新制度经济学中，契约总是与交易相关联的，对契约的分析也是为了进一步解释交易和制度问题。综上，把契约界定为：在自愿的基础上，交易双方为了进行交易而达成的协议，这个协议中交易双方分别承诺了各自的义务，并规定了作为交易标的的具体产权。

从不同的角度可以将契约进行无限种分类。在研究中，学者们往往也根据自己讨论的角度和分析的思路，对契约进行各种具体的分类。近年来，完全契约和不完全契约，不但成为学者们关注的契约类别，而且，关于这两类契约的研究，也形成了契约理论的两大基本分支。

一是完全契约理论。一般认为，在将信息不对称问题引入经济学之前，学者们往往假定契约都是完全契约。在新古典契约的完全理性和完全信息条件下，"完全契约"对交易中的所有问题进行了全面的界定，相应的契约的执行也是非常容易的，这类新古典契约，也称"阿罗-德布鲁"意义上的契约。学者们对于这种完全契约的分析主要集中于信息不对称情况下的契约问题，信息不对称的情况下，容易出现相应的委托—代理问题，所以这些契约理论也称委托—代理的契约理论，甚至有学者直接将委托—代理理论称为完全契约理论。委托代理理论的基本思路是，在委托—代理关系中，由于交易的一方比对方拥有更多信息，要保障交易的顺利进行，维护自己的利润，委托人需要设计一份足以激励、约束其代理人的完全的契约。在现实中，委托—代理问题是广泛多样的。著名经济学家 K.阿罗认为，委托—代理问题可区分为以下两种基本类型：①道德风险（moral hazard），一般指代理人借事后信息的非对称性、不确定性以及契约的不完全性而采取的不利于委托人的行为。简单地说，就是代理人借委托人观测监督的困难而采取的不利于委托人的机会主义行动。也就是说，在契约签订之后，委托人往往不能直接地观察到代理人选择了什么样的行动，委托人所能观察的只是一些变量，这些变量指代理人的不完全信息，这样，代理人就可能做出偏离委托人的利益的行动而不被发现，这里涉及的是事后的、行动的不对称信息。②逆向选择（adverse selection），一般是指代理人利用事前信息的非对称性等所进行的不利于委托人的决策选择。这里所涉及的是事前的非对称信息所造成的问题，专门描述契约签订阶段机会主义行为的一个重要概念。

二是不完全契约理论。委托—代理理论虽然可以讨论信息的不对称性的情况，认为交易双方之间存在"你知道、我不知道"的信息，但是，却没有关注另一部分对于契约条件有着重要意义的信息，那就是虽然交易双方可以获知，但是第三方却无法去证实的信息。菲吕博顿和瑞切特[41]认为："虽然委托—代理方法中，分析的焦点是合约各方之间的信息不对称，但是不完全合约模型关注的情形却是，合约各方共享一些私人信息，但对于法庭这样的外部人来说，这些信息是得不到的。"不完全契约所对应的交易行为，往往要突破"三方治理"治理结构，过渡到"双方治理"和"一体化治理"模式。当然，契约理论从委托—代理理论到不完全契约理论，经历了一个较长的发展过程，这其中，不同学派不同分析范式之间进行了非常多的对话，相应的理论体系尚未完全成熟。

2.1.3 博弈理论

博弈理论的思想源远流长，早在两千多年前的中国，古代著名军事家孙膑就利用博弈论方法帮助田忌取得赛马胜利，《孙子兵法》也被看作第一部博弈论专著。1838 年，古诺（Cournot）就提出了简单的古诺双寡头垄断模型，研究经济中参与者的博弈行为。伯特兰（Bertrand）和艾奇沃斯（Edgeworth）也分别研究了双寡头的产量与价格垄断博弈，但是这些都属于早期博弈论的萌芽，其特点是人们对博弈局势的把握只停留在经验上，没有向理论化发展。博弈论研究是零星的、片断的，带有很大的偶然性，很不系统。博弈论最初主要研究象棋、桥牌、赌博中的胜负问题，正式发展成一门学科则是在 20 世纪初，1928 年冯·诺伊曼证明了博弈论的基本原理，从而宣告了博弈论的正式诞生。1944 年冯·诺伊曼和摩根·斯特恩在《博弈论与经济行为》一书中提出的标准型、扩展型和合作型模型概念与分析方法，将二人博弈推广到 n 人博弈结构，并将博弈论系统应用于经济领域，从而奠定了这一学科的基础和理论体系。

1950年和1951年,纳什(Nash)分别发表了《N人的均博弈衡点》《非合作博弈》两篇关于非合作博弈的论文,定义了非合作博弈及其均衡解,并证明了均衡解的存在,后来人们将此均衡命名为纳什均衡(Nash euqilibrium)。在纳什均衡状态里,如果其他参与者不改变策略,任何一个参与者也都不会改变自己的策略。由此,开创了博弈论研究的辉煌时期。塔克(Tucker)也在1950年定义了著名的"囚徒困境"(prisoners dilemma),他和纳什共同奠定了现代非合作博弈理论的基石。之后,博弈论的文献逐渐增多,应用范围也在不断扩大,除了经济学,还包括政治学、国际关系、公共选择、宏观政策分析等。到了20世纪60年代,泽尔腾(Selten)将纳什均衡引入动态分析,提出"精炼纳什均衡"的概念,海萨尼(Harsanyi)则把不完全信息引入博弈论的研究。

随着博弈理论的逐渐完善,博弈论在金融学、证券学、生物学、经济学、国际关系、计算机科学、政治学、军事战略和其他很多学科都有广泛的应用。从1994年诺贝尔经济学奖授予3位博弈论专家开始,截至2014年,共有7届的诺贝尔经济学奖与博弈论的研究有关,如表2-4所示。

表2-4 在博弈论方面获得诺贝尔奖的科学家

年份	获得者(国家)	得奖原因	获奖时所在机构	领域
1994	约翰·海萨尼 John C. Harsanyi(美国)	这三位数学家在非合作博弈的均衡分析理论方面做出了开创性的贡献,对博弈论和经济学产生了重大影响	美国加州大学	博弈论
	约翰·福布斯·纳什 John F. Nash Jr.(美国)		美国普林斯顿大学	
	莱因哈德·泽尔腾 Reinhard Selten(德国)		德国波恩大学	
1996	詹姆斯·莫里斯 James A. Mirrlees(英国)	前者在信息经济学理论领域做出了重大贡献,尤其是不对称信息条件下的经济激励理论;后者在信息经济学、激励理论、博弈论等方面都做出了重大贡献	英国剑桥大学	信息经济学
	威廉·维克里 William Vickrey(美国)		美国哥伦比亚大学	
2001	乔治·阿克洛夫 George A.Akerlof(美国)	为不对称信息市场的一般理论奠定了基石,他们的理论从传统的农业市场到现代的金融市场都迅速得到了应用,他们的贡献来自现代信息经济学的核心部分	美国加州大学	信息经济学
	迈克尔·斯彭斯 A. Michael Spence(美国)		美国斯坦福大学	
	约瑟夫·斯蒂格利茨 Joseph E. Stiglitz(美国)		美国哥伦比亚大学	

续表

年份	获得者（国家）	得奖原因	获奖时所在机构	领域
2005	罗伯特·约翰·奥曼 Robert J. Aumann（以色列）	通过博弈论分析促进了对冲突与合作的理解	以色列耶路撒冷希伯来大学理性分析中心	博弈论
	托马斯·克罗姆比·谢林 Thomas C. Schelling（美国）		美国马里兰大学经济系和公共政策学院	
2007	里奥尼德·赫维茨 Leonid Hurwicz（美国）	为机制设计理论奠定了基础	美国明尼苏达大学	微观经济学
	埃里克·马斯金 Eric S.Maskin（美国）		美国普林斯顿高等研究院	
	罗杰·梅尔森 Roger B.Myerson（美国）		美国芝加哥大学	
2012	埃尔文·罗斯 Alvin E. Roth（美国）	创建"稳定分配"的理论，并进行"市场设计"的实践	美国哈佛大学、美国哈佛商学院	博弈论
	罗伊德·沙普利 Lloyd S. Shapley（美国）		美国加州大学	
2014	让·梯若尔 Jean Tirole（法国）	对市场力量和管制的研究分析	法国图卢兹经济学院	规制经济学

博弈论划分为合作博弈（cooperative game）和非合作博弈（non-cooperative game）。合作博弈与非合作博弈之间的区别主要在于人们的行为相互作用时，当事人能否达成一个具有约束力的协议（binding agreement）。如果有，就是合作博弈；反之，则是非合作博弈。合作博弈强调的是团体理性（collective rationality），强调的是效率（efficiency）、公正（fairness）、公平（equality）；非合作博弈强调的是个人理性、个人最优决策，其结果可能是有效率的，也可能是无效率的。

1. 合作博弈

合作博弈研究人们达成合作时如何分配合作得到的收益，即收益分配问题。合作博弈采取的是一种合作的方式，或者说是一种妥协。妥协之所以能够增进妥协双方的利益以及整个社会的利益，就是因为合作博弈能够产生一种合作剩余。这种剩余就是从这种关系和方式中产生出来的，且以此为限。至于合作剩余在博弈各方之间如何分配，取决于博弈各方的力量对比和技巧运用。因此，妥协必须经过博弈各方的讨价还价，达成共识，进行合作。在这里，合作剩余的分配既是妥协的结果，又是达成妥协的条件。与非合作概念不同，合作博弈的解种类繁多，几乎针对每类具体问题都有专门定义的解，但是没有一种解能够具有纳什均衡在非合作博弈中那样的地位。正式的合作博弈的定义是以特征函数的形式（characteristic function form）（N,v）给出的，简称博弈的特征型，也称联盟型（coalitional form）。令 $N=(1, 2, 3, \cdots, n)$ 表示参与人（players）集合，其中 n 为正整数，表示参与人个数。S 是 N 的子集，表示参与人之间的联盟（coalition），即 $S \subseteq N$。

合作博弈联盟的形成必须使得合作联盟的总收益大于联盟中各个个体在非合作情况下的收益之和。科技资源具有稀缺性，科技资源市场配置的意义在于发挥资源的最大价值，创造更多的产出。目前分配原则一向是效率优先兼顾公平，科技资源市场配置过程中需要解决的是效率与公平的问题。效率和公平之间存在一种相互对立的关系，即所谓的"效率—公平困境"。而我们能够做的就是在效率和公平之间达到一种平衡，这就需要在供给时处理好成本分摊和利益分配的问题。关于利益分配和成本分摊，合作博弈中两个最重要解就是核与夏普利值。本书基于合作博弈理论，解决科技资源市场配置过程中的利益分配的问题，不断优化科技资源市场配置机制。

2. 非合作博弈

非合作博弈是指在策略环境下，非合作的框架把所有的人的行动都当作个别行动。它主要强调一个人进行自主的决策，而与这个策略环境中其他人无关。通常也就是我们字面上博弈的意思。博弈并非只包含了冲突的元素，往往在很多情况下，既包含了冲突元素，也包含了合作元素，即冲突和合作是重叠的。

博弈论的基本概念包括参与人、行动、战略、信息、支付函数、结果、均衡。参与人指的是博弈中选择行动以最大化自己效用的决策主体（可能是个人，也可能是团体，如国家、企业）；行动是参与人的决策变量；战略是参与人选择行动的规则，它告诉参与人在什么时候选择什么行动（如"人不犯我，我不犯人；人若犯我，我必犯人"是一种战略，"犯"与"不犯"是两种不同的行动，战略规定了什么时候选择"犯"，什么时候选择"不犯"）；信息指的是参与人在博弈中的知识，特别是有关其他参与人（对手）的特征和行动的知识；支付函数是参与人从博弈中获得的效用水平，它是所有参与人战略或行动的函数，是每个参与人真正关心的东西；结果是指博弈分析者感兴趣的要素的集合；均衡是所有参与人的最优战略或行动的组合。上述概念中，参与人、行动、结果统称为博弈规则，博弈分析的目的是使用博弈规则决定均衡。

博弈的划分可以从两个角度进行：第一个角度是参与人行动的先后顺序。从这个角度，博弈可以划分为静态博弈（static game）和动态博弈（dynamic game）。静态博弈是指博弈中参与人同时选择行动，或虽非同时但后行动者并不知道前行动者采取了什么具体行动；动态博弈是指参与人的行动有先后顺序，且后行动者能够观察到先行动者所选择的行动。第二个角度是参与人对有关其他参与人（对手）的特征、战略空间及支付函数的知识。从这个角度，博弈可以划分为完全信息博弈和不完全信息博弈。完全信息博弈指的是每一个参与人对所有其他参与人（对手）的特征、战略空间及支付函数有准确的认识；否则，就是不完全信息博弈。将上述两个角度的划分结合起来，我们就得到四种不同类型的博弈，也就是完全信息静态博弈、完全信息动态博弈、不完全信息静态博弈和不完全信息动态博弈。与上述四类博弈相对应的四个均衡概念，即纳什均衡、子博弈精炼纳什均衡（subgame perfect Nash equilibrium）、贝叶斯纳什均衡（Bayesian Nash equilibrium）和精炼贝叶斯纳什均衡（perfect Bayesian Nash equilibrium）。博弈的分类及对应的均衡概念如表2-5所示。

表2-5 博弈的分类及对应的均衡概念

分类依据	静态	动态
完全信息	完全信息静态博弈； 纳什均衡； 代表人物：纳什（1950，1951）	完全信息动态博弈； 子博弈精炼纳什均衡； 代表人物：泽尔腾（1965）
不完全信息	不完全信息静态博弈； 贝叶斯纳什均衡； 代表人物：海萨尼（1967~1968）	不完全信息动态博弈； 精炼贝叶斯纳什均衡； 代表人物：泽尔腾（1975）， 克瑞普斯和威尔逊（1982）， 弗登伯格和泰勒尔（1991）

2.1.4 系统理论

系统论是第二次世界大战前后诞生的一门崭新的横向科学，它是奥地利生物学家路·冯·贝塔朗菲创立的一种运用逻辑和数学等学科的方法考察一般系统的理论，是关于"整体"的一般科学。他的主要目的是把对象作为一个整体系统来加以专门研究，试图确立适用于系统的一般原则，寻求适用于一切综合系统（整体）与子系统（部分）的模式、原则和规律，该理论最初称为一般系统论。后来随着战后一批新兴学科的兴起，特别是那些从各个不同角度来研究系统运动规律的学科出现后，他试图把自己的理论发展成为系统论，使其能包括控制论、信息论、集合论、系统数学、博弈论等理论和方法。20世纪70年代开始，系统论以一种时髦的方法论流派活跃于国际学术论坛，十分引人注目。许多国家都纷纷建立了专门研究机构，掀起了一股"系统"热潮。它对现代科学技术的发展产生了积极作用，对进一步消除形而上学思想在学术界的影响收到了明显效果。有人认为系统论与控制论是继相对论和量子力学之后，又一次"彻底地改变了世界的科学图景和当代科学家的思维方式"。还有人认为系统论思想是对第二次浪潮中笛卡尔分析法的清算，它改变了人们对自然形象的认识，是思想领域大变动的一个重要标志。系统科学的发展可分为两个阶段：第一阶段以第二次世界大战前后控制论、信息论和一般系统论等的出现为标志，主要着眼于他组织系统的分析；第二阶段以耗散结构论、协同论、超循环论等为标志，主要着眼于自组织系统的研究。信息学家魏沃尔指出：19世纪及其之前的科学是简单性科学；20世纪前半叶则发展起无组织复杂性的科学，即建立在统计方法上的那些学科；而20世纪后半叶则发展起有组织的复杂性的科学，主要是自组织理论。

一般系统论可以定义为关于整体的一般科学。在此以前整体被人们看作一个不明确的、模糊的和半形而上学的概念。一般系统理论的精致形态可以说是一门数理逻辑科学，它以自己的纯粹的形式适用于各种经验科学。它对于"有组织的'整体'有关的学科这一意义上来说，可以说与概率论对于'随机事件'有关的学科意义类同"。概率论也是一门形而上的数学学科，它能够应用于许多不同的领域。

系统理论是研究系统的一般模式、结构和规律的学问，它研究各种系统的共同特征，用数学方法定量地描述其功能，寻求并确立适用于一切系统的原理、原则和数学模型，是具有逻辑和数学性质的一门新兴的科学。系统由若干个基本要素（部分、环节）组成，这一整体具有不同于各组成部分的新的功能。我们称这种由相互作用和相互依赖的若干部分（要素）组成的表现出新功能的有机整体为系统。

（1）要素。所谓要素，就是系统内部相互联系、相互作用的诸组成部分。要素是系统的基质，它是系统各种结构关系的承担者。正是要素之间的相互联系和相互作用，才使得系统所具有的质的特征得以产生并得到保证。系统中的要素具有以下三个特点：一是要素具有超个体的性质。要素除了它的自然本质，即在不考虑要素所隶属的系统的情况下，要素作为独立的客体所具有的属性，如各种不依赖于系统的物理、化学性质的固有形式，等等以外的性质。二是要素在系统中的地位和作用具有不平衡性。在复杂系统的诸要素中，要素在系统中的地位和作用并不都是相同的，按照贝塔朗菲的系统数学表达式可知其中有的要素对系统影响起很大作用，处于系统的中心地位，有的则不然。当然这种地位是可以因条件而转化的。三是要素处于相互联系、相互作用的动态过程中。在系统中诸要素不是彼此割裂的，而是相互联系、相互制约的，并由于这种相互联系和相互制约而处于相互作用的动态变化的过程中。

（2）环境。任何系统都不能孤立地独自存在着，而是处于与其他系统的特定相互联系之中，处于一定的环境之中，所谓系统研究，不仅要联系系统本身，而且必须对其所处环境进行研究。对环境的理解有两种：一是广义的理解，认为那些未被包含在系统之中的东西都属于环境；另一种是狭义的理解，认为在广义环境中那些与所研究的系统具有密切联系的东西才是系统的环境。可以对环境做如下的定义：是由不属于所研究的系统的某些组成成分所构成的集合。这些组分满足以下两个条件：一是组分状态的变化导致系统状态的变化；二是系统状态的变化也将导致环境中某些组分状态的变化。环境与系统主要有以下三种关系：一是环境与系统之间相互联系、相互作用的基本形式是物质、能量、信息的流通和交换。二是环境的组分对系统的作用是多样的、不平衡的。三是环境是制约系统性质的重要因素，同一系统处于不同环境条件下，系统的某些性质将会发生变化。

（3）结构。所谓结构，就是系统的要素相互联系、相互作用的秩序和形式。任何系统的要素都是按照一定的次序排列组合，彼此相互联系、相互作用，构成一定的形式，由此形成了结构。因此，结构是任何系统都具有的，是研究系统所不可缺少的基本范畴之一。系统论就是试图找到组织结构方面相同的东西，作为共同的特征。结构具有以下的特性：一是结构的稳定性。系统结构的稳定性，就是指系统要素之间的相互联系和相互作用具有某种稳定格局与方式，从而使系统总是趋向于保持某种状态。稳定是系统存在的一个基本条件。系统之所以能够保持它们的特殊性质和状态，是因为系统各要素之间有着稳定的联系。稳定既可以是静态的亦可以是动态的。二是结构的变异性。系统结构的变异性分为两种情况：系统从稳定性结构跃迁到另一种稳定性结构；系统在结构稳定性的前提下局部结构发生变化。三是结构的多样性。系统的结构是复杂多样、不可穷尽的，人们为了研究的方便，可以根据不同的划分标准，将复杂多样的结构归纳和划分为不同类型。

（4）功能。所谓功能，就是指系统与外部环境相互联系和相互作用中所表现出的性质、能力和功效等。系统的功能是一个与结构相对应的范畴，结构着眼于研究内部要素之间的相互联系、相互作用，功能则着眼于研究系统与环境之间的相互联系、相互作用，它是系统与外部环境作用的表现形式。功能有以下基本属性：一是功能构成的非加性。功能是由结构所决定的，它依存于组成要素如何相互联系、相互作用。诸要素的相互作用造成了彼此之间的协同和竞争，有些要素的功能被放大，有些则被限制、缩小，以致被筛选掉了。二是系统功能的实现具有秩序性。系统的功能只有在与外部环境的相互作用、相互联系中才能表现出来，而这种作用是依一定的过程来实现的。系统与环境相互作用的过程有其严格的秩序，如果这一秩序不能正常地维持，则系统的功能就得不到真正的发挥以致无法实现。三是功能的协调性和隶属性。与系统的横向和纵向结构相对应，系统的功能也存在横向关系和纵向关系，由此形成了系统功能的协调性与隶属关系。功能的横向关系表现为不同要素之间的协调与竞争。系统要有效地发挥功能，就必须在各要素之间建立横向协调关系。系统功能的纵向关系是指每个要素在实现系统功能方面都具有自己的特殊地位及与其他要素不同的作用，而诸要素又将实现这种功能的要求进一步分担给次一级的子系统，如此逐级分解，形成了功能的纵向联系。这种功能的纵向联系只有通过各级子系统的依次隶属和系统整体化才能实现。

上述基本理论为本书提供了开展科技资源市场配置的理论和实证研究的"钥匙",为本书进一步开展研究提供了基本思路。

基于公共物品理论,分析科技资源的公共产品属性,对科技资源的属性做一个细致的分类和讨论,将科技资源当作一种可投放市场的产品看待。科技资源配置的优化,实质是解决科技资源究竟由谁提供、如何提供的问题。通过对科技资源中公共产品属性的划分,正确对待不同公共属性的科技资源,合理引导非公共产品科技资源市场化,最终实现科技资源的优化配置。

基于产权理论和契约理论,将科技资源归属于不同类型的经济主体的产权进行进一步的分类,能够更有效地讨论具体的各类产权的配置问题,促进科技资源市场配置的最优化。产权归谁所有,会直接影响产权的最优配置。资源的最优配置过程,也是各经济主体之间互动的决策过程。显然,不同类型的经济主体,其决策过程、决策原则、决策的选择空间以及其决策所形成的影响都是不同的。可见,归属于不同类型的经济主体的产权,其最优配置的实现过程必然会有所差异。

基于博弈论,从演化经济学的视角,开展科技资源市场配置机制研究,有利于对其产生过程及其运行机制有更深层次的理解与认识,解决科技资源市场配置过程中的利益分配的问题,不断优化科技资源市场配置机制。

基于系统论,从系统仿真视角对科技资源市场配置系统进行进一步研究,不断提升科技资源配置效率,优化科技资源市场配置路径。经过系统科学实践,把实现系统的优化作为自己的一种目的和现实追求,从优化设计到优化计划、优化管理、优化控制,最终是为了实现优化发展。科技资源市场配置是一个有机系统,主客体之间要相互适应和互相匹配,形成更加高级有序的整体结构,使配置系统的整体功能发生质的飞跃。

2.2 科技资源配置国内外研究现状

科技资源配置,是指在一定的经济体制、科技体制及其运行机制下使科技资源产生正向效果、效率的调配方式,是科技资源在科技活动的不同部门、主体、领域、过程、时空的分配与组合。科技资源配置对国家和区域的经济、社会发展起着决定性的影响。如配置合理,经济将得到科技的支撑而快速发展,效益就显著。否则,经济效益低下,甚至阻碍社会进步。国内外学者关于科技资源配置方面的研究主要关注科技资源配置效率、科技资源配置模式和机制等方面。

2.2.1 科技资源配置效率

魏守华和吴贵生[42]运用主成分分析法对我国30个省(自治区、直辖市)科技资源配置效率进行分析,发现科技物力资源、信息资源和组织资源的作用效果均反映在科技人力和财力资源上。管燕等[43]考虑科技产出对于科技投入存在时间上的滞后性，对经典 DEA 模型进行改进，发现江苏大多数地区科技资源配置效率不高。杨传喜等[44]运用 DEA 方法对农林高校科技资源配置效率进行测度，发现科技资源配置效率呈上升趋势。罗珊和安宁[45]认为科技合作是"泛珠三角"区域合作的重要领域，合作的开展以科学的科技资源配置为基础。丁厚德[46]认为我国处于市场经济转轨时期，科技计划仍是科技资源配置的主要途径。陈光和王艳芬[47]指出大型科研仪器设备存在过度购置现象，需要改变资助模式，适度收拢购置决策权和控制权。刘剑[48]提出优化科技资源配置需要创新人力资源、基础资源配置和提高创新活力的机制。范斐等[49]发现全国整体科技资源配置效率有所提升，但空间差异分布格局变化不大，科技人力、财力和信息资源配置效率比较优势是影响区域科技资源配置效率的直接原因。丁厚德[50]指出建设国家创新体系应通过改革科技体制、实施科技计划、强化产学研合作来实现。刘磊和胡树华[51]对国内外研发资源投入规模、研发投资收支结构、研发成果产出效率和研发技术管理水平进行比较，指出我国科技资源配置存在效率不高、机制不完善等问题。戚湧和郭逸[52]基于 SFA 方法对全国 30 个省（自治区、直辖市）和江苏省 13 个省辖市科技资源市场配置的效率进行计量分析，结果表明目前我国科技资源市场配置的效率水平还较低。从江苏省内来看，苏南各地配置效率水平较好，南京市居首；苏中各地配置效率水平居中；苏北各地配置效率水平较低。

2.2.2 科技资源配置模式和机制

Jorgenson 和 Nishimizu[53]研究了美日两国科技资源的配置模式分别对其经济的影响，发现这两个国家模式各有其优劣点。刘友平[54]将国外科技资源配置模式归纳为几种主要的典型模式，包括美国的自由市场经济模式、德国的社会市场经济模式、日本的社团市场经济模式，主要分为政府主导科技资源配置模式和科技资源市场化配置模式两种。雷国胜和李旭[55]认为我国的科技资源配置模式经历了完全计划、计划为主市场为辅、计划与市场相结合、国家调控下的市场经济四个阶段，在我国经济市场化程度已经相对较高的背景下，科技资源配置过程中行政手段对科技资源配置仍然存在显著影响。陈若愚[56]认为在全球化和信息化的大背景下，科技资源配置模式的构建需要引入开放式理念。孙宝凤和李建华[57]认为在可持续发展条件下，科技资源配置过程分为宏观和微观两个层面，宏观层面是基于社会经济发展的科技资源需求，合理分配科技资源，保证科技资源配置方式能够适应社会经济系统可持续发展和协同创新的具体需求，微观层面主要关注科技资源配置的实际效用和应用效率如何。吴贵生等[58]在对区域科技资源配置的内涵和成因分析的基础上，总结出区域科技的发展模式包括自建型、外借型、利用型、衍生型等类型，在实际科技资源配置过程中应根据科研产出产品的具体属性，采用不同的科技资源配置模式。李应博[59]和翟运开等[60]认为以高校为主导的协同创新模式是适合我国国情的科技资源配置模式，可以推动内部和外部资源配置的良性循环，优化高校科技资源配置效率。陈喜乐和赵亮[61]认为各个国家、地区或科研组织在科技生产过程中使用资源的方式呈现很大的差异，并形成了九种科技资源配置的具体模式，即以国家试验室为骨干的美国模式、以综合科研机构为主体的德国模式、以产学研结合为特征的日本模式、以企业为核心的产业模式、以科研机构为龙头的开发模式、以高等院校为基础的研究模式、以专利为标志的技术模式、以设备为载体的工艺模式和以服务为取向的管理模式。李健等[62]针对政府配置模式缺乏市场需求导向，以及市场配置模式存在失灵等问题，从科技资源集聚的角度提出了"政府—市场"有区别联合配置模式。马宁[63]从分析企业主导产学研合作创新的内生性入手，剖析了当前企业主导型产学研合作中科技资源配置存在的问题，详细论述了几种典型的围绕产学研合作中企业主体进行科技资源配置的模式。刘玲利[64]认为由于不同的配置主体具有不同的组织特性与行为目标，从而在科技资源配置过程中体现出了不同的机制运行特点和行为特征。

综上所述，国内外学者在科技配置效率、配置模式和机制等领域做了大量的研究工作，取得了一系列富有理论与实践意义的成果。科技资源配置模式是指可供效仿或重复运用的科技资源配置的方案。科技资源配置存在三种基本方式：一是政府主导型科技资源配置方式；二是创新主体主导型科技资源配置方式；三是市场主导型科技资源配置方式，如图 2-2 所示。

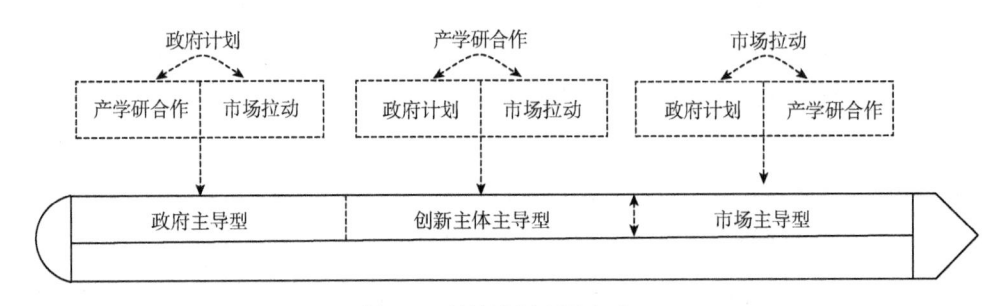

图 2-2 科技资源配置方式

政府主导型方式主要通过政府计划，经过产学研合作和市场拉动，最终达到有效制度安排下的资源配置；创新主体主导型方式主要通过产学研合作，经过政府计划和市场拉动，最终达到有效制度安排下的资源配置；市场主导型方式主要通过市场拉动，经过政府计划和产学研合作，最终达到有效制度安排下的资源配置。上述三种方式中，政府主导型方式和创新主体主导型方式属于科技资源配置初期或过渡时期模式，主体权力最终还应归于市场，市场主导型方式应该成为科技资源配置的主要模式，使政府的职能从之前事无巨细的繁杂的具体事务中脱身出来，集中于环境的培育和完善、规则的制定、准入设置等宏观调控领域。科技资源由分配到组合的过程是资源的配置机制，包括计划和市场两种。随着社会的发展，科技资源的数量明显增加，深入研究科技资源配置模式，并找到配置模式的优化方案，是提高科技资源产出的必要条件。

2.3 本章小结

本章开展科技资源配置理论基础和科技资源配置的国内外研究现状分析。

科技资源配置的理论基础部分，主要开展公共品理论、新制度经济学理论、博弈理论和系统理论等研究，上述基本理论为本书提供了开展科技资源配置的理论和实证研究的"钥匙"，为本书进一步开展研究提供了基本思路，其中基于公共物品理论，分析科技资源的公共产品属性，通过对科技资源按公共产品属性的划分，正确对待不同公共属性的科技资源，合理引导非公共产品科技资源市场化，最终实现科技资源的优化配置；基于产权理论和契约理论，将科技资源归属于不同类型的经济主体的产权进行进一步的分类，能够更有效地讨论具体的各类产权的配置问题，促进科技资源市场配置的最优化；基于博弈论，从演化经济学的视角，开展科技资源市场配置机制研究，有利于对其产生过程及其运行机制有更深层次的理解与认识，解决科技资源市场配置过程中的利益分配的问题，不断优化科技资源市场配置机制；基于系统论，从系统仿真视角对科技资源市场配置系统进行进一步研究，不断提升科技资源配置效率，优化科技资源市场配置路径。

科技资源配置的国内外研究现状部分，主要开展科技资源配置效率、科技资源配置模式和机制等研究，研究得出国内外学者在科技配置效率、配置模式和机制等领域做了大量的研究工作，取得一系列富有理论与实践意义的成果。科技资源配置模式是指可供效仿或重复运用的科技资源配置的方案。科技资源配置存在三种基本方式：一是政府主导型科技资源配置方式；二是创新主体主导型科技资源配置方式；三是市场主导型科技资源配置方式。科技资源由分配到组合的过程是资源的配置机制，包括计划和市场两种。随着社会的发展，科技资源的数量明显增加，深入研究科技资源配置模式，并找到配置模式的优化方案，是提高科技资源产出的必要条件。

第3章 我国科技资源市场配置实证研究

3.1 基于 SFA 方法的科技资源市场配置实证分析

3.1.1 基于 SFA 模型的科技资源市场配置效率评价方法和指标体系

基于 SFA（stochastic frontier analysis，随机前沿函数法）开展科技资源市场配置效率评价，其基本思路是将实际生产单元与前沿面的偏离分解为随机误差和技术无效率两项，使用计量的方法对前沿生产函数进行估计。无效率项和随机误差项分离，确保了被测效率的有效性及一致性，而且考虑了随机误差项对个体效率的影响。SFA 模型由两部分组成：第一部分构建生产函数，据此测算技术效率；第二部分构建技术效率的回归方程，以估计相关参数，两部分可通过一次回归同时得到估计结果。SFA 模型表示如下：

$$y_i = X_i \beta + (v_i - \mu_{it}) \tag{3-1}$$

其中，误差项 $v_i - \mu_{it}$ 为复合结构，第一部分 v_i 表示观测误差和其他随机因素影响（随机扰动影响），第二部分 μ_{it} 表示那些仅仅对某个个体的冲击影响（技术非效率影响）。Battese 和 Corra[65] 通过引入时间因素和其他环境变量，运用面板数据，通过一次回归直接得到生产函数和技术效率影响因素的参数估计结果，克服了以往两步回归方法的理论矛盾。对全国 30 个省（自治区、直辖市）以及江苏 13 个省辖市的科技资源市场配置效率进行评价和对比，具体模型为

$$\mathrm{LN}(S_{it}) = \beta_0 + \beta_1 \mathrm{LN}\left[L_{it} + \beta_2 \mathrm{LN}(K_{it})\right] + v_{it} - \mu_{it} \tag{3-2}$$

$$\mathrm{TE}_{it} = \exp(-\mu_{it}) \tag{3-3}$$

$$\gamma = \frac{\sigma^2}{\sigma_v^2 + \sigma_\mu^2} \tag{3-4}$$

科技资源市场配置效率可以理解为通过市场配置的科技资源产出与投入之比，基于评价指标系统性、科学性和可得性的原则，提出全国与江苏省科技资源市场配置效率的评价指标体系如表 3-1 和表 3-2 所示。基于数据的可得性，江苏省的评价指标的选取与全国不尽相同，但其能更准确地反映出江苏科技资源市场配置的情况。

表 3-1　全国科技资源市场配置效率评价指标体系

分级指标		具体指标说明
投入指标	科技人力投入	研发人员全时当量（人·年） 规模以上工业企业研发机构博士、硕士人数（人）
	科技财力投入	规模以上工业企业研发外部支出（万元） 科技型中小企业技术创新基金（万元）
	科技转移投入	研发机构专利许可转让数量（个）
产出指标	科技产出	技术市场合同成交金额（万元）

表 3-2　江苏省科技资源市场配置效率评价指标体系

分级指标		具体指标说明
投入指标	科技人力投入	科技活动人员占从业人员比重
	科技财力投入	政府科技拨款占财政支出比重
	协同创新程度	科技进步环境指数得分
	市场发育程度	第三产业增加值占 GDP 比重
产出指标	科技产出	技术市场合同成交金额（万元）

式（3-2）中的 S_{it} 表示全国或江苏省各地区各年间的技术市场成交合同金额；L 表示科技人力投入；K 表示科技财力投入；i 和 t 表示各观测区域和年份；β_0 为截距项；β_1 和 β_2 为待估参数，分别表示科技人力投入和科技财力投入的产出弹性；v_{it} 为随机变量，其分布服从正态分布 $N(0,\sigma^{2v})$，μ_{it} 为非负变量，表示创新活动中的无效率项，并服从正半部正态分布，v_{it} 与 μ_{it} 是相互独立的。式（3-3）表示第 i 个区域在第 t 时期的科技资源配置效率水平；式（3-4）中 γ 为最大似然法估计的参数，$0 \leq \gamma \leq 1$，如果 $\gamma=0$，原假设被接受，则无须使用 SFA 方法来分析研究这一面板数据，直接使用 OLS 方法即可，若 γ 接近 1，说明无效率项在生产单元与前沿面的偏差中占主要成分，此时采用 SFA 模型是合适的。本书对无效率项函数的设定如下：

$$m_{its} = \delta_0 + \delta_1 z_1 + \delta_1 z_2 + \delta_3 \delta z_3 \quad (3-5)$$

$$m'_{its} = \delta_0 + \delta_1 z_1 + \delta_2 z_2 \quad (3-6)$$

式（3-5）和式（3-6）中的 m_{its} 和 m'_{its} 分别表示全国与江苏省以技术市场成交合同金额为产出变量的无效率项分布函数的均值。式（3-5）中，z_1 表示科技型中小企业技术创新基金，z_2 表示规模以上工业企业研发机构的博士、硕士人数，z_3 表示研发机构专利许可转让数，δ_0 是截距项，δ_1、δ_2 和 δ_3 是待估参数。式（3-6）中，z_1 表示科技进步环境指数得分，z_2 表示第三产业增加值占 GDP（gross domestic product，国内生产总值）比重，δ_0 是截距项，δ_1 和 δ_2 是待估参数。

3.1.2 实证分析

1. 指标选取与数据采集

首先选取30个省（自治区、直辖市）作为研究对象，利用2010~2012年的面板数据在全国范围内进行比较。然后，选取江苏省13个省辖市作为研究对象，利用2009~2011年的面板数据，在江苏省内进行比较。数据来源于《中国统计年鉴》《中国科技统计年鉴》《江苏统计年鉴》《江苏科技统计年鉴》。

2. 全国30个省（自治区、直辖市）的实证分析结果

应用Frontier4.1软件对所采集的数据进行计量分析。根据式（3-2）和式（3-5），得到表3-3中待估参数的估计值及其相关检验结果。同时，表3-4给出了基于技术市场合同成交金额的我国30个省（自治区、直辖市）2010~2012年的科技资源市场配置效率水平估计结果。

表3-3　全国以技术市场成交合同金额为输出指标的计量分析

待估参数	系数	标准差	t-检验值
β_0	583 343.61	2.604 6	2 239 699***
β_1	65.312 8	6 264	9.856 4***
β_2	-4.051 9	4.454 3	-1.191 0*
δ_0	-45.948 2	14.285 9	-3.216 3***
δ_1	147.036 8	31.606 5	4.652 1***
δ_2	375.031 3	57.051 9	5 913***
δ_3	-35 535.482 0	1 101 102	-3.225 8***
sigma-squared	93 903 100	1	93 903 200***
γ	0.616 4	0.159	2.932 7***
单边LR检验		49.5***	
时期数：4	截面数：30	总观测值：120	市场配置效率平均值：0.232 29

注：*代表在10%显著水平下具有统计显著性；**代表在5%显著水平下具有统计显著性；***代表在1%显著水平下具有统计显著性。LR为似然比检验统计量，此处它符合混合卡方分布（mixed chi-squared distribution）。在对无效率项的估计模型中，各个系数表示各个变量对无效率项的影响，负的变量系数表示对效率存在正向影响

表3-4　全国基于技术市场成交合同金额的科技资源市场配置效率

地区	2010年	2011年	2012年	平均值	排序
北京	0.868 71	0.911 00	0.931 14	0.903 62	1
天津	0.105 68	0.236 07	0.421 29	0.254 35	11

续表

地区	2010年	2011年	2012年	平均值	排序
河北	0.298 59	0.167 76	0.182 98	0.216 45	16
山西	0.288 50	0.312 88	0.293 65	0.298 34	6
内蒙古	0.017 30	0.101 72	0.126 29	0.081 77	29
辽宁	0.257 26	0.413 33	0.443 61	0.371 40	2
吉林	0.126 18	0.226 45	0.146 81	0.166 48	24
黑龙江	0.286 38	0.340 84	0.351 44	0.326 22	4
上海	0.239 88	0.296 95	0.288 59	0.275 14	8
江苏	0.211 38	0.373 60	0.310 22	0.298 40	5
浙江	0.222 55	0.289 67	0.261 52	0.257 91	10
安徽	0.251 09	0.197 92	0.163 76	0.204 26	19
福建	0.310 39	0.274 70	0.303 39	0.296 16	7
江西	0.159 35	0.119 92	0.105 07	0.128 11	26
山东	0.179 62	0.247 13	0.223 85	0.216 87	15
河南	0.269 35	0.287 25	0.259 62	0.272 07	9
湖北	0.213 86	0.159 49	0.263 43	0.212 26	18
湖南	0.182 90	0.052 68	0.103 24	0.112 94	27
广东	0.127 99	0.202 70	0.315 82	0.215 50	17
广西	0.152 25	0.192 91	0.220 18	0.188 45	20
海南	0.216 39	0.245 30	0.254 53	0.238 74	13
重庆	0.247 14	0.172 86	0.109 07	0.176 36	23
四川	0.303 37	0.213 66	0.221 90	0.246 31	12
贵州	0.174 47	0.209 25	0.175 67	0.186 46	21
云南	0.029 02	0.018 58	0.066 90	0.038 17	30
陕西	0.307 12	0.352 82	0.413 89	0.357 94	3
甘肃	0.069 28	0.072 21	0.149 83	0.097 11	28
青海	0.180 19	0.173 89	0.198 66	0.184 25	22
宁夏	0.153 78	0.120 49	0.165 96	0.146 74	25
新疆	0.220 88	0.245 09	0.232 62	0.232 87	14
平均值	0.222 36	0.240 97	0.256 83	0.240 05	

（1）由表 3-3 可见，$\gamma=0.616\ 4$，且 LR 统计检验在 1%显著水平下具有统计显著性，说明式（3-3）中的误差项具有明显的复合结构，对 3 年间的 30 个省（自

治区、直辖市）的面板数据使用 SFA 模型进行估计是合理的，而不能选择 OLS 方法。

（2）从研发人员全时当量和规模以上工业企业研发外部支出的产出弹性来看，β_0、β_1、β_2 均通过了显著性检验，其中 β_1=65.312 8，说明研发人员全时当量每增加 1%，会带来科技产出增加 65.312 8%，研发人员全时当量对科技资源市场配置效率具有显著的正向影响。β_2=-4.051 9，说明规模以上工业企业研发外部支出每增加 1%将会带来科技产出减少 4.051 9%，规模以上工业企业研发外部支出对科技资源市场配置效率具有显著的负向影响。造成这一现象的原因可能是工业企业外部支出的资金结构不合理，资金利用效率不高。在 C-D 模型下，基于技术市场成交合同金额的科技资源市场配置效率增加主要靠研发人员全时当量拉动。

（3）从科技产出的影响因素来看，δ_0、δ_1、δ_2、δ_3 均通过了显著性检验。其中，δ_1 系数为正，表明科技型中小企业技术创新基金对科技产出具有显著的负向影响。造成这一现象的原因可能是科技型中小企业技术创新基金主要来源于政府的投入倾斜和政策支持，政府主导的基金投入在一定程度上会影响市场配置资源的能动性，进而降低科技资源的市场配置效率。δ_2 的系数为正，说明规模以上工业企业研发机构的硕士、博士人数对科技产出具有显著的负向影响，这可能是由于人员的配置不合理，或者人员自身的技能还不足以满足实际工作的需要。说明规模以上工业企业研发机构应更加重视人员的配置结构，增强人员的实践能力，提高人力资本质量。δ_3 系数为负，表明研发机构专利许可转让数对科技产出具有显著的正向影响，说明专利许可转让的数量越多，越有利于科技成果的市场应用和推广，越有利于增加科技产出，进而促进科技资源市场配置效率的提高。

（4）由表 3-4 可见，从科技资源市场配置效率测算结果来看，全国 30 个省（自治区、直辖市）的平均效率值为 0.240 05，说明基于技术市场成交合同金额的科技资源市场配置效率水平还比较低。从地区间的横向比较情况分析，共有 12 个省（自治区、直辖市）的科技资源市场配置效率水平超过了平均值，其中北京居首，平均效率值为 0.903 62，处于良好状态。从地区间的纵向比较结果来看，绝大多数地区的平均科技资源市场配置效率随着时间的变化呈正向增长趋势。江苏省的科技资源市场配置效率平均值为 0.298 40，高于全国平均水平。江苏省各项科技投入水平在全国名列前茅，但由于其地域辽阔，地区间经济发展水平不均衡，其市场配置效率水平还存在较大的提升空间。

3. 江苏省 13 个省辖市的实证分析结果

为了更加细致全面地分析江苏省科技资源市场配置效率状况，选取江苏省 13 个省辖市作为研究对象，基于数据的可得性，利用 2009～2011 年的面板数据在江苏省内对不同年间的科技资源市场配置效率进行纵向比较。应用 Frontier4.1 软件对所采集的数据进行计量分析，根据式（3-2）和式（3-6），得到统计结果。表3-5所示为江苏省以技术市场成交合同金额为输出指标的计量分析，表3-6给出了基于技术市场成交合同金额的江苏省13个省辖市的科技资源市场配置效率水平估计结果。

表3-5 江苏省以技术市场成交合同金额为输出指标的计量分析

待估参数	系数	标准差	t-检验值
β_0	65.421 3	60.281 3	1.085 2*
β_1	30.835 0	32 368	1.251 0*
β_2	−4.828 7	14.825 0	−0.835 7
δ_0	160.051 9	235.519 1	1.189 5*
δ_1	−1.083 8	1.726 9	−1.227 6*
δ_2	−2.281 9	1.991 8	−1.145 6*
sigma-squared	585.269 9	127.802 3	4.579 4***
γ	0.623 9	2.255 3	0.187 2
单边 LR 检验		10.41***	
时期数：3	截面数：13	观测值：39	市场配置效率平均值：0.281 01

注：*代表在10%显著水平下具有统计显著性；**代表在5%显著水平下具有统计显著性；***代表在1%显著水平下具有统计显著性。LR为似然比检验统计量，此处它符合混合卡方分布。在对无效率项的估计模型中，各个系数表示各个变量对无效率项的影响，负的变量系数表示对效率存在正向影响

表3-6 江苏省基于技术市场成交合同金额的科技资源市场配置效率

地区	2009年	2010年	2011年	平均值	排序
南京市	0.749 49	0.842 00	0.892 87	0.828 12	1
无锡市	0.427 81	0.489 04	0.540 28	0.485 71	3
徐州市	0.093 40	0.216 28	0.252 04	0.187 24	8
常州市	0.298 51	0.351 85	0.468 09	0.372 82	4
苏州市	0.433 78	0.468 84	0.598 69	0.500 44	2
南通市	0.358 94	0.303 83	0.300 75	0.321 17	6
连云港市	0.082 78	0.053 85	0.092 77	0.076 47	11
淮安市	0.007 67	0.102 73	0.068 08	0.059 49	12
盐城市	0.078 76	0.154 51	0.159 62	0.130 97	9
扬州市	0.144 00	0.187 61	0.242 63	0.191 41	7
镇江市	0.250 02	0.366 88	0.371 82	0.329 57	5
泰州市	0.062 15	0.141 93	0.173 28	0.125 79	10
宿迁市	0.043 21	0.047 77	0.040 91	0.043 96	13
平均值	0.233 12	0.286 70	0.323 22	0.281 01	

（1）由表3-5可见，$\gamma=0.6239$，且LR统计检验在1%水平下显著，说明式（3-6）中的误差项具有明显的复合结构，因此对3年间13个省辖市的面板数据使用SFA模型进行估计是合理的，而不能选择OLS方法。

（2）从科技活动人员占从业人员比重和政府科技拨款占财政支出比重的产出弹性来看，β_0，β_1通过了显著性检验，其中$\beta_1=30.8350$，表明科技活动人员占从业人员比重每增加1%，将会带来科技产出增加30.8350%，科技活动人员占从业人员比重对科技资源市场配置具有明显的促进作用。$\beta_2=-4.8287$，说明政府科技拨款占财政支出比重每增加1%将会带来科技产出减少4.8287%，政府科技拨款占财政支出比重对科技资源市场配置效率具有显著的负向影响。产生这一现象的原因可能是政府拨款在行使政府职能的同时抑制了市场对资源配置的自发能动作用，进而对科技资源市场配置效率产生不利影响。在C-D模型下，江苏省基于技术市场成交合同金额的科技资源市场配置效率增加主要依靠科技活动人员占从业人员比重拉动。

（3）从科技产出的影响因素来看，δ_0，δ_1，δ_2均通过了显著性检验。其中δ_1系数为负，表明科技进步环境对科技产出具有显著的正向影响，良好的科技进步环境可以催生更多的科技产出，进而提升科技资源市场配置效率水平。δ_2的系数为负，说明第三产业增加值占GDP的比重对科技产出具有显著的正向影响，发展第三产业有利于完善社会主义市场经济体制，服务业的发展能有效优化产业结构，促进资源合理配置，进而提高科技资源市场配置效率。

（4）从科技资源市场配置效率的测算结果来看，江苏省13个省辖市3年间的平均效率值是0.28101，说明基于技术市场成交合同金额的科技资源市场配置效率水平还有很大提升空间。从地区间的横向比较情况分析，共有6个省辖市的科技资源市场配置效率水平超过了平均值，其中南京市居首，平均效率值为0.82812，处于良好状态。而连云港市、淮安市和宿迁市的科技资源市场配置效率水平偏低，分别为0.07647、0.05949和0.04396。南京市作为全国第一个科技体制综合改革试点城市和国家长三角区域规划中唯一的"科技创新中心"城市，科技人才、条件、信息等资源丰富，科技资源市场配置效率水平也较高。而连云港市、淮安市和宿迁市地处科技资源较为匮乏的苏北地区，科技资源市场配置效率水平也较低。从地区自身的纵向比较结果来看，江苏省13个省辖市的平均科技资源市场配置效率随着时间的增长由0.23312增长至0.28670再至0.32322，呈现出正向增长趋势。就整体来看，江苏省苏南五市的科技资源市场配置效率水平最高，且随着时间的推移呈现出稳定的增长态势；苏中三市的科技资源市场配置效率水平居中；苏北五市的科技资源市场配置效率水平较低，随着时间的推移其发展趋势有小幅的波动。

在对国内外研究现状和现有科技资源配置模式进行分析的基础上，研究提出科技资源的市场配置模式；基于 SFA 模型对全国 30 个省（自治区、直辖市）和江苏省 13 个省辖市科技资源市场配置的效率进行计量分析，结果表明我国科技资源市场配置的效率水平还较低；就江苏省内来看，苏南各地科技资源市场配置效率水平较高，南京市居首；苏中各地的科技资源市场配置效率水平居中；苏北各地的科技资源市场配置效率水平较低。提出以下对策建议：一是加强组织协调，搭建科技资源市场配置平台，构建布局合理、功能齐全、开放高效、体系完备的市场配置体系；二是健全政策法规，保障科技资源市场配置秩序，推动科技资源配置由政府管理转变到市场主体依法协同治理；三是统筹投入渠道，优化科技资源市场配置结构，形成多元化科技投融资体系；四是培育有效供求，提高科技资源市场配置绩效，完善科学合理的科技资源价格形成机制；五是扶持社会组织，培育科技资源市场配置中介，形成科技资源政府监管、市场配置与社会服务三方合力；六是弘扬创新文化，营造科技资源市场配置舆论导向，完善国家和区域创新生态体系。

3.2 基于社会网络分析的科技资源市场配置实证分析

中国经济发展进入新常态，科技创新成为新常态下的主旋律。实施创新驱动发展战略、建设创新型国家需要协同创新。《教育部 财政部关于实施高等学校创新能力提升计划的意见》，鼓励高等学校同科研机构、行业企业开展深度合作，建立协同创新中心，促进资源共享，在关键性领域取得实质性成果，实现创新能力提升。随着科技发展，创新突破了线性和链式模式，呈现出非线性、多角色、网络化特征，逐步演变成多元主体的协同创新。本部分基于社会网络分析法（social network analysis，SNA），构建产学研协同创新网络，对网络结构特征进行测度分析，并提出促进产学研协同创新，完善科技资源市场配置的对策建议，对深入实施创新驱动发展战略具有重要的学术价值。

3.2.1 协同创新

协同是指元素对元素的相干性，是基于相互作用、相互交织的质的变化，其本质是价值创造。协同创新是协同学思想应用于创新领域的结果，最早由 MIT 斯隆中心研究员 Peter Gloor 提出，即"由自我激励的人员所组成的网络小组形成集体愿景，借助网络交流思路、信息及工作状况，合作实现共同的目标"。国内，彭纪生最早提出协同创新思想，认为在技术创新中涉及的各个方面均要协同。协同创新是一种开放式创新，其基础是各方具有的比较优势，本质上是一种管理创新，强调通过协同创新实现资源共享、优势互补、风险共担和利益共享。斯坦福大学创办斯坦福工业园，演化成了硅谷，采用扁平化、自治型的产学研"联合创新网络"模式，高校、中小企业、同业公会相互协同，降低了成本，加速了创新。美国 128 公路高科技园区以麻省理工学院为依托，将大学与企业结合，促进科研成果转化为商品，成为东海岸新硅谷。中华人民共和国成立以来，两弹一星、载人航天、杂交水稻等都是协同创新的典型案例，大批科技工作者和干部、工人、解放军协同合作取得了举世瞩目的成就。产学研协同创新不同于产学研合作，后者以企业为技术需求方，以高校和科研院所为技术供给方，实质是促进技术创新所需要素的有效组合；前者侧重知识创新和技术创新的互动结合。陈劲认为协同创新是为实现重大的科技创新在政产学研金介用之间开展的以知识增值为核心的跨组织整合新模式，通过创新主体之间协同合作产生"1+1+1>3"的效应。洪银兴指出产学研协同创新是在科学新发现为导向的技术创新中产学研各方共同参与研发新技术，尤其是共同建立研发新技术的平台和机制，而不仅是技术转移之间的合作。本书提出基于产学研的科技资源市场配置框架，如图 3-1 所示，在一定的政治、经济、文化、法制环境下，政府、企业、高校、科研院所、金融机构、中

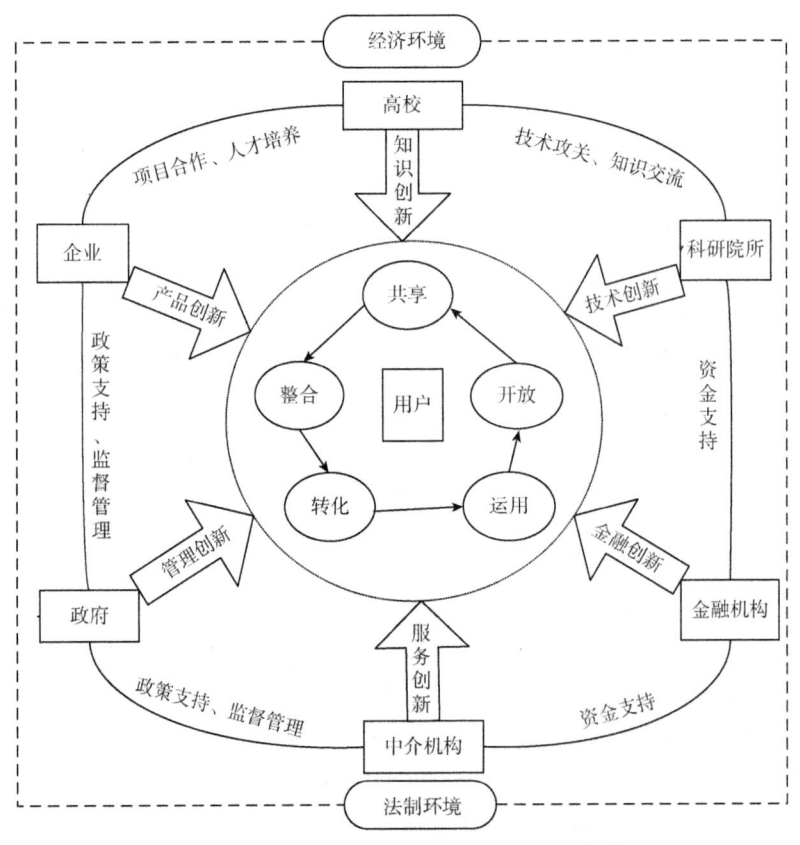

图 3-1 基于产学研的科技资源市场配置框架

介机构通过共享、整合、转化、运用和开放，通过管理、产品、知识、技术、金融和服务创新，实现以用户为中心的协同创新，全面促进科技资源的市场配置。在产学研协同创新过程中，政府提供政策支持并进行监督管理，保证系统高效运行；金融机构提供信贷支持，为科技成果转化提供资金保障；中介机构通过服务实现技术供给方和需求方高效对接，提高科技成果商品化效率。

关于协同创新网络的研究，Seokwoo Song 等采用网络中心度指标来衡量网络结构对企业绩效的影响，发现开放的网络能够促进企业的创新。Gilsing 等认为网络结构包括联结密度、网络中心度。蔡文娟等从社会资本的视角研究产学研协同创新网络的联结机制与效应，认为结构维度、认知维度、关系维度共同促进产学研协同创新网络的联结并产生创新效应。惠青等以企业为研究对象，对产学研合作创新网络、知识整合和技术创新之间的关系进行研究，发现知识整合在网络结构对技术创新的影响过程中起完全的中介作用，在网络关系对技术创新的影响过程中起部分中介作用。目前，基于 SNA 构建产学研协同创新网络进行科技资源市场配置研究的工作还较少。

3.2.2 实证分析

1. 科技资源市场配置网络结构测度与分析

（1）社会网络分析方法。基于 SNA 方法研究科技资源市场配置网络，对社会关系进行量化研究。社会网络是由作为节点的能动者及之间关系构成的集合，网络密度是对网络主体间关系紧密度的度量，网络密度越大，网络主体间联系越紧密，网络对行动者的态度、行为等影响越大；网络中心势测量整个网络的权利集中程度，衡量一个网络内的主体对少数主体的集中程度；平均距离是网络中任两点间的最短路径包含的边数的均值，反映两个行动者平均可以通过多少条关系进行连接。基于距离的凝聚力代表网络中节点间聚集的程度，该值越大说明网络凝聚力越强。结合平均距离和基于距离的凝聚力指数两个指标可以对网络效率进行分析，反映信息、资源等在网络中的传递速度。Burt 提出结构洞理论，认为非冗余的联系人被结构洞所连接，结构洞能够为其占据者获取信息利益和控制利益提供机会，从而比网络中其他成员更具有竞争优势，通过结构洞分析可以更好地发现各主体在网络中的角色。

（2）科技资源市场配置网络构建。以江苏省为例构建科技资源市场配置网络，选取 14 所高校、7 个科研院所、13 个省辖市、33 家企业作为科技资源市场配置网络中的行动者，如表 3-7 所示，所选企业分别属于信息技术和软件、生物技术和医药、新材料、新能源、装备制造五个战略性新兴产业。本书对江苏省教育厅、科技厅有关产学研协同创新的数据、资料进行收集和统计分析，如果网络主体间存在共建科技创新平台、协同创新中心、校企联盟、开展人才交流、提供研发资金支持和开展合作研发等关系,则在科技资源市场配置关系矩阵相应位置记"1",若不存在上述关系则在关系矩阵相应位置记"0",得到江苏省科技资源市场配置关系矩阵,将其输入 Ucinet 软件,利用 Netdraw 工具绘制出江苏省科技资源市场配置网络,如图 3-2 所示。

表3-7 江苏省科技资源市场配置网络构成及行动者编号

类别		行动者编号
高校院所 (21所)		1 南京大学 2 东南大学 3 南京航空航天大学 4 南京理工大学 5 河海大学 6 南京农业大学 7 南京师范大学 8 中国药科大学 9 南京工业大学 10 南京邮电大学 11 南京医科大学 12 苏州大学 13 江苏大学 14 江苏科技大学 15 中国科学院下属研究所 16 江苏农业科学院 17 南京玻璃纤维研究设计院 18 中国电子集团公司第十四研究所 19 中国电子集团公司第二十八研究所 20 中国电子集团公司第五十五所 21 中国船舶重工集团公司第七〇二研究所
政府 (13个)		22 南京市 23 无锡市 24 徐州市 25 常州市 26 苏州市 27 南通市 28 连云港市 29 淮安市 30 盐城市 31 扬州市 32 镇江市 33 泰州市 34 宿迁市
企业 (33家)	信息技术和软件产业	35 江苏图格信息技术有限公司 36 中天科技集团 37 江苏思诺泰克电子技术有限公司 38 南京汉德森科技股份有限公司 39 南瑞集团 40 南京联创科技集团股份有限公司 41 焦点科技股份有限公司 42 德讯科技股份有限公司 43 南京熊猫电子股份有限公司
	生物技术和医药产业	44 江苏恒瑞医药股份有限公司 45 江苏天晟药业有限公司 46 苏州汉德森医药科技有限公司 47 江苏奥赛康药业股份有限公司 48 无锡奥克丹生物科技有限公司 49 苏州康宁杰瑞生物科技有限公司
	新材料产业	50 江苏乐园新材料集团有限公司 51 江苏中科海维科技发展有限公司 52 南京云海特种金属股份有限公司 53 中鹏新材料股份有限公司 54 江苏博特新材料科技有限公司 55 江苏利利新材料有限公司
	新能源产业	56 江苏太阳宝新能源有限公司 57 江苏华盛天龙光电设备股份有限公司 58 江阴海润光伏科技有限公司 59 江阴博润新能源科技有限公司 60 协鑫集团控股有限公司
	装备制造产业	61 江苏永钢集团有限公司 62 江苏中辆科技有限公司 63 江苏沃德化工有限公司 64 苏州通润驱动设备股份有限公司 65 徐州工程机械集团有限公司 66 江苏法尔胜泓升集团有限公司 67 南京钢铁集团

2. 科技资源市场配置网络结构分析

(1)网络整体特征分析。进行江苏省科技资源市场配置网络密度、标准差、中心势、平均距离和基于距离的凝聚力测试,结果如表 3-8 所示。表 3-8 中江苏省科技资源市场配置网络密度为 0.229 8,意味着有 22.98%可能存在的连接在现实中真实存在;网络中心势为 50.96%,表示该网络在 50.96%的程度上,接近于一个绝对中心化的星形网络,整个网络权利关系处于中等集中水平;网络平均距离为 1.810,基于距离的凝聚力指数为 0.608,说明网络最弱路径的距离为 1.810,

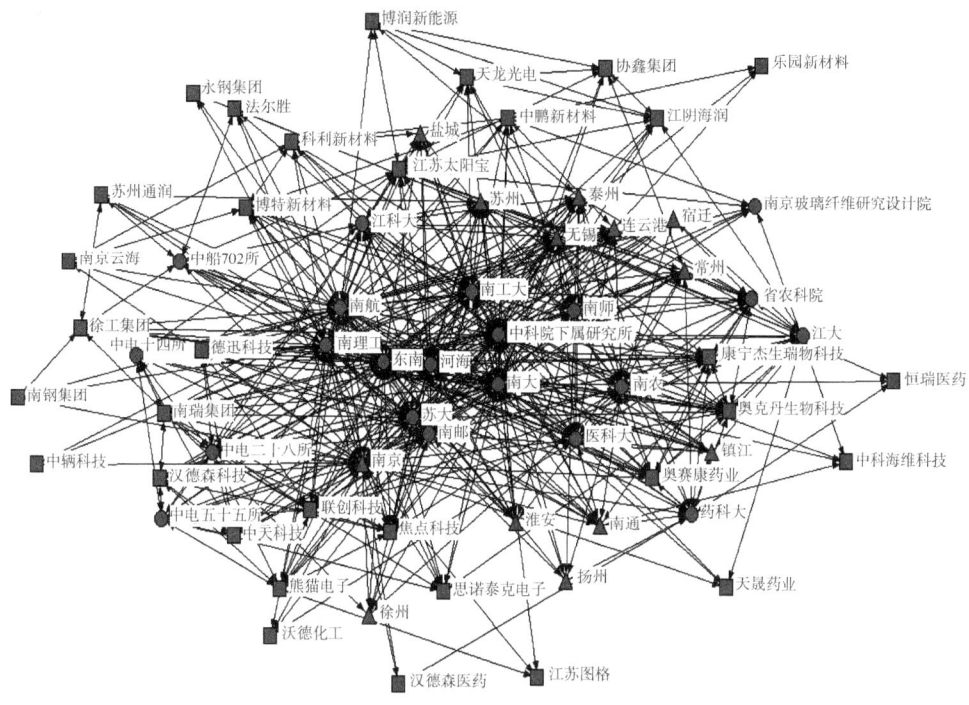

图 3-2　江苏省科技资源市场配置网络

注：●代表高校院所　▲代表政府　■代表企业

在 60.8%的程度上接近于各个体均直接联系的完全网络，上述五个指标定量说明了江苏科技资源市场配置网络建设取得了一定进展。在江苏科技资源市场配置中，地方政府大力培育新兴产业，与拥有相关特色学科、专业的高校院所搭建协同创新平台，鼓励企业与高校紧密合作，产学研协同创新日益成为江苏经济社会发展的强大驱动力。但是，江苏科技资源市场配置发展也存在一些不足，在创新主体间不同的利益追求下，创新力量各自为战，尚未形成紧密的关系，需要进一步将科教优势转化为创新优势和竞争优势，加快科技成果转化，深化高校和企业的有效对接与协同创新，开展跨行业、跨部门、跨学科的融合。

表 3-8　江苏省科技资源市场配置网络整体特征值测试结果

网络密度	标准差	网络中心势/%	平均距离	基于距离的凝聚力指数
0.229 8	0.420 7	50.96	1.810	0.608

（2）网络结构洞分析。确定江苏省科技资源市场配置网络中占据结构洞的行动者，可以更好地分析各主体在资源配置网络中的角色。Burt 提出结构洞判断标准是有效规模、效率、限制度、等级度，由于测算的各主体之间的效率与等

级度指标差异并不明显，本书选取有效规模和限制度两个指标进行判断。有效规模代表网络中的非冗余因素，有效规模越大，说明该行动者在网络中越活跃。通过限制度指标可以看出行动者在网络中拥有的运用结构洞的能力，限制度是判断结构洞的最重要的指标，限制度越小，该行动者在网络中越处于有利地位。本书利用 Ucinet 软件计算出江苏省科技资源市场配置网络中各行动者的有效规模和限制度，如图 3-3 和图 3-4 所示。可以看出，行动者 1、2、3、4、5、9、15、22 的有效规模指标较高，限制度指标较低，说明在网络中占据结构洞位置，能够获得信息利益和控制利益，比网络中其他位置上的成员更具有竞争优势，这些行动者分别为南京大学、东南大学、南京航空航天大学、南京理工大学、河海大学、南京工业大学、中国科学院下属研究所、南京市。其中，南京大学、东南大学、南京航空航天大学、南京理工大学、河海大学、南京工业大学在信息技术与软件产业、生物技术与医药产业等战略性新兴产业创新方面具有较大的学科优势，这些高校作为江苏省重要的知识和技术创新源，在科技资源市场配置网络中起到重要作用，为江苏区域创新和经济发展提供了重要的人才保障与科技支撑。中国科学院与江苏省 2011 年签订全面战略合作协议，组织下属研究所与江苏各地区和企业、高校院所开展产学研协同创新，依托丰富的科技和人才资源对江苏科技创新提供有力支撑。南京市创新资源丰富，拥有一批国家重点实验室、工程技术研究中心，出台了一系列政策支持产业发展，重点发展新一代信息技术、生物、节能环保、高端装备制造、新能源五类战略性新兴产业。

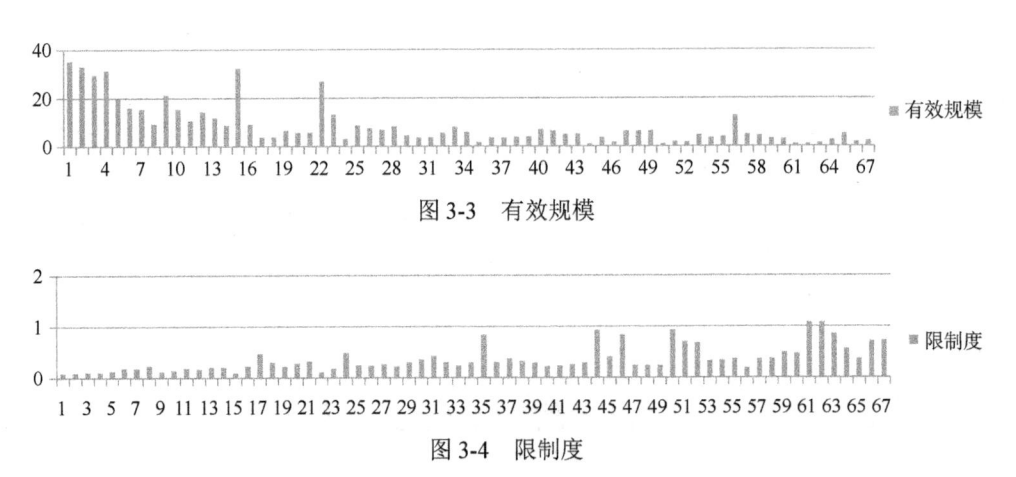

图 3-3　有效规模

图 3-4　限制度

（3）基于代表性高校的科技资源市场配置网络结构分析。进一步对科技资源市场配置网络中处于结构洞位置的高校进行分析，将计算得到的南京大学、东南大学、南京理工大学的科技资源市场配置关系矩阵输入 Ucinet 软件，利用 Netdraw 软件绘制出三所高校的科技资源市场配置网络，如图 3-5、图 3-6、图 3-7 所示。

第3章 我国科技资源市场配置实证研究

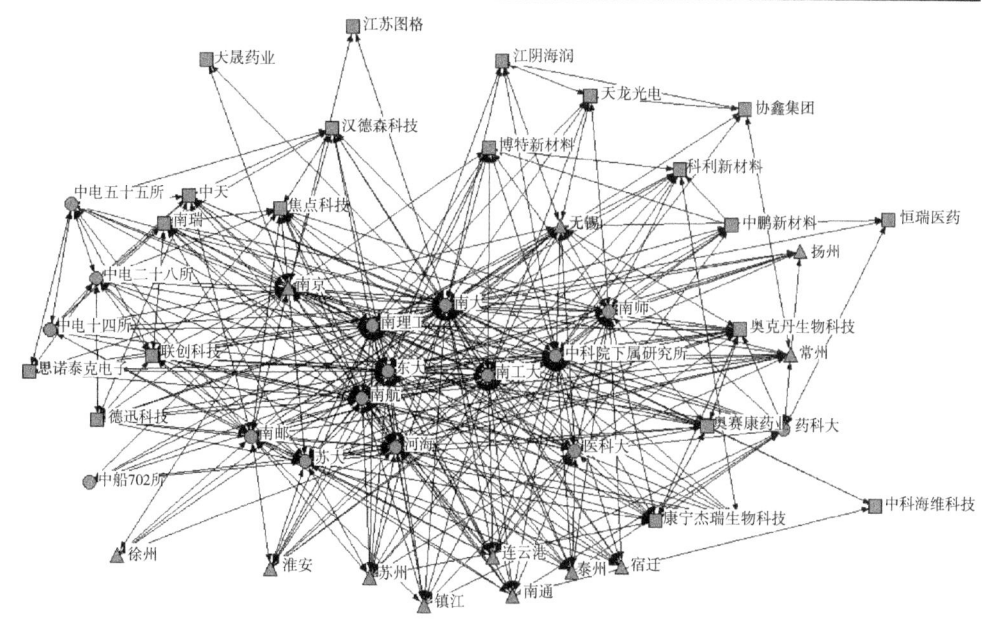

图 3-5　南京大学科技资源市场配置网络

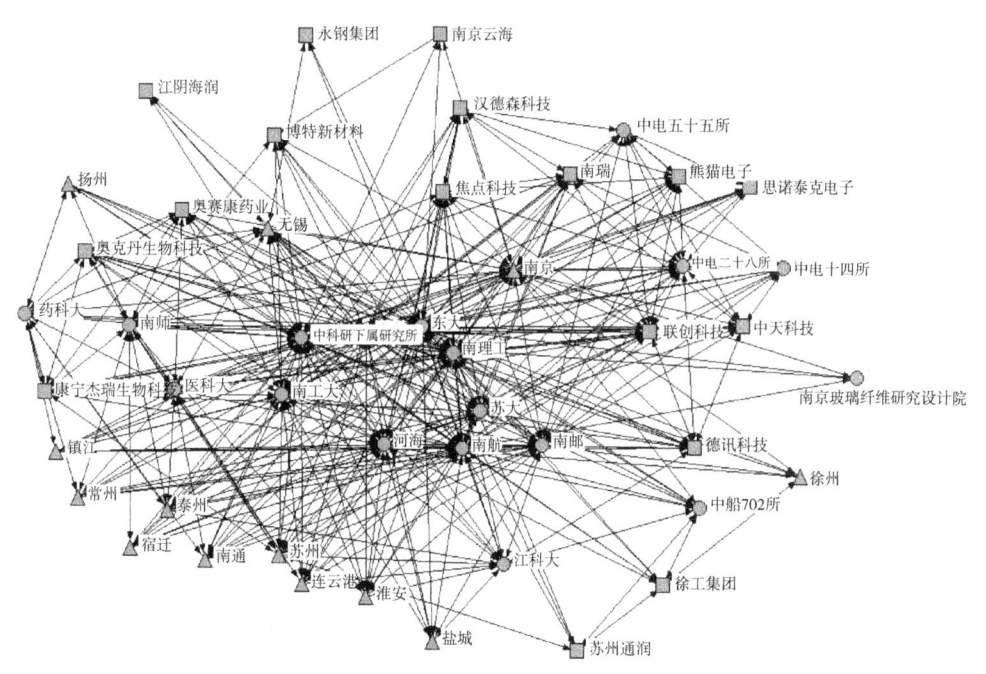

图 3-6　东南大学科技资源市场配置网络

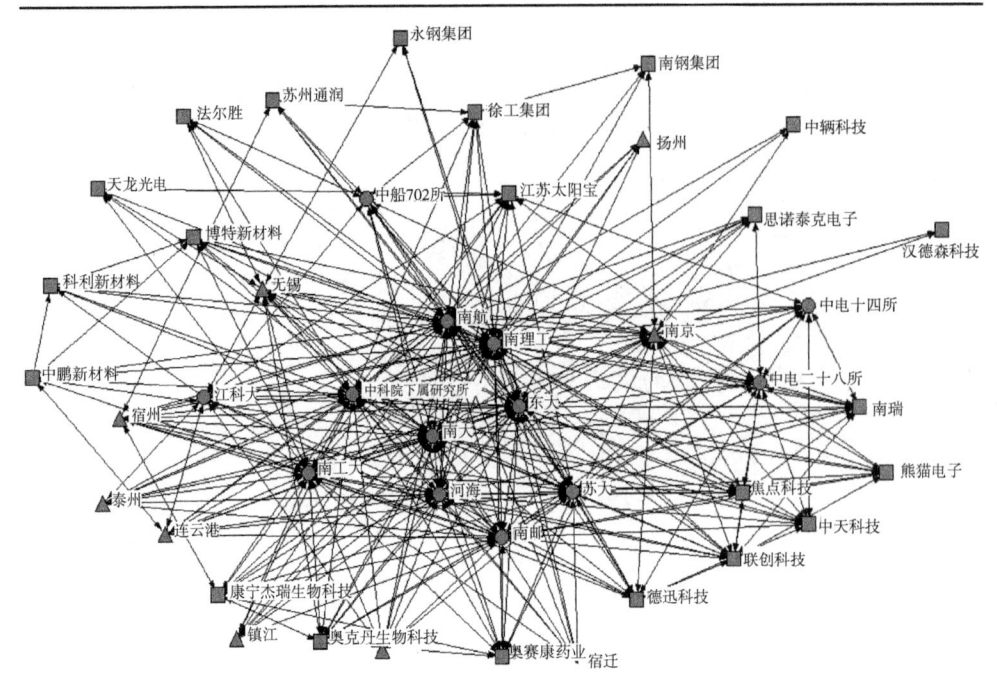

图 3-7 南京理工大学科技资源市场配置网络

从图中可以看出，与南京大学存在协同创新关系的企业主要分布在信息技术与软件产业、生物技术与医药产业、新材料产业，南京大学依托生物医药研究院、新材料研究所和软件工程等国家级特色学科专业在相关领域加强科技成果转化，推动了科技资源市场配置；与东南大学存在协同创新关系的企业主要分布在信息技术与软件产业、新能源产业、装备制造产业，东南大学依托学科专业优势与一批电子信息、新能源等高新技术企业合作，推动了科技成果产业化；与南京理工大学存在协同关系的企业主要分布在信息技术与软件产业、新材料产业、新能源产业、装备制造产业，南京理工大学充分发挥在先进制造与自动化、光电与信息技术、新材料与新工艺、新能源等领域学科和技术优势，加大科技成果在行业领域的推广转化力度，与一批龙头企业建立了产学研协同创新关系，促进了科技资源的市场化配置。

对三所高校的科技资源市场配置网络进行结构分析，得到网络结构的有关测试值，如表3-9所示。南京大学科技资源市场配置网络密度为0.3053，网络中心势为71.99%，网络的平均距离为1.695，基于距离的凝聚力指数为0.653。东南大学科技资源市场配置网络密度为0.3220，网络中心势为69.57%，网络的平均距离为1.671，基于距离的凝聚力指数为0.664。南京理工大学科技资源市场配置网络密度为0.3094，网络中心势为70.65%，网络平均距离为1.683，基于距离的凝聚力指数为0.658。其中，东南大学的科技资源市场配置网络密度最大，说明网络的紧密度最高；三所高校的网络中心势均较高，说明网络是围绕着这些高校组织形成的，网络权利关系表现出较高的集中性。通过平均距离和基于距离的凝聚力指数，可以看出三所高校的科技资源市场配置网络凝聚力较好，信息、资源在网络中传播速度较快，其中效率最高的是东南大学。

表3-9 南京大学、东南大学、南京理工大学科技资源市场配置网络结构特征值测试结果

高校	网络密度	标准差	网络中心势/%	平均距离	基于距离的凝聚力指数
南京大学	0.305 3	0.460 5	71.99	1.695	0.653
东南大学	0.322 0	0.467 3	69.57	1.671	0.664
南京理工大学	0.309 4	0.462 2	70.65	1.683	0.658

近年来，南京大学注重科学研究和自主创新，依托优势学科加强与地方政府的全面合作，共建地方研究院，与科研院所、企业和地方政府等建立协同创新联盟，形成了"12345"的政产学研协同创新思路，即构建一个组织体系、实现两个创新、坚持三个转变、注重四个"真"字和凸显五大领域；东南大学加快科技创新和成果转化，在无锡、苏州、常州等地建立了科技创新平台，组建了电子信息、光机电一体化、新材料、生物医药四个高新技术产业联盟，促进了区域战略性新兴产业发展；南京理工大学承担了国家教育体制改革试点项目，依托行业、立足地方，创新产学研合作的模式和机制，通过大力加强组织体制、管理机制、社会服务、校地合作、人才培养和科技平台六个方面的协同创新，形成了独具特色的政产学研协同创新"南理工模式"，高校产学研协同创新的发展促进了科技资源的市场化配置。

（4）分产业领域江苏省科技资源市场配置网络构建与结构分析。为了对不同产业的江苏科技资源市场配置进行研究，计算得出信息技术与软件、生物技术与医药等五个产业的科技资源市场配置关系矩阵，输入 Ucinet 软件，利用 Netdraw 工具绘制出江苏科技资源市场配置网络。其中，新能源产业和生物技术与医药产业的江苏省科技资源市场配置网络如图 3-8、图 3-9 所示，网络结构特征值测试结果如表 3-10 所示。

表3-10 分产业江苏省科技资源市场配置网络结构特征值测试结果

产业	网络密度	标准差	网络中心势/%
信息技术与软件	0.382 1	0.485 9	54.24
生物技术与医药	0.391 0	0.488 0	47.23
新材料	0.366 7	0.481 9	49.53
新能源	0.391 4	0.488 1	44.03
装备制造	0.343 9	0.475 0	49.94

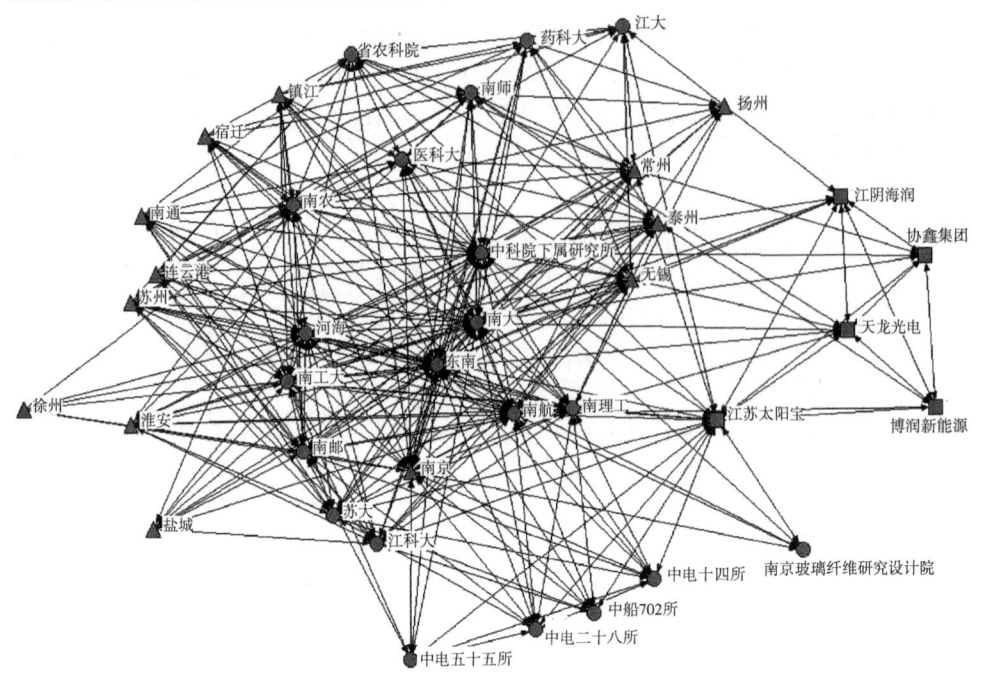

图 3-8　新能源产业江苏省科技资源市场配置网络

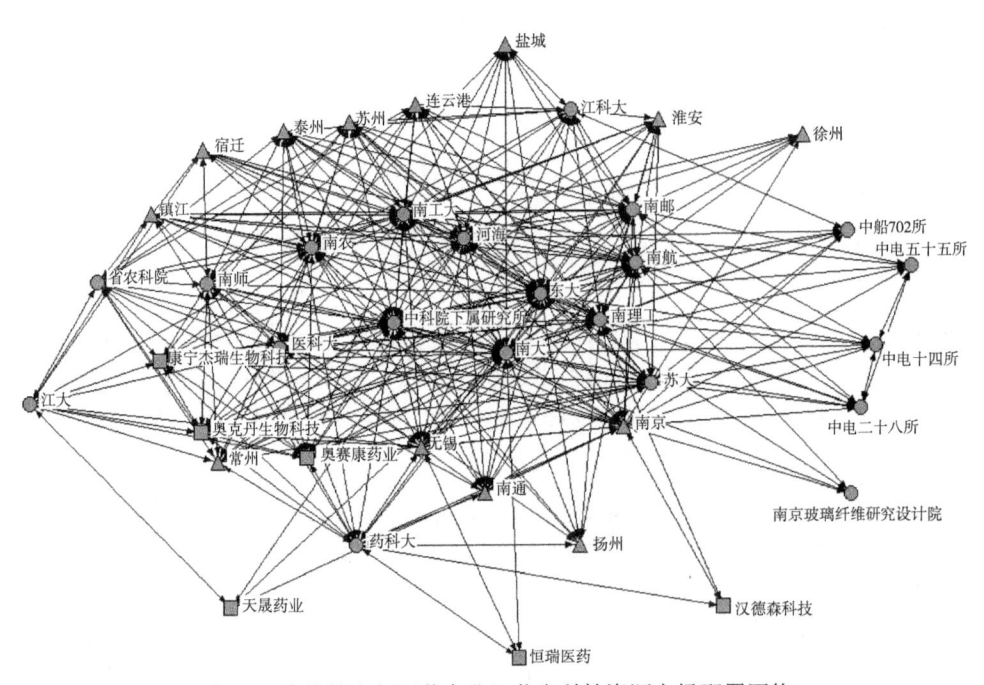

图 3-9　生物技术与医药产业江苏省科技资源市场配置网络

从表 3-10 可以看出，按照产业划分的局部网络密度都高于整体网络的密度，各个网络的中心势为 40%～55%，各网络在一定程度上围绕着一些机构组织起来，网络权利关系表现出一定的集中性。新能源产业的科技资源市场配置网络密度最高，网络中行动者之间协同情况最好，这与江苏各地区积极推动新能源产业发展密切相关，无锡市、南通市入选八个新能源产业最具投资价值城市。生物技术与医药产业的科技资源市场配置网络中各主体之间的关系紧密度略小于新能源产业，江苏省生物医药产业形成了良好发展态势，产业规模居全国前列，产业集聚程度较高。信息技术与软件产业的科技资源市场配置网络密度排名第三，近年来江苏大力推动软件产业规模提升，构建了服务体系、组织体系、人才体系和创新体系四大体系，组建了江苏信息产业协同创新联盟，着力整合各类科研资源，搭建产业研发创建的服务平台，致力于营造良好的软件发展生态环境。新材料产业的科技资源市场配置网络密度较前三个产业低，这与目前江苏新材料产业的重点企业主要集中在冶金、化工等传统新材料领域，总体技术层次还不高，企业创新能力不强相吻合，江苏应该加强该产业产学研协同创新的政策指导与资金支持。装备制造产业的科技资源市场配置网络密度最低，说明该产业的科技资源市场配置网络中各主体间关系紧密度最小，创新主体间的联系较少。江苏拥有一批行业龙头骨干企业以及东南大学、南京理工大学、南京航空航天大学等一批工科院校，在工业 4.0 背景下应进一步加强该产业的江苏科技资源市场配置，推动装备制造业转型升级和两化深度融合，为"中国制造 2025"添力。

本节对协同创新内涵进行分析，发现江苏尚未形成关系紧密、资源信息交流顺畅的江苏科技资源市场配置网络，创新主体间关系紧密度仍有较大提升空间；南京大学、东南大学、南京航空航天大学、南京理工大学等高校、中国科学院下属研究所以及南京市在江苏科技资源市场配置网络中具有竞争优势；江苏新能源产业的科技资源市场配置网络主体间关系最紧密，生物技术与医药产业次之，装备制造产业的科技资源市场配置网络主体间关系紧密度最小，这与江苏省目前产业发展现状一致。

3.3 基于合作博弈理论的科技资源市场配置研究

3.3.1 合作联盟收益与非合作收益

合作博弈应当是建立在有合作前景和可能性的基础之上的。也就是说合作博弈联盟的形成必须使得合作联盟的总收益大于联盟中各个个体在非合作情况下的收益之和。根据协同创新的理论，科技资源配置过程中，通过协同合作，可以实现超额收益，也就是说资源配置的合作收益具有超可加性。科技资源具有稀缺性，因此科技资源市场配置的意义在于发挥资源的最大价值，创造更多的产出。关于价值创造的增加,一方面可以通过资源的互补实现,另一方面可以通过生产活动的协调产生。假如资源之间存在互补性,资源获得者比资源原先的拥有者能产生更大的价值,则资源的交换就能增加财富,实现帕累托改进。由此可见,通过结成合作联盟,在联盟内部实现科技资源的交换和共享,就能够实现超额收益。在合作联盟内部,还可以完成技术的交换和融合,实现技术改造和技术升级,使整个联盟与不合作相比成本更低,同时由于技术融合与创新,增加收益。由此可见在科技资源市场配置的过程中,通过结成合作联盟,实现协同创新,其收益要大于非合作时的收益。

在整个国家的科技创新体系之中,各类的配置主体间复杂的相互作用关系使得他们在科技资源市场配置的过程中产生了多元化的利益关系。在科技资源市场配置过程中,企业作为科技资源配置的核心主体,无论是设计科技成果转化还是产学研合作,企业都是最主要的利益贡献者和受益者,其他的配置主体都是企业的利益相关者,他们为企业提供科技资源及其他方面的支持,同时也通过企业获得的创新收益来获得回报,通过这种方式来促进自身发展以及整个国家科技创新水平的提高。总体而言,在以企业为核心的科技资源市场配置过程中,各配置主体之间主要有图 3-10 所示的几种利益关系。

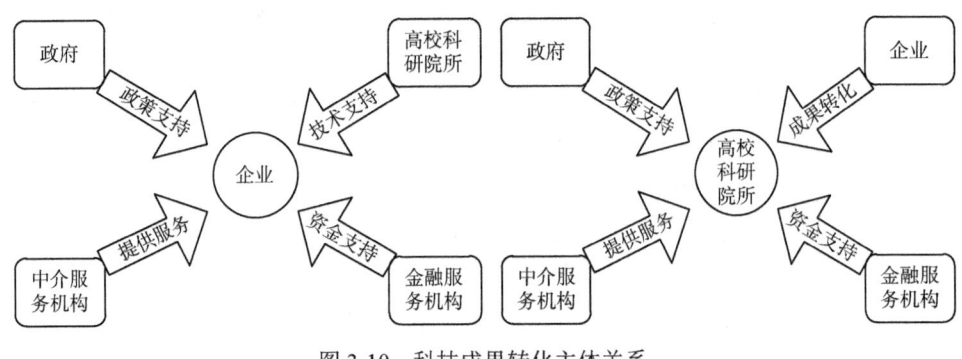

图 3-10 科技成果转化主体关系

1. 企业与政府之间的利益关系

政府能够赋予企业依法经营的权利,并给国家支持的高新技术产业提供一定的财政优惠政策,为企业的创新生产投入一定的财力和公共信息资源。作为利益回报,政府从企业那里收取税费,这也是政府最为关心的利益,它直接影响整个国家的经济收入。除此之外,政府还关注企业对社会的综合贡献,如解决就业,带动区域经济发展。同时政府也希望企业通过提高自身的生产经营能力来促进整个国家的社会进步和可持续发展,进而带动国家综合创新水平的提高。

2. 企业与高等院校和科研院所之间的利益关系

企业与高校以及科研院所之间主要通过产学研一体化这一模式进行合作，产学研之间的利益关系是科技资源市场配置关注的焦点，同时也是稳固产学研合作关系、实现整体协同配置效应的纽带。高校和科研院所作为知识与科技成果的创造者，主要为企业的技术创新提供高技术人才与技术创新成果。企业则为高校和科研院所的创新研究提供科研经费，同时协助高校和科研院所完成人才的培养。高校和科研院所通过对企业的技术转让与成果转化可以获得一定的经济回报；通过与企业进行研发合作，可以得到企业的收益分成，同时也能够与企业建立长期稳固的合作关系。

3. 企业与企业之间的利益关系

企业与政府以及高校和科研院所之间的利益关系，主要是纵向的合作关系，而企业与企业之间则主要是横向的合作关系。供应链上游的供应商、销售商等作为企业的业务伙伴，主要为企业提供创新生产活动所需的原材料、机器设备、信息支持和服务支持；供应链下游的经销商和承销商则主要为企业提供产品推广和销售等服务支持；其他一些企业如广告公司、传媒等则主要为企业提供形象推广和产品推广的服务。它们得到的利益回报是企业创新收益的分成，以及强强联合、协同发展的愿景。

4. 企业与科技中介服务机构之间的利益关系

科技中介和信息服务机构是企业与其他科技资源配置主体之间沟通的桥梁，它们主要为企业的创新生产提供商业化或者公益性的信息资源和信息服务。企业则向它们支付一定的服务费用作为利益回报，同时也为其进行服务推广、服务品牌宣传，为服务机构提供良好的口碑效应。

5. 企业与金融服务机构之间的利益关系

充足的资金是企业得以持续创新和发展的保障，银行和其他的金融机构则为企业提供贷款服务和融资服务，以此来为企业提供财力支持，缓解企业的经济压力。而企业则是将贷款利息和佣金作为银行和金融服务机构的利益回报。

高校和科研院所作为科技资源市场配置中提供科技信息与科技成果的一方，在整个科技资源市场配置的过程中也起着非常重要的作用。我国高校和科研院所往往都是处于政府的监管之下，它们与政府之间也有着复杂的利益关系。政府作为科技资源配置的组织者和监管者，为高校和科研院所提供科研经费，同时也监督和督促高校、科研院所的科技创新，并且为它们搭建孵化器，促进科技成果的转化，有时候，政府也会作为中间人，促成高校、科研院所与企业的产学研合作。而作为利益回报，高校和科研院所会为企业承担一些创新项目的研发。企业、政府、高校、科研院所、科技中介和金融服务机构等，共同构成了科技资源市场配置的合作博弈联盟中的参与人，如上所述，它们之间存在复杂的利益关系。因此，协调好各方之间的利益，为合作联盟提出一个合理的分配方案，在保证整体理性（联盟利益最大化）的同时兼顾个体理性（参与人利益最大化），促成合作联盟的形成，同时保证其稳定性，是我们迫切需要解决的一个问题。接下来，我们将根据合作博弈的理论和模型，结合科技资源市场配置中的合作关系，构建一个合理的分配方案。

3.3.2 合作博弈模型与科技资源市场配置

科技资源的配置问题的关键，是使得科技资源用在最好的地方，创造最大的效益。除科技政策资源，科技信息资源、科技条件资源等属于半公共品，不具有排他性，科技成果资源、科技人才资源等皆具有排他性，即这些资源往往被某一方使用便不能够再被其他人使用。这时候科技资源配置的关键就在于为这些资源找到最合适的使用者，创造最大的效益。在这一过程中就涉及匹配问题。匹配博弈是研究和应用都比较广泛的一类博弈，最早的关于匹配博弈的研究是 Gale 和 Shapley[66] 的一篇简短但却有着极其重要启发意义的关于大学招生和婚姻匹配问题的研究。

手套游戏：将总的人群 N 划分为不相交的两个子集，记为 L 和 R，其中 L 中每个成员拥有一只左手套，而 R 中每个成员拥有一只可与 L 中左手套匹配的右手套。假设单只左手套或者右手套的价值为 0，任意左右两只手套匹配后一双手套的价值为20。不难看出，联盟中能匹配的手套双数越大，则整个人群的收益越多。在此种情况下建立一个合作博弈模型 $S(L, R) < N(v)$，其中 $N=\{1, 2, 3, \cdots, n\}$。$L, R \in N$，且 $L \cup R = N$。对于任意一个联盟 $S \in 2^N$，S 中可能包含 L，也可能包含 R，且 L 与 R 的数量不定，S 中能匹配到的手套双数等于 $\min\{[S \cap R], [S \cap L]\}$。相应的特征函数可以定义为：$v(S) = 20 * \min\{[S \cap R], [S \cap L]\}$。

对于这样一个合作博弈联盟，其利益分摊方法，可以用不同的解加以讨论。从核的角度考虑。首先，这个合作博弈联盟的核是存在的，为了简单起见，我们先讨论一个包含 1 个 L 和 2 个 R 的三人联盟，这个联盟的核是（20, 0, 0）。这个结果可能会出乎人的意料，因为拥有右手套的 R 收益为 0，拥有左手套的 L 独占全部的收益 20。下面进行简单的推导来证明这一结论。若 L 与其中一人合作（不妨设为 $R1$），两人平分收益（10, 10）；此时 $R2$ 收益为 0，出于个人理性，$R2$ 愿意只要更低的收益（不妨设为 5）与 L 合作，此时解为（15, 5）；同样 $R1$ 也会降低其索要的收益……如此重复下去，只要他们是理性的，最后的均衡解将会变成（20,

0），因此，此合作博弈联盟的均衡解就是（20，0，0）。这样的结果看上去十分荒谬，但它却是符合经济学解释的，即右手套的供应量一旦大于左手套，则右手套的价值将变得极低甚至趋近于 0。那么，如果设 S 中 L 数量为 n，R 数量为 $n+1$，此时如果 n 达到极大（如 1 亿）则 R 中多出来的 1 将相对来说微不足道，此时 S 的收益分配解会变化吗？实际上，人数扩大到 1 亿后，只要 S 中 R 比 L 多一个，则"核"仍然只包含一个元素，即 $x_i=20$（若参与人 i 拥有左手套），否则 $x_i=0$。这一分配方案与实际中的分配方案有相悖之处，我们称这种现象为"逆直观"。

科技资源配置的过程，有时候就类似于手套游戏。科技条件资源、科技人才资源、科技成果资源等在配置过程中经历着类似手套匹配的过程。特别是科技成果资源转化时，往往是由科研院所、高校等科技成果持有者与企业合作，形成战略联盟，从而完成科技成果的转化。在"抢蛋糕"的利益分配阶段，按照"核"配置的理论，数量处于稀缺的一方将独占成果转化的利益，而数量过剩的一方则无利益获取。尽管这是一种理论性的假设，在实际的成果转化过程中不会出现这种极端的情况，但事实上，在科技成果转化过程中，处于稀缺的一方在利益分配过程中是存在优势的，他们往往获得了成果转化后的大部分利益。若是利用夏普利值作为这一合作博弈的解，则结果又会不一样。我们还是从最为简单的三人联盟博弈出发，S 中包含 1 个 L 拥有左手套 2 个 R 拥有右手套，根据夏普利值计算，其唯一的解是（40/3，10/3，10/3）。这个解看上去比核分配对于处于弱势的拥有右手套的 R 要有利得多。扩展到多人的情况，如 S 中有 n 个 L 和 $n+1$ 个 R，此时随着 n 的增大，L 和 R 的收益越来越趋近于 10，即接近于联盟中的每个人平分联盟的所有收益。

若利用基于平均主义的等分裂配置方式，则分配方案变为（10，10，0），n 人情况下分配方案为（10，10，…，10，0），即能够配成一对的 L 与 R 平分一双手套带来的收益，而剩余的 R 收益只能为 0。这样的分配方案符合现实中科技资源市场配置的特点，即"谁投入谁得益，谁贡献谁得益"。事实上，在科技成果转化的问题上就可以用手套市场的理论模型来解释。我国的科技成果转化率偏低。中国科学技术发展战略研究院的统计显示，我国有 320 多万名研发人员，居世界首位，但科技创新能力仅排世界第 19 位；我国国际科学论文数量已居世界第二位，发明专利申请量和授权量分别居世界首位和第二位，但能"赚钱"的却很少，科技成果转化率仅为 10%左右。大部分的科技资源都掌握在高等院校和科研机构的手中，主要的科技成果也由这些组织创造，然而这些科技成果在诞生之后却没有得到很好的应用。绝大多数的科技成果都仅仅停留在论文中，这一方面是由于我国高校和科研院所的职称评定方式往往与论文挂钩，很多的自然科学和社会科学的基金项目申报之后，只要发表论文，就宣告结束，科研人员往往没有动力尝试着将这些成果进行转化；另一方面也是由于我国的科技成果转化的终端——企业的缺乏，这里的企业缺乏并不是说实际的企业数量的缺乏，而是由于缺乏牵线搭桥的中介机构,而企业对于科技成果的信息又相对缺乏,这就导致只有极少数的企业会主动去寻找和承担科技成果转化的任务。在成果转化的过程中,涉及的利益分配模式也往往比较模糊,在各个合作联盟内部难以顾及各方面的利益均衡,缺乏第三方来为合作联盟设计相应的利益分配模式。而在市场模式的利益分配过程中,高校与科研院所往往处于弱势,它们缺少对于利益分配的认识,企业在合作联盟的利益分配中居于主导地位,因此它们往往占据利益分配中的大头,这就使得当对利益分配不满时,高校和科研院所往往就会选择不合作,这也是许许多多的科技成果难以有效转化的另一重要原因。

结合目前的研究来看,对于科技资源配置中利益分配的研究主要还是以产学研为载体进行分析。而对于产学研过程中的利益分配机制则有多种不同的方法。李廉水[67]将产学研合作创新的利益分配方式分成一次性支付、提成支付和按股利三类。一次性支付是指企业方在确立合作模式之后,一次性支付技术开发或转让的费用,在这种模式下有两个弊端:一是一次性支付使得学研方在拿到技术开发或转让费用之后,创新动力不足;二是学研方无任何风险,创新成果市场开发的结果成败与学研方无关,而企业则承担所有的风险,这样也会让企业在进行产学研合作时有所顾忌。提成支付是指产学研各方依据销售额或者利润,按比例提成。在这种情况下,产学研各方均承担一定的风险,真正做到"风险同担、利益共享",但在执行的过程中,企业方拥有信息优势,学研方在监管、检查方面较为复杂,因此存在道德风险。按股利则是指产学研各方以技术、人力、资金等投入要素为股本,在企业的经营活动中按股分红。鲍新中和王道平[68]利用非合作博弈与合作博弈的思想对产学研合作创新中的成本分摊和收益分配进行分析,得出的结论是:在产学研合作利益分配中,企业方为激励学研方加大创新的投资力度,可以以契约形式向学研方承诺更高的转移支付比例,这样,企业方的单位产品成本将进一步降低;合作博弈时的技术创新规模大于非合作博弈时的技术创新规模,合作联盟系统总存在有效帕累托最优,学研方与企业方偏好于协同创新,而不是采取非合作博弈方式。产学研协同创新是一个合作的过程,参与各方通过贡献人力、技术、资本等,为联盟带来超可加的收益,因此在以博弈视角分析产学研合作中利益分配,主要应用到的是合作博弈分析。罗利和鲁若愚[69]分别利用优超法和赋值法对产学研合作联盟中利益分配的机制进行了研究。优超法即合作博弈的核与稳定集,利用这种方法,虽然有时可以得到稳定的解,但在更多情况下,往往得到的不是解集为空就是解集中含有多个元素,得不到唯一的解;赋值法(夏普利值)即通过公理化的方法描述解的性状,进而得到唯一的解。高宏伟[70]在重探讨创新过程演进与利益分配影响因素变化的基础上,依据创新过程对产学研合作创新进行阶段划分,将过程阶段的思想引入产学研合作利益分配的研究之中,运用博弈论的相关理论建立基于创新过程的产学研利益分配模型,为实践中产学研合作的有效运行提供了有意义的理论指导。

上述的研究皆是围绕企业与高校、科研院所之间的合作进行博弈模型分析，实际上，在科技资源配置的过程中，除了企业与高校、科研院所，还存在诸多的配置主体，如政府、科技中介服务机构、金融服务机构等。它们在科技资源市场配置的过程中也扮演着十分重要的角色，且在合作博弈联盟内部也互相存在复杂的利益关系。因此，利用合作博弈模型分析科技资源市场配置的机制，不应只着眼于企业与高校、科研院所，还应从全局出发，厘清各方的利益关系，为合作博弈联盟内部设计一套有效的利益分配方案。本书主要通过科技资源市场配置下的各种不同情形，结合合作博弈模型，研究合作博弈联盟内部的利益分配，试图为科技资源市场配置中协同创新联盟的形成以及内部稳定提出合适的机制。下面我们将利用夏普利值来分析科技资源市场配置过程中各方的利益分配，首先介绍夏普利值。夏普利值是由 Shapley[71] 提出的，最初只能应用在支付可转移的合作博弈中，后来 Shapley 和 Shubik 将其扩展到支付不可转移的情况，夏普利值的特点就是它必定存在，并且解是唯一的。

1. 学研方占主导的合作博弈分析

先讨论一个简化的科技成果转化的情形：一家拥有科技成果的高校或科研院所，数家企业。在这种情况下，高校或科研院所拥有科技成果，其可以选择自我转化，但这样初始投资的成本相对较高，且高校和科研院所缺乏像企业那样的生产管理营销体系，因此其转化效益比起与企业合作来说相对较小；当然，高校或科研院所也可选择与企业合作，将其科技成果或技术进行转化，成果转化过程中，可以选择与一家企业合作（企业自身实力足够强大），也可以选择与众多企业进行合作，由于各家企业的科技成果转化能力以及运营能力皆有差异，所以企业与高校或科研院所合作的联盟收益也略有不同。

假设每个企业加入联盟后为联盟贡献的边际收益要小于其单独与高校科研院所合作时的收益，且每个企业单独与高校或科研院所合作时的收益也各不相同。考虑一个包含 1 家高校或科研院所和 3 家企业的博弈，高校或科研院所的编号为 1，为方便起见，各家企业按边际贡献大小依次排序为 2~4。联盟的收益如下：

$v(\emptyset) = 0; v(1) = 50; v(i) = 0 (i = 2,3,4); v(1,2) = 250, v(1,3) = 200, v(1,4) = 150;$
$v(1,2,3) = 350, v(1,2,4) = 300, v(1,3,4) = 250, v(2,3,4) = 0; v(1,2,3,4) = (400)$

利用夏普利值的解法，联盟中的各参与人的利益分配为

$$x(1) = \frac{6}{24} \times 50 + \frac{2}{24} \times (250 + 200 + 150) + \frac{2}{24}(350 + 300 + 250) + \frac{6}{24} \times 400 = \frac{5700}{24} = 237.5$$

$$x(2) = \frac{2}{24} \times 200 + \frac{2}{24} \times (150 + 150) + \frac{6}{24} \times 150 = \frac{1900}{24} = 79.17$$

$$x(3) = \frac{2}{24} \times 150 + \frac{2}{24} \times (100 + 100) + \frac{6}{24} \times 100 = \frac{1300}{24} = 54.17$$

$$x(4) = \frac{2}{24} \times 100 + \frac{2}{24} \times (50 + 50) + \frac{6}{24} \times 50 = \frac{700}{24} = 29.17$$

从上面的结果可以看出,在成果转化的过程中,掌握着科技成果的高校和科研院所分得了联盟中的大部分利润,而其余的企业依照其对联盟边际贡献的不同,只取得了联盟中的利润的一小部分。

2. 企业占主导的合作博弈分析

上面讨论的是一家掌握科技成果的高校和科研院所与多家企业的情况。实际上,现实中也存在一家企业与多家掌握科技成果的高校、科研院所的情况,接下来分析这种情况。与上述例子类似,掌握科技成果的高校、科研院所可以独自进行成果转化,也可选择与企业合作。独自转化的情况下由于初始投资成本较高,高校、科研院所缺乏生产管理销售方面的经验和能力,所以产生的效益较低,而与企业合作则有较高的收益。高校和科研院所之间的合作则不会产生多的边际收益。从企业方面来讲,它可以专注于与一家高校、科研院所合作,也可以同时与多家高校、科研院所合作,当与多家高校、科研院所合作时,每多一家高校、科研院所,其为联盟带来的边际收益要小于企业单独与这家高校、科研院所合作时的收益,这主要是受制于企业的资本实力以及人员规模,当然企业不与高校、科研院所合作时的收益为0。还是假设有4个参与者:3个拥有科技成果的高校、科研院所和1个企业。企业编号为1,各高校、科研院所依据其科技成果所能创造的效益从大到小依次为2,3,4。各参与者的联盟收益如下:

$v(\varnothing) = 0; v(1) = 0; v(2) = 100, v(3) = 80, v(4) = 60; v(1,2) = 300, v(1,3) = 240,$
$v(1,4) = 180, v(2,3) = 180, v(2,4) = 160, v(3,4) = 140; v(1,2,3) = 500,$
$v(1,2,4) = 440, v(1,3,4) = 380, v(2,3,4) = 240; v(1,2,3,4) = 660$

利用夏普利值的解法,来分析此合作博弈联盟的收益分配:

$$x(1) = \frac{2}{24} \times (200 + 160 + 120) + \frac{2}{24} \times (320 + 280 + 240) + \frac{6}{24} \times 420 = \frac{5160}{24} = 215$$

$$x(2) = \frac{6}{24} \times 100 + \frac{2}{24} \times (300 + 100 + 100) + \frac{2}{24} \times (260 + 260 + 100) + \frac{6}{24} \times 280 = \frac{4520}{24}$$
$$\approx 188.3$$

$$x(3) = \frac{6}{24} \times 80 + \frac{2}{24} \times (240 + 80 + 80) + \frac{2}{24} \times (200 + 200 + 80) + \frac{6}{24} \times 220 = \frac{3560}{24} \approx 148.3$$

$$x(4) = \frac{6}{24} \times 60 + \frac{2}{24} \times (180 + 60 + 60) + \frac{2}{24} \times (140 + 140 + 60) + \frac{6}{24} \times 160 = \frac{2600}{24} \approx 108.3$$

在上述的合作中，各个参与人的收益均比不合作情况下多。企业作为配置的主体，分得了较多的利益。而持有科技成果的各高校和科研院所，依据自身科技成果转化后能够产生的效益，即各科技成果的经济价值，相应地也取得了较多的收益。从整个利益分配的格局来看，此模型是有效的，既实现了经济利益的最大化，即保证了整体理性，同时又使得各参与者的利益增加，实现了帕累托最优，符合个体理性。

通过上述两个例子的比较，我们也可以看出作为两种 1+n 的模式，当 1 为科技成果的拥有者——高校或科研院所时，合作联盟中的绝大部分收益为高校和科研院所所获取；而当 1 为企业时，各方的利益分配则较为均衡，不存在一方独占几乎全部蛋糕的情况。在实际的科技成果转化中，一种科技成果大部分都是与一家企业合作进行转化，而企业则可能同时与多家高校和科研院所合作。

3. 无主导方的市场合作博弈分析

以上的两种情形均只考虑了高校和科研院所与企业这两个配置主体，在实际的科技资源市场配置过程中，还涉及政府、中介服务机构以及金融服务机构等，它们共同为科技资源的合理配置服务。前面已经讨论过高校、科研院所、企业、政府、中介服务机构和金融服务机构之间复杂的利益关系。下面接着用合作博弈的方法，讨论各个配置主体在科技资源市场配置中的重要程度，及相应的在合作博弈联盟中的利益分配。考虑如下一个联盟，其参与人分别为学研方、企业、政府、中介服务机构和金融服务机构。学研方拥有科技成果，但难以独自完成成果的转化，此时要想完成科技成果的转化有两种途径：一是与企业合作，二是在政府、中介服务机构、金融服务机构的帮助下完成成果转化。我们假设成果转化，则联盟的值为 1，否则为 0。各个参与人的编号依次为：学研方为 1，企业为 2，政府为 3，中介服务机构为 4，金融服务机构为 5。此时联盟的支付函数为

$v(\emptyset) = 0; v(i) = 0 (i = 1,2,3,4,5); v(1,2) = 1; v(1,2,3) = 1, v(1,2,4) = 1, v(1,2,5) = 1;$
$v(1,2,3,4) = 1, v(1,2,3,5) = 1, v(1,2,4,5) = 1, v(1,3,4,5) = 1; v(1,2,3,4,5) = 1$

其他情况下， $v(S) = 0$。

还是根据夏普利值的计算方法，可以计算在科技成果成功转化的过程中，各方的影响因子：

$$x(1) = \frac{6}{120} \times 1 + \frac{4}{120} \times 3 + \frac{6}{120} \times 4 + \frac{24}{120} = 0.55$$

$$x(2) = \frac{6}{120} \times 1 + \frac{4}{120} \times 3 + \frac{6}{120} \times 3 = 0.3$$

$$x(3) = \frac{6}{120} = 0.05$$

$$x(4) = \frac{6}{120} = 0.05$$

$$x(5) = \frac{6}{120} = 0.05$$

以上就是在科技成果转化中各个配置主体的权重，也就是指在科技成果转化过程中各参与方的影响因子。从上面的结果可以看出，作为科技成果的拥有者，高校、科研院所在科技成果转化过程中的影响因子最大。企业作为科技成果转化过程中生产、营销的主体也有一定的影响因子。而政府、中介服务机构、金融服务机构等作为科技成果转化的辅助机构，其影响因子也就相对较小。通过影响因子的计算，也可以为科技资源市场配置过程中各方的利益分配提供一个参考依据。

根据上述分析可以得出：一是产学研合作中合作联盟的主导者为拥有科技成果的高校和科研院所时，高校和科研院所会分得合作联盟总收益的绝大部分；二是产学研合作中合作联盟的主导者为企业时，企业获取的利益比拥有科技技术成果的高校和科研院所要多，但其利益差距比高校和科研院所作为主导者时要小；三是在拥有众多参与者的产学研合作中高校和科研院所居于主导地位，企业处于次要地位，而政府、中介服务机构和金融服务机构等则处于相对弱势的地位，对于科技资源转化的作用相对较小。在产学研合作的实际过程中，企业往往占据主导地位，且获得了合作联盟内的绝大部分收益，这与分析是不符的，也正是由于学研方在利益分配过程中分得的利益较少，大大打击了学研方创新和进行科技成果转化的积极性。因此，应当改变原有的产学研合作联盟，增加学研方在联盟中的地位和收入分成比例，由原来的20%提高到50%以上，使得所得收益与其在产学研合作中的重要程度相匹配，创造更多的经济效益，同时也能激发市场创新活力，更大地释放市场潜能。建立科技创新平台，为创新者提供融资平台，"鼓励创新，容忍失败"，建立"容错""纠错"的支持机制，为创新提供肥沃厚实的文化土壤。

3.4 本章小结

本章基于SFA方法、社会网络分析、合作博弈理论三种方法开展科技资源市场配置市场实证研究，对我国科技资源市场配置的现状进行直观的了解，研究得出以下结论。

一是我国科技资源市场配置的效率水平还较低,就江苏省内来看,苏南各地科技资源市场配置效率水平较高,南京市居首;苏中各地的科技资源市场配置效率水平居中;苏北各地的科技资源市场配置效率水平较低。

二是尚未形成关系紧密、资源信息交流顺畅的江苏科技资源市场配置网络,创新主体间关系紧密度仍有较大提升空间;南京大学、东南大学、南京航空航天大学、南京理工大学等高校、中国科学院下属研究所以及南京市在江苏科技资源市场配置网络中具有竞争优势;江苏新能源产业的科技资源市场配置网络主体间关系最紧密,生物技术与医药产业次之,装备制造产业的科技资源市场配置网络主体间关系紧密度最小,这与江苏省目前产业发展现状一致。

三是在拥有众多参与者的产学研合作中高校、科研院所居于主导地位,企业处于次要地位,而政府、中介服务机构和金融服务机构等则处于相对弱势的地位,对于科技资源转化的作用相对较小。

第4章 科技成果资源市场配置研究

党的十八届三中全会提出,要坚持社会主义市场经济改革方向,使市场在资源配置中起决定性作用,建立主要由市场决定技术创新项目和经费分配、评价成果的机制。2014年9月,财政部、科技部、国家知识产权局开展深化中央级事业单位科技成果使用、处置和收益管理改革来加快推进科技成果向现实生产力转化,健全知识、技术、管理等由要素市场决定的报酬机制。2014年10月28日发布的《国务院关于加快科技服务业发展的若干意见》强调,要创新科技服务模式,延展科技创新服务链,促进科技服务业专业化,并提出到2020年,我国基本形成覆盖科技创新全链条的科技服务体系,涌现一批新型科技服务业态,科技服务业产业规模达到8万亿元,成为促进科技经济结合的关键环节和经济提质增效升级的重要引擎。江苏省也规划建设苏南自主创新示范区,大力推进创新型城市建设,加快建设沿海科技走廊,培育苏中、苏北特色创新基地,不断提升全省创新发展整体水平。科技成果转化效率是决定一国经济实力的重要因素。据统计,目前我国科技成果转化率不到30%,推进科技成果向现实生产力转化成了全社会普遍关注的一个重要命题。要解决科技与经济紧密结合问题,必须从体制机制上彻底清除科技成果转化的障碍。深化科技体制改革,科学界定科技成果转化过程中政府职能与市场体系之间的关系,建立市场主导的科技成果转化体系,促进科技成果资本化、产业化和更好发挥政府作用已成为当前的研究热点。

4.1 科技成果资源的内涵

4.1.1 科技成果

科技成果可以理解为通过科技活动所产生的成果。科技活动涉及研究开发(包括基础研究、应用研究、试验发展)、研究开发成果转化和应用、科技服务三个部分,因此从广义上讲科技成果应包含这三类科技活动所对应产生的成果。然而,我国有关法律法规对科技成果的定义,多是从狭义的方面,即从研究开发这一方面来对科技成果进行界定或分类。例如,根据我国1986年出版的《现代科技管理词典》对科技成果的定义,科技成果是指科研人员在他所从事的某一科学技术研究项目或课题研究范围内,通过实验观察、调查研究、综合分析等一系列脑力、体力劳动所取得的,并经过评审或鉴定,确认具有学术意义和实用价值的创造性结果[72]。科技成果的分类是对科技成果这一概念的进一步明晰，尽管我国不同时期的法律法规给出了不同的科技成果分类方式，但其内涵也都主要限定于研究开发的三个环节，即基础研究、应用研究、试验发展。例如，原国家科委于 1978 年颁布的《国家科委关于科学技术研究成果的管理办法》将科技成果分为科学成果、技术成果、重大科学技术项目研究的阶段成果三类[73]；而在 1984 年原国家科委颁布的《国家科委关于科学技术研究成果管理的规定（试行）》中则将科技成果分为应用技术成果、在重大科学技术研究中取得的一定应用价值或学术意义的阶段性科技成果、消化吸收引进技术取得的科技成果、科技成果应用推广中取得的新的科技成果以及科学理论成果五种类型[74]。近年来，随着国家对软科学的重视程度日益提高，软科学研究成果常被单列为一类成果，与研究开发类成果并列。例如，目前普遍接受的科技成果分类是原国家科委 1987 年颁布的《中华人民共和国国家科学技术委员会科学技术成果鉴定办法》中的分类，即将科技成果分为科学理论成果、应用技术成果、软科学研究成果三类[75]，并在今后的全国科技成果统计中作为科技成果性质的分类标准。"科技成果"是我国科技管理的专有名词，在美国等西方国家的科技管理相关词汇中，没有发现类似于我国"科技成果"的统称，而一般以论文、论著、科技报告、专利、技术标准等作为科研项目研发所取得的具体结果。此外，与"科技成果"字面意义相类似的概念有"output"和"outcome"，但这两个词的实际含义一般是指"产出"或"结果"，在美国主要用于从宏观上描述科学研究对经济、社会和科学的贡献，而非我国普遍所指的具体的科学研究结果。由于我国与国外在科技成果概念上的理解差异，目前国内外开展的国家间科技产出比较研究中多用一些可比较的指标来进行比较，如国际科技论文总数、发明专利授权量等。

从目前我国科技管理工作实践看，对科技成果这一概念的认识已经趋于一致，其内涵主要有以下三个方面的特征：第一，科技成果是科学技术活动的产物；第二，科技成果应具有一定的价值，即学术价值和实用价值；第三，科技成果必须是经过认定的。因此，满足以上三个基本条件，可以称作科技成果。关于科技成果分类，目前多是从研究开发的角度对科技成果进行分类，其中按照科学理论成果、应用技术成果、软科学研究成果的分类方式已经被普遍接受并成为科技成果统计的标准口径。但是，由于科技成果在鉴定、转化工作中往往具有特定的指向，以至于面向社会公众应用科技成果这一概念时容易混淆。根据 1994 年出台的《科学技术成果鉴定办法》以及 1996 年出台的《中华人民共和国促进科技成果转化法》对可用于鉴定和转化的科技成果的描述，这些科技成果主要是指应用技术成果，而不包括科学理论成果和软科学研究成果。从国内外关于科技成果概念的比较上看，我国的科技成果是指通过相关科学技术活动取得具有一定学术意义和实用价值的成果的统称，可以看作经过认定的科研活动产出的集合，而不能简单地等同于西方发达国家论文、专利等具体的科研活动的产出。

4.1.2 科技成果转化

科技成果转化（transformation of scientific and technological achievements）是我国科技工作的专有名词。对于科技成果转化的认识和理解，比较有代表性的有：朱高峰院士的"技术创新说"，即认为科技成果转化实质上是技术创新或企业创新；石善冲认为"科技成果转化是科技成果由知识性商品转化为供市场销售的物质性商品的全过程，是一种带有科技性质的经济行为，有其特定的性质和规律"；陈祖新认为科技成果转化是科技开发过程，处在科研过程与生产过程之间；徐国兴和贾中华指出科技成果转化分为科技成果的应用和推广、科技成果的工艺化、科技成果的产品化、科技成果的商业化和科技成果的产业化几个层次，认为只要完成其中一个层次的转化就可算作一次成功的科技成果转化过程。《中华人民共和国促进科技成果转化法》认为科技成果转化是指为提高生产力水平而对科学研究与技术开发所产生的具有实用价值的科技成果所进行的后续试验、开发、应用、推广直至形成新产品、新工艺、新材料，发展新产业等活动。综合国内外文献对科技成果转化概念的研究，我们可以大致地从广义和狭义两个角度对其重新认识。其中：广义上的科技成果转化分为科学理论成果的转化、软科学研究成果的转化及应用技术成果的转化；狭义上的科技成果转化多指应用技术成果的转化，大部分理论和实践研究也主要针对于狭义范畴上的科技成果转化。科技成果转化的主体与客体：关于科技成果的定义，原国家科委在《科学技术成果鉴定办法》（1994）中明确指出"科技成果是指对某一科学技术研究课题，通过实验研究、调查考察取得的具有一定实用价值或学术意义的结果，包括研究课题虽未全部结束，但已取得可以独立应用或具有一定学术意义的阶段性成果"。科技成果有三类，即科学理论成果、应用技术成果与软科学研究成果。在科技成果转化机制中，参与科技成果转化活动的主体主要有三个，分别是作为科技成果输出方的科技成果供体、作为科技成果输入方的科技成果受体，以及作为科技成果转化有力的主导者和推动者的政府及其附属机构。一般意义上，科技成果的供体有着特定的指向性，特指科研院所、高校，以及依附于高校与科研院所而建立的国家实验室。而某类具有研发能力的企业，从其内部看，其研发部门也可视作科技成果转化的供体。科技成果转化的受体，多为企业或具有相关科研机构的衍生企业。政府作为主导者和推动者，不仅从政策上、技术上给予引导和支持，更多的是从经费上提供扶持。与技术转移不同的是，科技成果转化的供体与受体之间没有很强的主动与被动关系。

与科技成果的概念类似，"科技成果转化"一词也是我国科技管理工作专用的名词之一。国外并没有与我国的科技成果转化完全相对应的名词，一般使用"技术转移"这一概念来代替我国的"科技成果转化"。关于技术转移的概念和内涵，国内外学者从不同的认知角度给予了不同的诠释，比较有代表性的有：文献认为技术转移是将一个组织内部很有用的有关制造（making）和做（doing）的诀窍交付给另一个组织使用的过程；Rogers认为这种过程是一种很难的交流过程，因为在这个交流过程中人们有不同的语言、不同的动机，代表着不同文化的组织，交易的对象也从高度抽象的概念到具体的产品呈现出多样性的特征；Somsuk认为技术转移是技术知识与技巧有组织地传输与获取，同时还认为只有技术知识的有效使用才能称为技术转移。综合国内外文献对技术转移的理解与认识，认为技术转移是一项将具有商品属性的技术在两个利益主体（技术供体和技术受体）间进行所有权或使用权让渡的活动[76]。

随着科技成果现代性的突显，科技成果对社会经济发展产生巨大推动作用。因此，其推广转化也具有新的特点。一是科技成果推广转化速度加快。科学技术与生产之间的结合更加密切，科技成果转化速度大大加快。例如，蒸汽机从提出想法到实际应用将近80年；电话从提出想法到进入家庭历经50年之久；美国互联网从提出想法到进入50%以上家庭只用了5年时间。现代很多科技成果不到1年就得到推广应用，计算机及软件更新换代速度更是惊人。农业上的育种技术发展很快，新品种很快就替代原品种，很多新品种3~4年就被淘汰。二是科技成果推广转化速度取决于市场需求导向力。在市场经济条件下，科技成果推广转化的动力是市场需求。一个科技成果发明只有转化为产品，实现了市场价值才叫创新，市场价值是科技成果创新的动力，市场需求是科技成果转化的原动力。理论成果如果指导社会实践，成为推进社会进步的一个重要动力，获得了社会效应，就叫理论上的创新。而体制创新和管理创新，就是应用研究成果对生产关系进行调整，对管理方式、组织结构、公司治理结构等进行改革，从而促进生产力的发展、经济效益的提高，对推进社会发展起到极为重要的作用。科技成果的推广应用就更加关注成果的创新，实现市场价值，这也是新时期的特点。三是科技成果的软性化和综合化。当今科学技术研究有两个趋势：一是向高、新、尖方向发展，形成高、新、尖的科技成果；二是向综合化方向发展，表现为科学技术集成综合化和软性化，而这方面越来越突显，经济管理科学就更加突出。在科学技术高度发展的同时，科技成果软性化引起人们极大关注，使许多成果模式化，以模式化进行推广和应用，如区域经济发展模式、循环经济发展模式、生态化管理模式，农业生产的各种栽培模式、抗旱节水模式等，都是应用各种单项研究成果组合、转化的一种模式，这有利于推广应用，并取得了显著效益。四是科技成果商品化的二重性。在市场环境下，除公益性强的科技成果和国防科技成果外，一般科技成果商品化是一种总的趋势。科技成果是劳动成果，是科技工作者劳动的结晶，它具有使用价值和价值，具有一般商品的价值特征。1985年《中共中央关于科学技术体制改革的决定》明确提出,"技术在社会商品价值创造中所起的作用越来越大,越来越多的技术已经成为独立存在的知识形态商品,新的知识产业已经出现。技术市场是我国社会主义商品市场的重要组成部分"。这对开放技术市场、推进技术成果商品化、实现技术商品推广应用具有重要作用,科技市场是推进科技成果推广与转化的一种中介组织。中介组织发育情况、技术商品的价格等都涉及推广与转化。但应强调的是很多科技成果具有公益性特点,这些成果一般不能商品化,不能作为经营性成果推广应用,应以财政支持作为公益事业加以处置,特别是在社会主义新农村建设和发展现代农业的过程中,必须加强公益性技术的推广应用。

4.2 科技成果资源市场配置的国内外研究现状

从世界主要国家科技成果转化情况看,自20世纪80年代以来,以美国《拜杜法案》为标志的一系列界定政府财政资金资助科研成果权属、促进技术转移转化的法律相继出台,美国、英国、日本、德国等世界主要国家基本构建了有利于科技成果转化的法律基础和机构体系,为实现其经济快速发展奠定了重要的基础。特别是全球金融危机以来,为了应对科技革命和产业变革带来的挑战,引领本国经济走出危机,出现了技术突破向现实生产力转化的新举措。这些新举措涉及宏观、中观、微观三个层面。

1. 宏观层面

(1) 从战略高度进一步强化科技与经济的结合,如欧盟委员会2011年11月提出名为"地平线2020"的研究创新举措,2011年英国发布的《促进增长的研究和创新战略》等。

(2) 改革政府科技管理机构,加强对研发和创新的有效统筹。例如,2009年,英国将商业、企业和制度改革部与创新、大学和技能部重组为商业、创新和技能部,旨在促进科技产业化。2011年,日本提出要成立科技创新战略本部代替综合科学技术会议,推进科学技术面创新。

2. 中观层面

(1) 实施新的专项计划支持科技成果转化,如2011年美国政府发布《美国创新战略:确保经济增长和繁荣》文件,来促进大学实验室研究成果的转移。

(2) 创新科技服务机构建设模式,促进成果转化,如2011年法国宣布将在投资未来计划框架下成立具有科研成果价值化基金性质的法国专利公司,此外法国政府还决定出资9亿欧元组建加速技术转移公司,负责促进公共科研部门与工业界的联系与合作。

3. 微观层面

(1) 消除科技成果转化供需双方的信息障碍。如日本科技振兴机构,近年来通过多种手段来帮助大学、科研机构推介技术,包括新技术发布会、大学技术博览会、"技术种子"联合研究系统、开放式创新研讨会等。

(2) 改革有关程序和专利制度,缩短创新成果进入市场周期。如 2011 年 10 月,美国总统奥巴马发表关于促进联邦研究技术转移和商业化的备忘录,提出拥有联邦实验室的各部门应对其他许可程序,以及签订合作研发协议的做法进行评估,以便最大限度地缩短技术许可和签订合作研发协议的时间,提高科技成果的转化成效[77]。同时,国外学者对科技成果市场转化模式、转化路径、转化效率等方面也进行了研究。Edward 和 Malone[78]认为基于科技组织分拆模型,可以分为技术发明人、企业家、科研机构和风险投资驱动及其结合五种成果转化模式;Henry[79]认为成果转化包括技术转让和演化企业两种方式;Yusuf[80]从知识流动的角度,将技术转移分为官方的技术转移机制(技术许可、技术专利或合同)和非官方的转移机制(如学术界和产业界研究者之间的个体交往)。Anderson[81]等运用 DEA 方法对大学技术转移效率进行核算,并探讨学校性质(公立或私立)是否会对技术转移的效率产生影响,结果表明学校的性质对技术转移效率没有影响。

国内学者对科技成果市场转化的模式、评价体系和转化效率进行了相关研究。王凯和邹晓东[82]借鉴美国大学演化出的一种新的组织模式——概念证明中心,对促进中国大学科技成果转化有重要启示:大学内部不仅要通过组织模式创新与制度设计构建和谐的创新生态系统,而且还要积极融入区域创新生态系统。张慧颖和史紫薇[83]基于创新扩散这一理论视角,分析科技成果转化的关键影响因素和因果关联性,提出科技成果转化影响因素评价指标体系。赵志耘和杜红亮[84]在全面树立科技成果转化的概念及其分类的基础上,系统梳理了各类科技成果的一系列转化过程,并根据其转化过程的差别提出了一套动态监测科技成果转化效果的指标体系。汪良兵等[85]从纵向视角对我国技术转移体系进行解析,将其分为五个子系统,运用复合系统协同度模型对我国技术转移体系的内部演化状态进行测度,如图 4-1 所示。研究发现:我国技术转移体系呈现良好的演化态势,但总体水平较低,其薄弱环节为技术中介和扩散系统。吴金希和李宪振[86]通过对台湾工业技术研究院(ITRI)科技成果转化中技术选择、技术开发和技术应用三个部分的剖析,总结了 ITRI 科技成果转化率高的主要原因。对比之下,大陆的科技成果转化率偏低,ITRI 运作模式和经验值得借鉴。何彬和范硕[87]利用中国 24 所大学的相关数据,结合 Bootstrap-DEA 方法,对中国大学的科技成果转化效率进行评价和分析,结果表明 2008 年和 2009 年,中国西部地区、中部地区和东部地区的大学在科技成果转化效率上存在显著差异。地区禀赋、产业结构对于中国大学科技成果转化效率具有显著影响,但金融发展程度对其影响并不显著。袁晓东等[88]从专利交易、专利一体化、专利诉讼和专利的市场化特性四个角度进行分析,结果表明,中国高校拥有的有效专利数量和专利一体化能力与高校专利利用率分别呈正相关;财政资助比例和交易平台依赖度与高校专利利用率分别呈负相关。吴友群等[89]通过借助多方程时间序列模型的脉冲响应函数和面板数据模型从全国和区域层面研究了我国产学研合作的经济绩效,研究结果表明我国产学研合作的经济绩效较低,并且认为在短期调整中,我国产学研合作对技术创新能力虽有正向促进作用,但影响幅度较小,长期效果比短期明显。郭仁康[90]利用 DEA 方法对我国科技成果的转化效率进行实证研究,结果表明,样本期间,仅有少数年份我国科技成果转化效率处于 DEA 有效状态,而多数年份的科技成果转化效率则处于相对无效状态,表明我国科技成果的转化水平还有待于进一步提升。赵喜仓和安荣花[91]运用熵值法和超越对数生产函数的随机前沿模型对江苏省科技成果转化效率及其影响因素进行测度与分析。研究表明,江苏省近 3 年的科技成果转化效率并未有显著提升。张权[92]运用数据包络方法对我国 1996~2010 年的科技成果转化效率进行实证研究,发现我国的科技成果转化效率在研究期间内呈现不规律的波动态势,"九五""十五""十一五"期间的科技成果转化整体效率呈现先升后降的趋势,科技成果转化的纯技术效率在不断提高,规模效率却在不断下降。

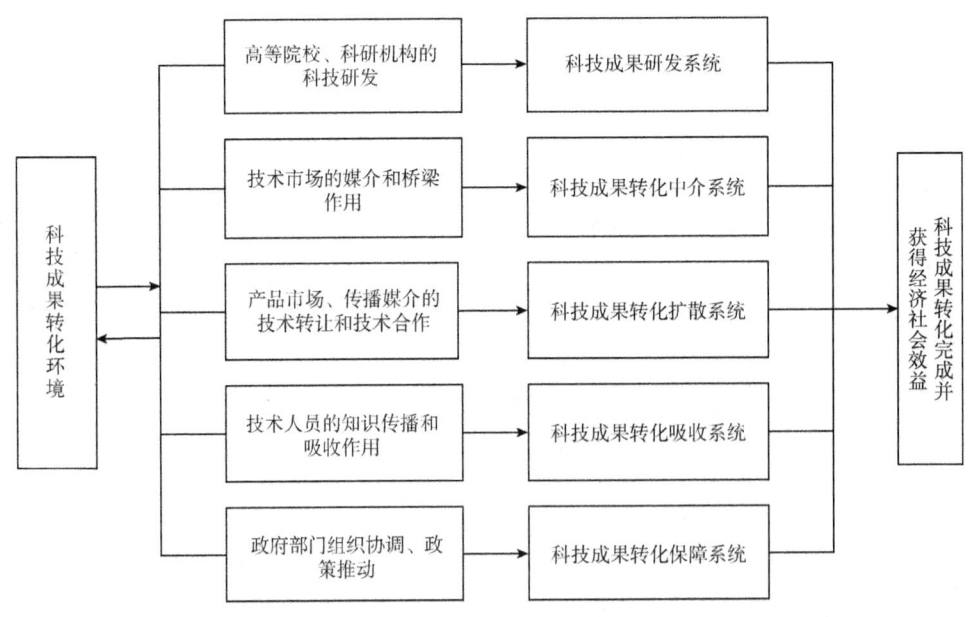

图 4-1 科技成果转化运行系统

纵观国内外学者的研究工作,分别从不同的视角进行了科技成果转化的研究,但是关于科技成果市场转化模式的研究才刚刚起步,还需要结合科技成果本身的属性开展转化模式的研究。同时需要充分借鉴发达国家的成功经验和举措,结合科技成果的不同属性来完善我国科技成果市场转化模式,提高科技成果市场转化效率。

4.3 科技成果资源市场配置的实证研究

4.3.1 科技成果市场转化模式与效率评价研究

科技成果转化本是一种市场行为,必须遵循一般的市场机制,包括有效的供求机制、良性的竞争机制、合理的价格机制等,完全竞争条件下科技成果转化市场可以自动进行有效资源配置。虽然我国自1996年颁布《中华人民共和国促进科技成果转化法》以来,我国科技成果转化工作取得较大的进展,但是因科技成果的准公共物品的属性,我国科技成果转化市场尚处于发展阶段,存在不完全竞争、信息不对称等问题,现实中存在市场失灵的情况,涉及宏观、中观、微观等不同层面。例如,宏观层面上,科技成果转化与市场需求存在一定程度上的脱节;中观层面上,我国的科技中介服务体系专业化程度仍然不高;微观层面上,科技成果转化供需双方的信息交互渠道不够畅通等。总体来看,我国科技成果转化的主要问题是市场没有完全发挥作用。我们需要借鉴世界主要国家的经验和新措施,从我国的国情出发来完善我国的科技成果转化的市场配置,提高市场配置效率。

要提高科技成果的转化效率,必须先了解科技成果的属性,进行科技成果的分类。科技成果的界定在我国科技发展历程中一直存在争议,尚未形成统一的认识,科技成果的内涵在学术界一直存在不同的理解[93]。总体上来说,不同标准反映了国家不同的科技管理目标。本部分将美国科学家默顿和英国科学家贝尔纳提出的"科学的社会功能"的理论作为分类标准,即按社会功能的不同,将科技成果分为基础公益类、共性技术类和专有技术类三类,科技成果的特征、技术标准以及成果属性如表4-1所示,科技成果应根据不同的属性与特征进行推广、转化和应用。

表4-1 科技成果的特征、技术标准以及成果属性

类型	特征	技术标准	属性
基础公益类	属于共有资源和公共物品领域,所有人都能免费使用,不具有排他性	公共标准	公共品属性
共性技术类	行业和联盟内形成的共性技术,在行业和联盟内部可以免费使用,具有一定的排他性、竞争性和收益性	联盟标准	团体共享、利益相关者共享属性
专有技术类	由独立法人(高校、科研院所、公司或个人)掌握,供单位内部使用,具有完全的排他性、竞争性和收益性	私人标准	私有产品属性

其中，基础公益类科技成果属于公共品，所有人都能免费使用，不具有排他性，此类科技成果属于非营利性的科技成果，不符合成果市场化和商业化的条件，应采用政府主导转化模式。政府的主导作用不仅体现在动力机制上，更重要的是政府全面负责公共标准的制定、应用、推广、测试和认证。共性技术类科技成果具有团体共享、利益相关者共享的属性，具有一定的收益性，但此类成果的排他性、竞争性程度无法确定，完全依靠市场进行转化是不可取的，要采用混合转化模式；混合转化模式是介于政府主导转化模式和市场转化模式之间的一种转化模式，政府协调与市场竞争结合，协调为主、竞争为辅，可排除无关政策因素干扰，具有速度和效率的优势。专有技术类科技成果是独立法人（高校、科研院所、公司或个人）掌握的科技成果，具有完全的排他性、竞争性和收益性，此类科技成果具备产业化和市场化的条件，需要采用市场转化模式；在转化过程中市场应发挥主导作用，企业应成为投资主体，并且是技术标准的制定者和标准化活动的管理者，负责技术标准的全面服务（制定、执行、测试、认证等），并独立出资；政府不可能也没有必要全部投入，但由于存在"搭便车"、行业混乱等市场失灵的情况，政府并不能完全不干预，政府应提供政策扶持及执行监督职能。科技成果的三种转化模式如图 4-2 所示，现阶段国家主要关注的是共性技术类科技成果和专有技术类科技成果的转化。结合以上分析可知，市场应在专有技术类科技成果转化中发挥主导性作用。

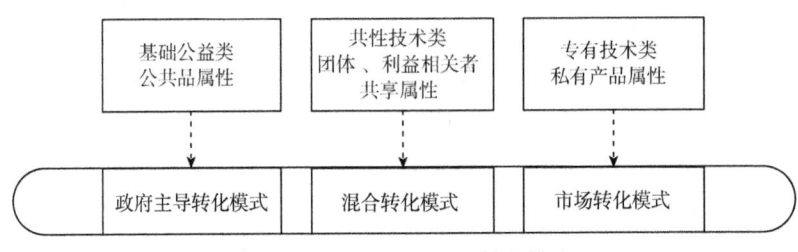

图 4-2 科技成果的三种转化模式

1. 基于委托代理模型的科技成果市场转化模式

通过以上分析可以看出，市场应在科技成果转化中发挥决定性作用。但是一直以来我国的科技成果在从研发到被企业应用之间存在明显的脱节和转化难的问题。下面基于委托代理模型，分析成果生产方（简称成果方，包括企业、高校和科研院所等）与科技中介服务机构（简称中介方）的委托代理关系，通过对模型最优解的分析，研究科技成果市场转化的模式和机制，以此来提高科技成果市场转化效率，强化市场在科技成果转化中的主导作用。

基于 Mirrlees（1974）和 Holmstrom（1979）提出的"分布函数的参数化方法"，

构造成果方和中介方的委托代理模型。模型的基本假设：①成果方和中介方处于信息不对称状态下，成果方不能观测到中介方的行动；②委托人和代理人都是理性经济人；③成果方风险中性，中介方风险规避[94]。模型基本假设如表4-2所示。

表4-2 模型基本假设

函数	公式
产出函数	$y=\gamma+\varepsilon$，其中 $\varepsilon \sim N(0, \sigma^2)$
y 为产出收益；γ 为努力程度；ε 为外生不确定性	
效用函数	$U=-e^{-\rho\omega}$
ρ 为绝对风险规避度量，ρ 越大表示代理人越害怕风险	
中介方的努力成本函数	$C(\gamma)=\gamma^2/2$
γ 为努力程度；成本函数为边际成本递增函数	
成果方付给中介方的报酬函数	$W(y)=\alpha+\beta \cdot y$
$W(y)$ 为成果方付给中介方的报酬；α 为中介方的固定收入；β 为中介方分享的份额	

首先，成果方有两个选择：①不进行委托，则此时成果方的期望收益存在两种情况：一是成果方没有能够将科技成果转化，造成科技成果闲置浪费，则成果方期望收益 $E_g=0$；二是成果方能够将科技成果转化，成果方获得期望收益为 E_g。②成果方通过科技中介服务机构进行委托代理，则成果方的期望收入为

$$E_w[y-w(y)]=\gamma(1-\beta)-\alpha \tag{4-1}$$

然后，中介方有两个选择：①不接受委托，则中介方的期望收入为 $E_{\pi 0}=0$。②接受委托，则中介方的期望收入为

$$E_{\pi 0}=w(y)-C(\gamma)=\alpha+\gamma\beta-\gamma^2/2 \tag{4-2}$$

假设双方进行委托代理。确定性等价收入等于随机收入的期望减去风险成本，其中根据 Arrow[95] 的研究成果，中介方的风险成本为：$\dfrac{\rho\mathrm{var}[w(y)]}{2}=\dfrac{\rho\beta^2\sigma^2}{2}$，则中介方的确定性等价收入为

$$C_\pi=E_\pi-\frac{\rho\beta^2\sigma^2}{2}=\alpha+\gamma\beta-\frac{\gamma^2}{2}-\frac{\rho\beta^2\sigma^2}{2} \tag{4-3}$$

模型的最优解推导表达式如表4-3所示。

表4-3 模型的最优解推导表达式

名称	表达式	
目标函数	$\max\limits_{\alpha,\beta,i} E_w\left(y-s(y)\right)=\max\limits_{\alpha,\beta,i}\gamma(1-\beta)-\alpha$	(4-4)
参与约束	$\alpha+\gamma\beta-\dfrac{\gamma^2}{2}-\dfrac{\rho\beta^2\sigma^2}{2}\geqslant U$	(4-5)

续表

名称	表达式	
激励相容	$\alpha + \beta\gamma^* - \dfrac{\gamma^2}{2} - \dfrac{\rho\beta^2\sigma^2}{2} \geq \alpha + \gamma\beta - \dfrac{\gamma^2}{2} - \dfrac{\rho\beta^2\sigma^2}{2}$	(4-6)

中介方从接受合同中得到的期望效用不能小于他的保留效用（保留效用用 U 表示），这个条件就是委托代理模型中中介方的个人理性约束，又称参与约束，表达式为式（4-5）。成果方期望的中介方最佳努力水平为 γ^*，要使中介方也选择 γ^*，则也必须符合自己的最大利益（π 达到最大），即对其他任何努力水平 γ，都有式（4-6）成立（激励相容约束）。

由确定性等价收入的一阶最优条件 $\dfrac{\partial \pi}{\partial \gamma}=0$，得 $\gamma=\beta$，这符合中介方自身利益的最佳努力水平，代入成果方的期望收入函数得

$$E_W(\beta)=\beta - \dfrac{\beta^2}{2} - \dfrac{\rho\beta^2\sigma^2}{2} - U \qquad (4\text{-}7)$$

由一阶最优条件：

$$\dfrac{\partial E_w}{\partial \beta}=0，得到 \beta=\dfrac{1}{1+\rho\sigma^2} \qquad (4\text{-}8)$$

结果分析：

（1）中介方处于风险规避，所以 $\rho>0$，由式（4-8）得 $0<\beta<1$，这时的 β 为利润分享份额，此时成果方和中介方双方的收入都与产出有关，由式（4-4）可得成果方的期望收入为 $E_w[y-w(y)]=(1-\beta)-\alpha>0$，中介方的期望收入 $E_\pi = \alpha + \gamma\beta - \dfrac{\gamma^2}{2} > 0 > E_{\pi 0}$。

（2）从成果方的角度分析：成果方不进行委托时，若成果方不能够将科技成果市场转化，成果方的期望收益 $E_g=0<E_w[y-w(y)]$（成果方委托科技中介服务机构获得的期望收益），若成果方能够将科技成果市场转化，由于成果方处于信息劣势，寻找科技成果市场转化途径的成本要大大增加，而科技中介服务机构是为创新主体提供社会化、专业化支撑和促进创新活动的机构，在成果转化过程中，中介方拥有更多的行业信息，处于信息优势，可以在促进科技成果转化、降低科技创新成本、提高科技成果交易效率和有效规避技术创新风险等方面发挥独特的作用，所以此时依然存在成果方的期望收益 $E_g<E_w[y-w(y)]$。因此，成果方委托中介方进行科技成果市场转化是必然选择。

（3）从中介方的角度分析：中介方接受委托时期望收入 E_π 大于不接受委托时的期望收入 $E_{\pi 0}$，中介方必然会选择接受成果方的科技成果转化委托。但是，目前我国科技中介服务机构的发展还处于起步阶段，存在科技中介服务机构从业人员人浮于事、等客上门、办事效率低等问题，因此必须建立中介方参与科技成果市场转化的激励机制。

成果方在科技成果转化中处于信息劣势，通过科技中介服务机构进行科技成果市场转化已成为必然趋势。研究提出基于中介服务机构的科技成果市场转化模式如图 4-3 所示，科技成果市场转化是以企业、高校和科研院所为主体，政府为引导，社会组织为中介服务；以市场需求，税收、财政、金融等政策扶持，法律法规监管和良好环境影响为配置力，通过竞争机制、价格机制、供求机制、市场导向机制等协同作用，依据创新主体利益最大化原则而进行自愿交易和竞争，并在市场失灵时发挥政府的协调和监管作用。科技成果市场转化的模式主要是市场需求明确，解决科技成果生产方和需求方之间的信息不对称

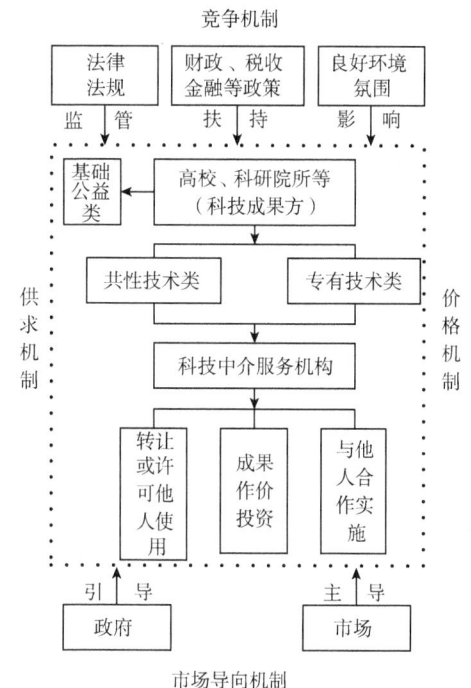

图 4-3 基于中介服务机构的科技成果市场转化模式

问题；信息反馈速度快、准，直接根据企业的需求与高校、科研院所有效对接，实现科技成果有效配置、转化，创新主体间利益双赢；科技中介服务作用突出，成为市场环境下促进科技成果转化的重要桥梁。

2. 基于 SFA 模型的科技成果市场转化效率评价与实证分析

1）评价指标体系

基于 SFA 开展科技成果转化效率评价。SFA 方法的基本思路是将实际生产单元与前沿面的偏离分解为随机误差和技术无效率两项，使用计量的方法对前沿生产函数进行估计。无效率项和随机误差项分离，确保了被测效率的有效性及一致性，而且考虑了随机误差项对个体效率的影响。SFA 模型由两部分组成：第一部分构建 C-D 生产函数，据此测算技术效率；第二部分构建技术效率的回归方程，以估计相关参数，两部分可通过一次回归同时得到估计结果。SFA 模型表示如下：

$$y_i = X_i\beta + (v_i - \mu_i) \tag{4-9}$$

其中，误差项 ε_i 为复合结构，第一部分 v_i 表示观测误差和其他随机因素影响（随机扰动影响），第二部分 u_i 表示那些仅仅对某个个体的冲击影响（技术非效率影响）。Battese 和 Coelli 通过引入时间因素与其他环境变量，运用面板数据，通过一次回归直接得到生产函数和技术效率影响因素的参数估计结果，克服了以往两步回归方法的理论矛盾。对全国 30 个省份以及江苏 13 个省辖市的科技资源市场配置效率进行评价与对比，具体模型为

$$LN(S_{it}) = \beta_0 + \beta_1 LN(L_{it} + \beta_2 LN(K_{it})) + v_{it} - \mu_{it} \tag{4-10}$$

$$TE_{it} = \exp(-\mu_{it}) \tag{4-11}$$

$$\gamma = \frac{\sigma^2}{\sigma_v^2 + \sigma_\mu^2} \tag{4-12}$$

基于评价指标系统性、科学性和可得性的原则，提出高校科技成果市场转化效率评价指标体系如表 4-4 所示。

表 4-4 高校科技成果市场转化效率评价指标体系

一级指标	二级指标及说明	
投入指标	人力投入	科技活动人员折合全时人员占科技活动人员比例
	资金投入	政府投入资金占总资金投入百分比
		政府资金除外的企事业单位委托资金及其他（千元）
		政府资金投入（千元）
	其他投入	课题总数（项）
产出指标	科技成果市场转化收入	技术转让收入（千元）

上述模型式（4-10）中 S_{it} 表示技术转让收入，L 表示科技活动人员折合全时人员占科技活动人员比例；K 表示政府投入资金占总资金投入百分比；下标 i 和 t 表示各高校和年份；β_0 为截距项；β_1 和 β_2 为待估参数，分别表示科技活动人员折合全时人员占科技活动人员比例和政府投入资金占总资金投入百分比的产出弹性；v_{it} 为随机变量，其分布服从正态分布 $N(0, \sigma^{2v})$，μ_{it} 为非负变量，表示创新活动中的无效率项，$\mu_{it} \in iid$ 并服从正半部正态分布 $N(m_{it}, \sigma^{2\mu})$，v_{it} 与 μ_{it} 是相互独立的。式（4-11）表示第 i 所高校在第 t 时期的科技成果转化效率水平；式（4-12）中 γ 为最大似然法估计的参数，$0 \leq \gamma \leq 1$，如果 $\gamma = 0$ 原假设被接受，则无须使用 SFA 方法来分析研究这一面板数据，直接使用 OLS 方法即可，若 γ 接近 1，说明无效率项在生产单元与前沿面的偏差中占主要成分，此时采用 SFA 模型是合适的，对无效率项函数的设定如下：

$$m_{its} = \delta_0 + \delta_1 z_1 + \delta_1 z_2 + \delta_3 \delta z_3 \tag{4-13}$$

式(4-13)中，m_{its}是以技术转让收入为产出变量的无效率项分布函数的均值，z_1表示政府资金除外的企事业单位委托资金及其他，z_2表示政府资金投入，z_3表示课题总数，δ_0是截距项，δ_1、δ_2和δ_3是待估参数。

2）实证分析

以南京大学、东南大学、南京航空航天大学、南京理工大学等 17 所江苏高校为研究对象，共 85 个观测值，数据来源于《高等学校科技统计资料汇编》及《江苏科技统计年鉴》。使用 Frontier4.1 软件对所采集的数据进行计量分析，根据式（4-10）和式（4-12），得到表 4-5 中待估参数的估计值及其相关检验结果，表 4-6 给出了基于技术转让收入的 17 所江苏高校科技成果市场转化效率。

表 4-5 江苏省高校以技术转让收入为输出指标的计量分析

待估参数	系数	标准差	t-检验值
β_0	4 890 212	1.09	4 486 958.9***
β_1	−6 095 179.9	1.06	−5 758 827***
β_2	12 627.42	1.03	12 310.5***
δ_0	0.12	1	−0.24
δ_1	−0.08	0.03	−2.71***
δ_2	−0.13	0.05	−2.39***
δ_3	4.62	4.74	0.97
sigma-squared	101 786 720	1	101 786 720***
γ	0.42	0.09	2.56***
单边 LR 检验		44.5***	
时期数：5	截面数：17	总观测值：85	科技成果转化效率平均值：0.720 15

注：*代表在 10%显著水平下具有统计显著性；**代表在 5%显著水平下具有统计显著性；***代表在 1%显著水平下具有统计显著性。LR 为似然比检验统计量，此处它符合混合卡方分布（mixed chi-squared distribution）。在对无效率项的估计模型中，各个系数表示各个变量对无效率项的影响，负的变量系数表示对效率存在正向影响

表 4-6 江苏省高校科技成果市场转化效率评价结果

高校	2009 年	2010 年	2011 年	2012 年	2013 年	平均值	排名
东南大学	0.910 68	0.918 91	0.921 14	0.924 51	0.930 17	0.921 08	1
南京理工大学	0.852 59	0.851 92	0.870 92	0.881 69	0.910 64	0.873 55	2
南京航空航天大学	0.784 15	0.835 02	0.865 92	0.878 44	0.903 94	0.853 49	3
南京大学	0.794 16	0.806 03	0.892 82	0.876 97	0.881 73	0.850 34	4
河海大学	0.804 45	0.734 59	0.838 98	0.823 20	0.855 53	0.811 35	5
中国矿业大学	0.789 38	0.795 45	0.799 67	0.877 38	0.772 90	0.806 96	6

续表

高校	2009 年	2010 年	2011 年	2012 年	2013 年	平均值	排名
苏州大学	0.749 65	0.757 20	0.790 95	0.839 09	0.878 00	0.802 98	7
南京工业大学	0.764 76	0.693 62	0.734 28	0.888 66	0.784 19	0.773 10	8
南京农业大学	0.774 55	0.745 34	0.863 95	0.719 05	0.717 20	0.764 02	9
江苏大学	0.576 41	0.652 30	0.734 87	0.784 09	0.821 03	0.713 74	10
江南大学	0.602 89	0.689 23	0.485 67	0.754 29	0.829 10	0.672 24	11
南京师范大学	0.557 71	0.623 29	0.617 90	0.702 32	0.699 84	0.640 21	12
南京邮电大学	0.643 96	0.450 58	0.569 89	0.680 11	0.677 53	0.604 41	13
江苏科技大学	0.422 57	0.610 46	0.462 98	0.715 76	0.675 74	0.577 50	14
中国药科大学	0.554 07	0.551 56	0.784 03	0.572 45	0.323 83	0.557 19	15
南通大学	0.396 26	0.506 40	0.511 23	0.543 55	0.611 49	0.513 79	16
南京林业大学	0.582 57	0.342 95	0.489 56	0.511 65	0.605 90	0.506 53	17
平均值	0.680 05	0.680 29	0.719 69	0.763 13	0.757 57	0.720 15	

（1）由表 4-5 可见，$\gamma = 0.42$，且 LR 统计检验在 1%显著水平下具有统计显著性，说明式（4-11）的误差项有着十分明显的复合结构，且技术效率损失是相对主要的误差来源，因此对江苏 17 所高校 5 年间的面板数据使用 SFA 模型进行估计是合理的，而不能选择使用 OLS 方法。从科技活动人员折合全时人员占科技活动人员比例和政府投入资金占总资金投入百分比的产出弹性来看，β_0，β_1，β_2 均通过了显著性检验，其中 $\beta_1 = -6\,095\,179.9$，说明科技活动人员折合全时人员占科技活动人员的比例每增加 1%，会令技术转让收入降低 6 095 179.9%，其对技术转让收入具有显著的负向影响。$\beta_2 = 12\,627.42$，说明政府投入资金占总资金投入的比例每增加 1%，会令技术转让收入增加 12 627.42%，政府资金投入的倾斜会对科技成果转化产生显著的正向影响。在 C-D 模型下，江苏高校技术转让收入的增加主要是靠政府投入资金占总资金投入拉动。

（2）从科技成果转化效率的影响因素来看，δ_1，δ_2 均通过了显著性检验。其中，δ_1 系数为负，说明政府资金除外的企事业单位委托资金及其他对科技成果市场转化效率具有显著的正向影响，有利于科技成果转化。δ_2 的系数为负，说明政府资金投入对科技成果市场转化效率具有显著的正向影响，政府实施激励政策，发挥监管作用的同时能促进科技成果市场转化效率的提升。δ_3 系数为正，说明课题总数对科技成果市场转化效率具有显著的负向影响，造成这一现象的原因可能是高校开展的课题项目与实际的市场需求结合度不够高，与实际的生产运用联系不够紧密。

(3) 由表 4-6 可见，从高校科技成果转化效率的测算结果来看，17 所高校技术转让收入的科技成果市场转化的效率水平较低，还有较大的提升空间。从高校间的横向比较情况分析，共有东南大学、南京理工大学、南京航空航天大学、南京大学、河海大学、中国矿业大学、苏州大学、南京工业大学和南京农业大学 9 所高校的科技成果市场转化效率水平超过了平均值，其中东南大学居首，平均效率值为 0.921 08，处于良好状态；南京理工大学的科技成果市场转化效率水平居第二位，处于良好状态。南通大学和南京林业大学的科技成果市场转化效率水平偏低，分别为 0.513 79 和 0.506 53。

4.3.2 基于 Hedonic Price 模型的技术成果价值影响因素研究

技术成果是一种特殊的商品，其拥有一般商品所具有的某些特性，技术成果的成交价格与一般商品一样，是在特定的市场、经济环境中形成的，是技术成果购买方为获得该项技术的所有权所付出的且技术成果拥有方愿意接受的一种货币计量。但影响技术成果价格的因素与影响一般商品价格的因素不尽相同，影响途径与方式也有差异，使得技术成果的定价理论与方法和一般商品不同。国内外学者主要围绕技术水平、经济效益及技术特点三个维度开展技术成果价值影响因素研究。

技术水平层面。Reitzig[96]认为决定技术成果价值的因素包括技术发展水平、创造性、新颖性、配套发明的难度和对相关资产的依赖性。Hu 等[97]提出一套基于"专利向心引用网络"的结构指标，用以多维度评估专利技术的内在技术价值特性及其技术附加值。张克群等[98]运用社会网络分析的方法检验专利网络中外向度数中心性、内向度数中心性、内向接近中心性以及有效规模对专利价值的影响。Reitzig[99]则认为相较于技术成果的公开性等特征，技术成果新颖性和创造性对技术成果价值的影响更大。

经济效益层面。岳贤平[100]研究发现在完全对称信息条件下，当技术产品产出存在两种不同水平时，技术所有者在进行技术许可时，对具备较高技术产品产出水平的技术使用者会收取较高的固定费用。Bidault[101]将影响技术成果价值的因素归纳为技术盈利能力、研究开发成本、转移费用和其他费用四类。万小丽和朱雪忠[102]认为应从技术价值、市场价值及权力价值三个方面开展对技术成果价值的评估。James[103]认为一项专利技术成果的价值应该取决于其所能为企业带来的超额利润，在评估专利技术成果价值时要加强对相关产业类似专利技术成果的经济分析。

技术特点层面。肖翔[104]综合分析技术成果生产的一次性、生产的高风险性、产出的高效性、转让的不确定性等特点及其对技术成果价值的影响。Klemperer[104]、Gilbert 和 Shapiro[106]验证专利技术保护范围及专利宽度对专利技术成果价值的影响。Se 等[107]认为在对技术进行定价时应充分考虑技术成果产出商品的需求与销售的预测、所需预备自由现金流量、技术生命周期等因素。Chih-Fong 等[108]认为企业无形资产、股权结构、企业特征、行业特征以及市场份额是决定技术成果价值的五个决定性因素。张古鹏和陈向东[109]发现专利价值随专利存续期长度的增加而增加，专利远期价值的时间曲线呈驼峰形状，即专利远期价值随时间递减。

当前资产评估中介机构在对技术成果价值进行评估时所使用的指标体系通常包括技术、经济及技术特点三个方面，分别从属于文中所述技术水平、经济效益及技术特点三个层面，可以发现评估实务中所使用的指标体系是以技术成果价值影响因素的理论研究为基础构建的，并伴随理论研究的深入而不断地改进，技术成果价值影响因素理论研究为技术成果价值评估实务奠定坚实的基础。

1. 技术成果价值评估指标体系研究

中国技术交易所[110]在国家知识产权局的指导和支持下，从技术、经济以及法律三个维度出发在国内率先推出完善的专利价值分析指标体系。谭春辉等[111]将科技成果分类为基础研究成果、技术开发类应用技术成果、社会公益类应用技术成果、软科学研究成果，并针对每一分类的不同特征构建相应的评价指标体系。Grid[112]以专利宽度、技术潜力、发明专利的现有技术和研发背景、专利的申请和程序方面等因素为基础设计专利价值评估指标体系。侯军岐和侯丽媛[113]构建包括社会效益、经济价值、学术价值、人才效益以及投入产出的科技成果评价体系。Michele等[114]综合考虑市场覆盖面、专利引文、专利要求权等因素构建专利价值评估框架。李清海等[115]将技术循环时间、科学关联度、技术覆盖范围以及专利权要求数量等因素加入到专利技术价值评估体系中。胡小君和陈劲[116]认为应该将成熟度、创新度、技术应用范围以及可替代程度等指标纳入专利技术价值评估的指标体系。

2. 特征价格模型应用研究

最早研究商品特征与价格的函数关系的可以追溯至Waugh[117]，其用回归方程分析波士顿蔬菜质量差异与价格变动的联系，并估计每个属性的隐含价格。特征价格模型（hedonic price method）的完整框架由Rosen[118]提出，其认为一种多样性商品具有多方面的不同特征或品质，商品价格则是所有这些特征的综合反映和表现，当商品某一方面的特征改变时，商品的价格也会随之改变。Felix等[119]使用特征价格模型检验市区内、郊区以及高级社区等不同区域的土地利用率、环境设施和防护林对区域内房屋租金的影响。Eun和Suna[120]使用特征价格模型研究不同属性对餐厅消费者平均就餐价格的影响，研究发现食品质量及餐厅装饰是平均就餐价格的决定性因素，而非餐厅服务质量；另外，餐厅所处位置（第一层）、菜品类型（日本和意大利）、停车设施以及餐厅在网络上的口碑对平均就餐价格影响显著。John和Robert[121]使用特征价格模型研究发现目标客户年龄范围、保险条款以及政策特征和条件对抵押支付保护保险的价格产生显著影响，而销售方式对其价格的影响不显著。

如上所述，可以发现随着相关研究的不断深入发展，特征价格模型应用非常广泛，在房地产价格分析领域的应用较为成熟，在餐饮、电力以及金融产品定价领域亦有涉及，但在技术成果价值评估领域的应用尚处于空白状态。

可以发现既有文献关于技术成果价值的影响因素已开展广泛的定性研究，从不同层面、不同角度不断完善技术成果价值评估的理论和方法体系，如图 4-4 所示。但是在对既有文献的研究过程中，发现国内外学者的研究工作主要集中在对技术成果价值影响因素的理论研究，因数据限制等问题造成技术成果价值的影响因素研究领域十分缺乏定量研究及实证检验，理论研究缺乏实证检验的支持使得相关理论体系存在较大缺陷。因此，本部分在国内外学者既有研究成果的基础上

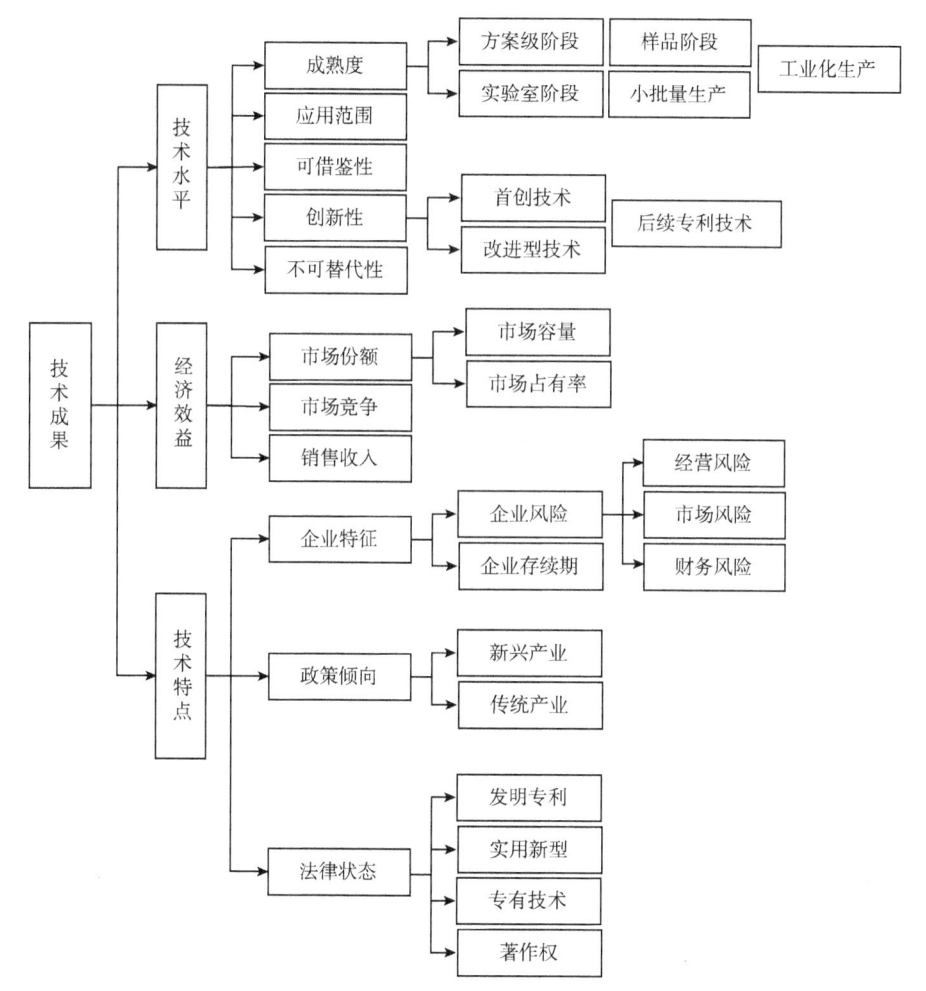

图 4-4 技术成果价值影响因素分类

分析技术成果价值的影响因素，基于特征价格模型构建技术成果特征价格模型开展技术成果价值的影响因素的实证研究，从定量分析的层面验证既有研究的准确性及可靠性，有利于推动相关领域研究的进一步发展及深入，为技术成果价值评估实务提供科学、合理的评估指标体系。

3. 研究设计

1）变量选择

通过对资产评估中介机构技术成果评估报告的收集与整理，发现当前评估实务中使用最为广泛的技术成果价值评估指标体系是从技术水平、经济效益及技术特点三个层面展开。借鉴 Rosen[118]提出的特征价格模型框架，构建技术成果价值特征分类指标体系，如表 4-7 所示。

表 4-7 技术成果价值特征分类指标体系

特征类别	特征变量	说明
技术水平 X_1	创新性 x_1	科技含量及先进程度
	成熟度 x_2	产业化程度
	可借鉴性 x_3	促进购买方其他既有技术发展
经济效益 X_2	市场容量 x_4	相关产品领域市场规模
	市场竞争 x_5	相关产品领域竞争情况
	销售收入 x_6	技术成果产出产品预期销售收入
技术特点 X_3	剩余保护期 x_7	受法律保护期限及其预期剩余经济寿命
	保护程度 x_8	包括专利、专有技术、著作权等
	政策倾向 x_9	相关领域受国家宏观政策支持强度

为了更好地考察上述特征分类指标体系对技术成果价值的影响，选择部分影响因素作为技术成果价值评估的控制变量加入回归模型：θ_1 为企业规模，表示购买方企业总资产；θ_2 为企业存续期，表示从购买方企业注册日到交易发生日的期间；θ_3 为股票波动率，表示购买方企业在技术成果交易期间的企业整体风险；θ_4 为权属转移，若为完全转让则取值 10，独占许可取值 5，授权使用取值 1。使用的技术成果交易信息来源于省级技术成果交易中介机构及部分资产评估机构，以及锐思金融数据库、巨潮资讯网和国泰君安数据库。

2）研究模型

基于特征价格模型开展技术成果价值影响因素的实证研究。特征价格模型的一般形式如下：

$$P=H（T_2, T_2, \cdots, T_n） \quad (4-14)$$

其中，P 为商品价格；H 为商品的特征函数；$T_1, T_2, \cdots, T_n$ 为特征类别。商品的价格与商品的特征类别之间存在一定的函数关系，商品的价格会随着 T_i 的增加而提升。

特征价格模型的函数形式包括线性、半对数以及对数形式，书中选择使用半对数形式的特征价格模型，在半对数的函数形式中系数 y_i 代表特征变量每变动一个单位时，特征价格随之变动的增长率。x_1，x_2，x_2 分别表示技术水平、经济效益及技术特点，θ_t 表示各控制变量，技术成果特征价格模型表示为

$$\ln P = H(x_1, x_2, x_3) = C_1 + \sum_{i=1}^{3} \gamma_i X_i + \sum_{t=1}^{4} \delta_t \theta_t + \varepsilon \quad (4\text{-}15)$$

而特征类别又与特征变量之间存在一定的函数关系，即

$$X_1 = H(x_1, x_2, x_3);\ X_2 = H(x_4, x_5, x_6);\ X_3 = H(x_7, x_8, x_9) \quad (4\text{-}16)$$

可以将式（4-16）进一步表示为

$$\ln P = H(x_1, x_2, \cdots, x_9) = C_2 + \sum_{i=1}^{9} \beta_i X_i + \sum_{t=1}^{4} \mu_t \theta_t + \varepsilon' \quad (4\text{-}17)$$

其中，C_i 为除模型考察变量所引起技术成果价值变化外所有其他影响因素的常量之和；β_i 为偏回归系数；ε' 是随机扰动项；$x_1, x_2, \cdots, x_9$ 分别为创新性、成熟度、市场容量、保护程度以及政策倾向等预测变量。于是，得到技术成果特征价格模型的半对数函数形式，下文中将基于以上模型开展实证研究。

4. 实证分析

1）描述性统计

表 4-8 是关于技术成果特征价格模型各变量的描述性统计。本书使用的技术成果交易样本总数为 268，样本技术成果的交易价格最高为 31 439.49 万元，最低仅为 100.815 万元，样本技术成果交易价格的平均值为 1 263.26 万元，这说明本书样本技术成果的交易价格所覆盖的区间较广，将低价格区间与高价格区间的样本技术成果共同进行研究，可以使得文中对技术成果价值影响因素的研究更加深入且研究结果适用范围更加广泛。为避免极端值对回归检验结果的影响，将交易价格最高的 1%以及最低的 1%共 5 个样本从总样本中剔除。

表 4-8 技术成果特征价格模型各变量的描述性统计

变量名称	样本数	最小值	最大值	平均值	中位数	标准差
交易价格/10 万元	263	10.081 5	3 143.949	126.326	29.370	310.668
技术水平	263	20.000	240.000	96.183	91.000	47.933
创新性	263	3.000	80.000	25.346	21.000	15.167
成熟度	263	10.000	100.000	39.202	32.000	22.675

续表

变量名称	样本数	最小值	最大值	平均值	中位数	标准差
可借鉴性	263	5.000	100.000	31.635	29.000	19.338
经济效益	263	16.000	260.000	102.316	95.000	42.604
市场容量	263	2.000	100.000	38.175	31.000	27.940
市场竞争	263	6.000	100.000	32.890	30.000	18.14
销售收入	263	2.000	100.000	31.251	28.000	19.540
技术特点	263	20.000	278.000	117.829	118.000	61.418
剩余保护期	263	5.000	100.000	38.110	37.000	23.073
保护程度	263	5.000	100.000	38.837	36.000	23.725
政策倾向	263	5.000	100.000	40.882	40.000	22.384
总资产/亿元	263	0.018	399.856	16.0624	5.380	34.969
企业存续时间	263	1.000	56.000	11.635	12.000	7.311
股票波动率	263	0.019	0.061	0.048	0.055	0.010
权属转移	263	1.000	10.000	8.821	10.000	2.458

注：表中是对剔除极端值后的样本数据的统计

2）回归检验结果

一是特征分类回归检验结果。为检验技术成果各影响因素特征分类对技术成果价值的不同影响，根据式（4-16）构建因变量为技术成果价值、解释变量为技术水平、经济效益以及技术特点的单变量回归模型和全变量回归模型。从表 4-9 中可以看出，在单变量回归检验中三项特征分类的系数都显著为正，表明对于一项技术成果而言，若其在技术水平、预期经济效益或技术特点方面表现越优异，则其价值越高。在全变量回归检验中技术水平的系数依然显著为正，但数值仅为其单独回归的 1/3 左右，经济效益的系数依然显著为正，技术特点在全变量回归中系数为负且不显著，即技术特点在全变量回归中失去对技术成果价值变动的解释能力。在全变量回归中技术水平对技术成果价值变动的解释能力变弱，表明相较于技术水平而言，技术成果预期经济效益对其价值的影响更大。而技术特点在全变量回归中失去对技术成果价值变动的解释能力则表明技术特点在技术成果价值影响因素体系中发挥调节变量的作用，其并非直接对技术成果价值产生影响，技术特点通过调节技术成果技术水平、预期经济效益与技术成果价值之间的关系来间接作用于技术成果价值。

表 4-9　特征类别回归检验结果

特征类别	特征分类单变量回归检验 1	特征分类单变量回归检验 2	特征分类单变量回归检验 3	特征分类全变量回归检验
常数项	3.897*** (8.050)	2.620*** (6.252)	4.624*** (9.237)	1.902*** (3.492)
技术水平	0.560*** (9.761)			0.177** (2.066)
经济效益		0.721*** (15.036)		0.685*** (9.862)
技术特点			0.465*** (7.649)	−0.090 (−1.261)
企业规模	0.038 (0.719)	0.022 (0.508)	0.050 (−0.895)	0.320 (0.749)
存续时间	0.014 (0.287)	−0.007 (−0.185)	−0.021 (−0.420)	1.269 (0.206)
股票波动率	−0.249*** (−4.164)	−0.160*** (−3.211)	−0.297*** (−4.652)	0.285* (0.776)
权属转移	−0.058 (−1.123)	−0.040 (−0.923)	−0.072 (−1.290)	−1.706 (0.090)
F 值	53.472***	95.298***	41.708***	68.396***
R^2	0.763	0.844	0.722	0.846
Adjusted R^2	0.571	0.705	0.521	0.716

注：*代表在10%显著水平下具有统计显著性；**代表在5%显著水平下具有统计显著性；***代表在1%显著水平下具有统计显著性

从上述回归分析中可以看出，技术水平与技术成果价值的相关性明显被经济效益所稀释，这表明技术成果预期为企业带来的经济效益是技术成果价值的决定性因素，而技术水平及技术特点则是通过经济效益间接作用于技术成果价值，即技术水平、技术特点首先影响的是经济效益变量，最终通过经济效益变量作用于技术成果价值，技术水平和技术特点在技术成果价值与经济效益之间发挥调节作用。

技术成果为企业带来的预期经济效益是技术成果价值的决定性因素，即影响企业对于技术成果购买决策的关键是看其是否能为企业带来与其投资额相匹配的投资回报，而技术成果的技术水平及技术特点在企业进行投资决策时所属优先级要明显次于经济效益。另外，现有文献中普遍认为如果一项无形资产拥有较为有利的法律状态，如拥有专利权等，则代表其可以为企业带来垄断超额收益，该项无形资产会拥有较高的价值，而上述实证检验的结果却表明相对于技术水平以及经济效益而言，技术特点对技术成果价值变动仅具有微弱的解释能力。

二是特征变量回归检验结果。根据式（4-17）构建因变量为技术成果价值，解释变量为创新性、成熟度、可借鉴性、市场容量、市场竞争等特征变量的全变量回归检验。

从表4-10中可以看出，当对技术成果价值影响因素进行全变量回归检验时，成熟度、市场容量以及销售收入与技术成果价值显著正相关，可借鉴性、市场竞争以及保护程度与技术成果价值正相关但不显著。为了检验各类特征变量对技术成果价值的不同影响，根据式（4-15）构建因变量为技术成果价值，解释变量为创新性、成熟度、可借鉴性、市场容量、市场竞争等特征变量的单变量回归模型。

表 4-10　特征变量全变量回归检验结果

特征变量全变量回归检验							
常数项						1.444***（2.776）	
创新性	−0.024（−0.444）	市场容量	0.787***（12.228）	剩余保护期	−0.136**（−2.146）	企业规模	0.005（0.130）
^	^	^	^	^	^	存续时间	0.026（0.731）
成熟度	0.183***（3.230）	市场竞争	0.094（1.078）	保护程度	0.016（0.247）	股票波动率	−0.028（−0.512）
可借鉴性	0.065（0.681）	销售收入	0.303***（7.797）	政策倾向	−0.063（−1.123）	权属转移	0.022（0.509）
R^2		0.784		Adjusted R^2		0.769	
F					51.328***		

从表4-11中可以看出，在对技术水平类别的特征变量进行单变量回归检验时，各特征变量都与技术成果价值显著正相关，即当技术成果在创新性、成熟度以及可借鉴性方面的表现越优异，技术成果价值就会越高。但从表4-10中可以看出，在进行全变量回归检验时成熟度系数依然显著为正，可借鉴性的系数为正但不显著，创新性的系数为负与实际情况相悖，即创新性在全变量回归中失去对技术成果价值变动的解释能力。

表 4-11　技术水平特征变量回归检验结果

特征变量	特征变量单变量回归检验1	特征变量单变量回归检验2	特征变量单变量回归检验3
常数项	5.992***（11.302）	4.530***（7.167）	4.576***（8.289）

续表

特征变量	特征变量单变量回归检验1	特征变量单变量回归检验2	特征变量单变量回归检验3
创新性	0.267*** (4.324)		
成熟度		0.436*** (5.916)	
可借鉴性			0.461*** (7.176)
企业规模	0.083 (1.400)	0.045 (0.788)	0.084 (1.521)
存续时间	0.002 (0.030)	0.033 (0.641)	0.011 (0.230)
股票波动率	−0.464*** (−7.411)	−0.344*** (−5.105)	−0.299*** (−4.557)
权属转移	−0.051 (−0.827)	0.025 (0.397)	−0.041 (−0.728)
F	33.274***	38.821***	44.433***
R^2	0.464	0.503	0.536
Adjusted R^2	0.450	0.490	0.524

创新性、先进性等技术特征是进行科研活动的主要目标，而经济效益等其他特征类别在日常科研活动中并非首要考虑目标，这就有可能造成"新而无用"现象的出现：许多技术成果科技含量很高甚至是某研究领域的突破性成果，但其却实用性低，无法带来与其先进性相匹配的社会经济效益，使得很多技术成果只能束之高阁，成为"纸面上"的技术成果。成熟度以及可借鉴性与技术成果价值正相关是因为：企业受让的技术成果成熟度越高，为实现商业化所需的后续支出越少，为企业带来经济效益越快；如果一项技术成果可借鉴性较强，则企业在受让该技术成果后会获得一定程度的间接效益，但这种效益要明显低于技术成果成熟度为企业带来的效益。

从表4-12中可以看出，在对经济效益特征变量进行单变量回归检验时，市场容量、市场竞争以及销售收入都与技术成果价值显著正相关，即当技术成果在市场容量、市场竞争以及销售收入方面的表现越优异，技术成果价值就会越高。从表4-10中可以看出，在进行全变量回归检验时市场容量及销售收入的系数依然显著为正，市场竞争的系数为正但不显著。

表 4-12　经济效益特征变量回归检验结果

特征变量	特征变量单变量回归检验 4	特征变量单变量回归检验 5	特征变量单变量回归检验 6
常数项	3.503*** (7.652)	4.440*** (7.800)	7.249*** (16.921)
市场容量	0.702*** (12.105)		
市场竞争		0.459*** (7.117)	
销售收入			0.131** (2.392)
企业规模	−0.009 (−0.187)	0.100 (1.799)	0.063 (1.037)
存续时间	0.019 (0.439)	0.015 (0.301)	0.024 (0.441)
股票波动率	−0.143*** (−2.484)	−0.298*** (−4.517)	−0.573*** (−9.595)
权属转移	−0.042 (−0.893)	−0.035 (−0.624)	−0.133** (−2.202)
F	76.761***	44.147***	28.861***
R^2	0.667	0.535	0.429
Adjusted R^2	0.658	0.523	0.414

从表 4-13 中可以看出，在对技术特点特征变量进行单变量回归检验时，剩余保护期、保护程度以及政策倾向都与技术成果价值显著正相关；但从表 4-10 中可以看出，在进行全变量回归检验时只有保护程度与技术成果价值正相关，但不显著，而剩余保护期和政策倾向与技术成果价值负相关，技术特点特征变量在进行全变量回归检验时对技术成果价值变动的解释能力较弱。在前述分析中，实证检验的结果表明技术特点对技术成果价值变动的解释能力较弱，在对技术特点特征变量进行的回归分析中验证了该结论。分析认为出现该现象的主要原因是我国的知识产权保护体系尚存在较大问题，无法为技术成果提供完善的产权保护，"山寨""抄袭"等现象层出不穷，企业因受让技术成果而应获得的合法合理的垄断超额利润受侵权者腐蚀而失去其应有的价值，即企业为获得技术成果技术特点特征的优势付出的投资无法得到相应的回报，企业对于技术特点特征变量偏好因此而降低。

表 4-13 技术特点特征变量回归检验结果

特征变量	特征变量单变量回归检验 7	特征变量单变量回归检验 8	特征变量单变量回归检验 9
常数项	5.609*** (10.540)	5.458*** (9.063)	6.162*** (11.896)
剩余保护期	0.302*** (3.944)		
保护程度		0.317*** (4.506)	
政策倾向			0.250*** (4.089)
企业规模	0.041 (0.681)	0.078 (1.325)	0.049 (0.822)
存续时间	−0.001 (−0.013)	0.002 (0.041)	0.027 (0.509)
股票波动率	−0.381*** (−5.085)	−0.391*** (−5.619)	−0.460*** (−7.217)
权属转移	−0.073 (−1.201)	−0.044 (−0.711)	−0.103 (−1.745)
F	32.206***	33.823***	32.602***
R^2	0.456	0.468	0.459
Adjusted R^2	0.442	0.454	0.445

三是特征变量的特征价格分析。前文从定性的角度详细分析了各因素对技术成果价值的不同影响，为了更深入地分析技术成果特征对技术成果价值的影响，从定量分析的角度构建技术成果特征价格模型，并使用多元线性回归模型进行回归检验：

$$P = C_3 + \sum \alpha_i x_i + \varepsilon \quad (4\text{-}18)$$

式中，P 为技术成果转让价格，单位为万元；C_3 为除本书所考察特征变量所引起技术成果价值变化外所有其他影响技术成果价值的常量之和；x_i 为创新性、成熟度、可借鉴性、市场容量等 9 个特征变量；α_i 为特征变量的特征价格，也是方程中每个变量的系数；ε 为误差项。

运用 SPSS 22.0 软件计算式，得出每一特征变量的系数，经过标准化处理后得到特征变量的边际价格，即特征变量的特征价格，如表 4-14 所示。其中创新性的特征价格是 0.103，其表示的含义是在其他特征变量不变的情况下，技术成果的创新性特征变量每增加一单位，技术成果价值将增加 0.103 万元；市场竞争的特征价格是 0.219，其表示的含义是在其他特征变量不变的情况下，技术成果的市场竞争特征变量每增加一单位，技术成果价值将增加 0.219 万元。从表 4-14 中可以看出，剩余保护期与政策倾向的特征价格为负，与实际相反，即本书选用样本以及特征价格模型无法解释剩余保护期和政策倾向变量，为保证实证检验的准确性将剩余保护期以及政策倾向变量从结果中剔除。根据特征价格与特征价格总和的比值，计算出每一特征变量对技术成果价值的贡献程度，可以看出，经济效益对技术成果价值的贡献度达 77.41%，而技术水平及技术特点则分别仅为 20.96% 和 1.64%，这与前文所述之特征价格模型实证检验结果相同，即经济效益特征类别对技术成果价值起决定性作用，而技术水平以及技术特点对技术成果价值变动的解释能力较弱。

表 4-14 技术成果价值影响因素特征价格

特征类别	特征变量	非标准化 Beta	T 值	标准化 Beta	特征价格	贡献度/%	影响程度排序	影响程度分类
技术水平	创新性	21.158**	1.496	0.103	0.103	7.34	5	2
	成熟度	16.159*	1.832	0.118	0.118	8.41	4	2
	可借鉴性	11.699*	0.573	0.073	0.073	5.20	6	3
	小计				0.294	20.96		
经济效益	市场容量	56.798***	6.432	0.511	0.511	36.42	1	1
	市场竞争	37.548*	1.917	0.219	0.219	15.61	3	2
	销售收入	56.667***	7.170	0.356	0.356	25.37	2	1
	小计				1.086	77.41		
技术特点	剩余保护期	−39.142	−3.911	−0.291	−0.291			
	保护程度	3.038*	0.287	0.023	0.023	1.64	7	3
	政策倾向	−3.518	−0.357	−0.025	−0.025			
	小计				0.289	1.64		
	合计				1.403			

注：*代表在 10%显著水平下具有统计显著性；**代表在 5%显著水平下具有统计显著性；***代表在 1%显著水平下具有统计显著性

回归系数使用标准化后得到具有可比性的标准化 Beta 值，对其绝对值进行排序，将技术成果价值影响因素分为三类：第一类标准化 Beta≥0.3； 0.1＜第二类标准化 Beta＜0.3；第三类标准化 Beta≤0.1，根据排序和分类的结果可以看出，对技术成果价值影响最大的为市场容量，影响最小的为保护程度。第一类因素对技术成果价值影响最大，为市场容量及销售收入；第二类为创新性、成熟度、市场竞争；第三类为可借鉴性、保护程度。对技术成果价值影响因素的排序和分类可以看出技术成果交易双方对技术成果价值影响因素的关心程度和偏好程度。

实证检验的结果表明，经济效益是技术成果价值的决定性因素，技术水平对技术成果价值变动的解释能力要弱于经济效益，而技术特点仅对技术成果价值变动具有微弱的解释能力；技术成果的技术水平与技术特点在一定程度上加强技术成果的经济效益与其价值之间的关系，技术水平与技术特点对技术成果经济效益与其价值存在双重性影响，即它们在技术成果价值影响因素中属于准调节变量；技术成果价值影响因素特征价格由高到低分别为：市场容量 0.511、销售收入 0.356、市场竞争 0.219、成熟度 0.118、创新性 0.103、可借鉴性 0.073、保护程度 0.023。为构建系统、科学的技术成果价值评估体系，推进我国技术成果转移转化工作的开展，根据上文实证检验结果提出以下建议。

一是以技术成果价值影响因素特征价格为基础，确定相关因素在技术成果价值评估体系中所占权重。一方面，政府有关部门和相关中介评估机构可以使用技术成果交易市场实际交易资料数据，建立技术成果特征价格模型，对技术成果价值影响因素进行选择和量化，确定技术成果的价格，并编制技术成果价格指数，逐渐规范、统一我国技术成果价值评估体系；另一方面，作为技术成果供给方的高校和科研机构可以根据技术成果的特征价格对将要出售的技术成果进行不同的组合，通过改变技术成果组合中某些特征的数量和质量来满足技术成果购买方的需要，提高资源的配置效率。

二是以技术成果拥有方和受让方对特征变量的不同偏好为依据，设置技术成果基础价格区间。从上文相关分析中可以发现，科研人员及企业对于技术成果特征变量的偏好程度存在较大的差异：科研人员主要关注于"新"，即创新性、学术价值等；企业则更关注于"用"，即盈利能力、投资回报等。科研人员在评估其所拥有的技术成果时往往会认为技术成果技术水平类别的特征变量应具备更高的特征价格，而企业在对其所要购买的技术成果进行评估时最关注的是技术成果的经济效益类别的特征变量，这就会使技术成果交易双方对技术成果价值的认知出现巨大分歧，并可能影响技术成果的交易转化；在对技术成果价值进行评估时应根据交易双方对技术成果特征变量的不同偏好程度分别计算交易双方认知的技术成果价值，并以其为上、下限构成技术成果的基础价格区间，在基础价格区间内由交易双方参照协商定价，确定最终的交易价格。

三是以技术成果"个性化"定制培育为抓手，推进科技成果转移转化工作。在市场经济条件下，高校院所和科研机构应加强与企业的互动交流，了解企业对技术成果需求的特点，即企业对技术成果不同特征变量的偏好程度。一方面，高校院所和科研机构作为技术成果的供给方应在提升科学水平、学术价值的同时加强对企业实际需求的关注，使更多的技术可以落实到企业生产、社会发展中，避免"新而无用""纸上成果"等问题的发生；另一方面，高校院所和科研机构应在与企业的不断深入合作中尝试为其提供"个性化"定制培育的科研支撑，构建完善的企业、高校院所以及科研机构的技术成果供需信息交流平台，企业提供其所需技术成果的初期技术方案以及对技术成果特征变量的要求，即对技术成果特征变量的偏好，高校院所和科研机构根据企业要求开展定向研究、配套开发并最终提供切实满足企业需求的技术成果。

4.4 本章小结

本章开展科技成果资源市场配置研究，主要从科技成果资源的内涵、国内外研究现状和实证研究三方面开展研究。

科技成果资源的内涵部分，得出目前我国对科技成果这一概念的认识已经趋于一致，大部分从研究开发的角度对科技成果进行分类，其中将科技成果分为科学理论成果、应用技术成果、软科学研究成果的分类方式已经被普遍接受并成为科技成果统计的标准口径。从国内外关于科技成果概念的比较上看，我国的科技成果是指通过相关科学技术活动取得具有一定学术意义和实用价值的成果的统称，可以看作是经过认定的科研活动产出的集合，而不能简单地等同于西方发达国家论文、专利等具体的科研活动的产出。

国内外研究现状部分，可以看出科技成果市场转化模式的研究才刚刚起步，宏观层面上科技成果转化与市场需求存在一定程度上的脱节；中观层面上我国科技成果中介服务体系专业化程度仍然不高；微观层面上科技成果市场转化供需双方的信息交互渠道不够畅通，高校和科研院所科技成果转化职责缺位，没有专门机构负责转化工作，人员精力不够，科技成果转化工作成效与人员绩效没有直接关系等。

实证研究部分，得出科技成果市场转化的模式主要是市场需求明确，解决科技成果生产方和需求方之间的信息不对称问题；信息反馈速度快、准，直接根据企业的需求与高校、科研院所有效对接，实现科技成果有效配置、转化，创新主体间利益双赢；科技中介服务作用突出，成为市场环境下促进科技成果转化的重要桥梁。

第 5 章 科技条件资源市场配置研究

科技条件资源是高等院校、科研机构和企业进行科研工作与实验教学的必需手段和重要物质条件，科技条件资源共享是指两个或两个以上的主体（使用单位或使用人）在不同时间段使用同一台/套为本单位所有或为其他单位所有的仪器设备进行科学研究的行为。目前我国科技条件资源共享的形式主要有委托共享和技术共享，前者的共享建设模式为分析测试中心或大型科学仪器中心，后者的共享建设模式为区域性的仪器协作共用网。科技条件资源实现资源共享不仅可以改变长期存在的实验室资源利用率低的状况，而且对某些学科或专业来说，还可以解决资源不足的困难，从而避免重复建设，提高使用效率。但是，当前科研资源共享状况不佳、仪器设备重复购置问题严重、仪器设备利用率低，此外，还有技术人才短缺、维护经费不足等问题。如上这些问题都是外在的表现，而管理体制不完善、管理意识滞后等也是我国科研资源共享不够的重要问题，后者是造成科研资源缺乏共享的重要原因。造成如此现象的原因主要有：参与共享的科技条件资源缺乏系统性，仪器设备完好率不能满足开放共享的使用要求，共享机制不健全，传统的条块化分割、多头管理的运行体制造成共享氛围的缺失，缺乏成本意识、本位思想严重，以及运行经费的制约和激励机制的缺失。要解决好科技条件资源的共享开放问题，首先需要准确把握高校科技条件资源共享开放管理中的基本委托—代理问题，科技基础条件资源共享应遵循以下基本原理：共享的技术共需原理，共享的物质保障原理和共享的利益驱动原理。

本章主要通过分析科技条件资源的内涵，结合科技条件资源的研究现状和配置情况，研究科技条件资源有效配置的模式与机制，并提出对策建议。

5.1 科技条件资源的内涵

周寄中[122]将科技资源分为四类，即科技财力资源、科技人力资源、科技物力资源和科技信息资源。其中科技物力资源是指各种科研仪器和设备，各类研究机构、大学、企业中的技术开发机构、科技服务机构、国家重点实验室、中试基地、工程研究中心等。这里的科技物力资源就是指科技条件资源。传统的科技基础条件资源主要是指科技活动的物质支撑，如科技条件资源、科技文献、实验动物、自然科技资源等。在现代社会，科技基础条件是科技活动中一切要素的综合集成，它存在并发展于科学技术生产、传播和使用过程中，包括科技工作的人、财、物资源，以及与之相配套的科技管理和科技环境。谭文华和郑庆昌[123]认为科技条件是指为科技创新服务的资源保障系统，是支撑科技创新与进步的重要基础和保证，主要包括为研发 R&D（research and development，研究与试验发展）活动提供基本资源和手段的科技基础条件，为科技成果转化服务的科技条件，以及为产业化和产业发展服务的科技条件。科技条件资源是创新活动的重要基础，加强科技条件资源建设是提高自主创新能力的重要保障，科技条件资源主要包括大型科学仪器、研究基地、网络科技环境等；大型科学仪器一般是指用于科学研究的，单套购置或建设成本大于一定金额的装置或机器；研究基地一般是指高等院校研发机构、重点实验室等。

作为战略性资源，科技条件资源是支撑引领科技进步和创新的重要力量，也是抢占战略制高点、提高国家科技竞争力的关键因素。在快速推进新科技革命和产业革命及国内加快转变经济发展方式的形势下，科技条件资源支撑科技创新和战略性新兴产业发展的任务更加艰巨。如何应对新形势，实现科技条件资源的优化配置、开放共享和高效利用，充分发挥科技条件资源对科技进步和经济社会发展的支撑引领作用，已经成为我国科技条件资源管理理论界和实践活动面临的重大课题。根据经济学理论，任何资源都具有经济和社会的双重价值，科技条件资源也不例外。从资源的物品属性考察，私人物品与公共物品的划分本质上体现为该物品不同的权利配置。私人物品体现为私权配置，在消费上具有非共享性与排他性，目标是实现其经济价值的最大化；公共物品体现为社会权利配置，在消费上具有共享性和非排他性，目标是实现其社会价值的最大化。因权利配置的不同，同一种资源对经济价值和社会价值的追求就会出现较大的差异，即产生所谓经济价值和社会价值之间的矛盾。不同的产权主体（国家、部门、企业、个人等）对科技条件资源参与共享的经济价值和社会价值的追求也不同。科技条件平台"公益性、基础性、战略性"的建设定位，决定了科技条件资源在共享中，既要按照"私人物品"的竞争性和排他性属性来配置，从而实现其经济价值的最大化，又要按照"公共物品"的共享性和非排他性属性来配置，从而实现科技条件平台的"公益性、基础性和战略性"目标，即科技条件资源社会价值的最大化。但是，私人物品与公共物品的非相通性，决定了科技条件资源的经济价值最大化与社会价值最大化的冲突性，使得科技条件资源的经济财产权利与社会权利产生了冲突，这正是科技条件资源共享率极低的最根本、最深层次的原因。

科技条件资源的市场配置，实质上是要求解决科技条件资源经济价值与社会价值在追求最大化中的冲突，最大限度地实现其经济与社会的双重价值，实现参与主体各方的利益共享。对资源双重价值最大化的协调和提升，正是科技条件资源市场配置中要解决的难点和待突破的关键。那么，如何解决科技条件资源高效利用中双重价值最大化的冲突？建立有效的市场配置机制是关键。

5.2 科技条件资源市场配置的国内外研究现状

在相关理论研究方面，吴晓玲等[124]从价值区间、购置时期、产地、经费来源、仪器类型、区域集中度、运行情况和共享情况等多个角度分析比较了江、浙两省科技条件资源的现状差异，并从经济及资源总量、区域发展平衡、科研水平和经济开放度等几方面分析了原因。任贵生和李一军[125]基于信息化发展背景，通过国际网络科研环境建设趋势，从公益性网络科技资源共享问题入手，分析了国际科技条件发展趋势和特点、中国科技条件建设基本情况以及科技资源共享的理论与实践问题。周琼琼和玄兆辉[126]在分析国家科技基础条件资源整合利用现状与问题的基础上，指出应及时建立科技基础条件资源影响力评价体系，同时论述了影响力评价的内涵、目的、基础和方法；以研究实验基地及其科技条件资源为对象，建立了一套科技资源影响力评价指标体系及测算方法。石蕾和鞠维刚[127]基于国家重点科技基础条件资源的调查数据，结合我国地方发展需求，对我国科技资源配置情况进行了分析和研究，并就如何促进我国科技资源优化配置提出相关建议。王桂凤和卢凡[128]简要介绍了国家科技基础条件平台建设的背景、发展历程、结构体系和主要任务；以气象科学、科技文献、自然科技资源、大型科学仪器等共享试点为例，展示了国家科技基础条件平台建设工作启动3年来所取得的进展和成效；以浙江省和上海市平台建设为例，介绍了地方开展科技条件平台建设的进展和经验。从共享理念的建立、人才队伍建设、政策法规体系完善等几个方面提出建议。郑庆昌[129]从探讨资源的双重价值属性及其矛盾的解决出发，提出科技条件平台共享机制是基于一定流程，以权利配置为核心，遵循利益平衡的治理理念，通过制度体系作用，达到资源所有者、使用者、管理者有效协同运作的机理和方式。平台由资源整合机制、利益激励机制、协调管理机制和技术支撑机制四大内容构成，以法律法规、政策和管理办法三个不同层次的制度形式，共同造就平台的整体功能和秩序。刘继云[130]认为以价值链、流程再造以及治理结构为逻辑线索，构建科技资源共享机制及其政策措施优化组合，有助于从根本上突破原有科技资源运行的"小循环模式"，使其融入"大循环"，促进全社会科技资源高效配置和综合利用。实证研究方面，吕先志和王瑞丹[131]在2011年全国重点科技基础条件资源调查数据的基础上，围绕三类重点资源，构建了科技基础条件资源丰度指数，对各地区的科技基础条件资源水平进行了比较准确的刻画。郭鹰等[132]采用2010年浙江科技基础条件资源调查收集的大型科学仪器统计数据，运用回归模型对浙江省大型科学仪器自身特征对开放共享的影响进行了分析。研究结果表明，设备自身的一些主要特征对其开放共享会造成影响，这些特征包括设备价值、购置时期、经费来源、运行情况和使用效率。曾硕勋等[133]基于2010年甘肃省地方科技基础条件资源调查,采用因子分析方法,进一步比较和分析了各调查单位资源保有水平影响因素。结果显示,大型仪器、科研用房、试验基地、科研经费及高层次人才是影响资源保有水平的关键因素。

以上学者的研究视角或主要集中于科技基础平台的共享研究,或简单地分析科技条件资源的分布状态,但却并未针对科技条件资源市场配置的模式与机制给出合理的答案。本章首先从现状出发,研究科技条件资源市场配置的路径,并提出相应的对策建议。

5.3 科技条件资源市场配置的实证研究

5.3.1 我国科技条件资源市场配置发展现状

以2004年7月科技部发布的《2004—2010年国家科技基础条件平台建设纲要》以及2011年7月科技部发布的《国家科技基础条件平台认定指标》和《国家科技基础条件平台运行服务绩效考核指标》,作为两个科技条件建设的标志性事件,将我国科技条件的建设发展分为三个主要阶段,分别为试点阶段、建设阶段和完善阶段。

第一阶段:试点阶段。从20世纪90年代末至2004年,国家层面的科技条件建设主要包括科学数据共享工程试点平台、国家科技图书文献中心(National Science and Technology Library, NSTL)以及国家七大区域的大型科学仪器共享网的建设等。地方层面主要内容为推进科技文献、科学数据和科学仪器资源的利用与共享,如上海市开展的"一网两库"的建设。此外,技术创新服务平台的早期形态也已经在多个地方出现,如上海市早在20世纪90年代末就在生物医药产业集中的张江地区开始布局新药安全评价中心、药物代谢中心等服务平台,这些平台在生物医药产业发展中发挥了巨大的推动作用。

第二阶段:建设阶段。从2004年国务院转发科技部等四部委制定的文件开始,到2011年科技部开展科技平台绩效考核,为科技条件资源建设时期,主要通过项目投入的方式,推动科技条件资源的整合与共享,关注重点集中在科技文献资源、大型科学仪器资源、科学数据资源、自然科技资源以及网络条件等科技基础条件的整合和共享,国家先后共投入建设20多个科技基础条件平台,如国家微生物资源平台、标准物质资源共享平台、人口与健康科学数据共享平台、大型科学仪器中心和科技图书文献中心等,这些平台在科技资源整合和共享方面,发挥了不可替代的作用。同时,为进一步了解科技资源的现状,国家科技部还积极推动科技资源调查工作的开展,从2009年开始,每年对中央单位的科技资源进行调查,此外,2009年国家科技部也开始积极推动区域化的技术创新服务平台的建设,开始了在纺织、集成电路和藏医药三个领域试点技术创新服务平台的工作。在国家的指导下，各省（自治区、直辖市）也积极开展了科技条件资源的建设，同时为满足地方经济发展对科技资源的需求，许多省（自治区、直辖市）开始构建面向企业和产业发展开展科技资源服务的科技平台，如上海市的专业技术服务平台和浙江省的公共科技平台等，并在立法保障、建设模式与考核机制方面不断探索。

第三阶段：完善阶段。国家方面，科技平台建设已纳入国家"十二五"规划，不断开展科技平台的理论与运行管理的研究，积极推动藏医药、纺织和集成电路三个国家技术创新服务平台的试点工作；2011年7月，科技部、财政部联合发布了《关于开展国家科技基础条件平台认定和绩效考核工作的通知》，并向社会公布了《国家科技基础条件平台认定指标》和《国家科技基础条件平台运行服务绩效考核指标》，这是规范平台运行管理、深化平台共享服务的有力抓手，通过国家科技平台的认定和考核，规范了国家科技平台的建设与运行，还为地方科技平台管理提供了指导。地方层面，上海、浙江等地区的科技资源服务平台建设也取得了积极进展，通过整合现有工作基础、面向企业共性需求开展建设，并注重长效运行机制的探索，在区域创新体系建设和经济社会发展中发挥了显著作用。如上海从科技资源整合的实践中促进了长江三角洲地区的各类科技资源的整合，优化了专业服务供给，同时也降低了创新创业的成本和风险；重庆地区则初步建成了三大科技体系；浙江省构建了基础条件平台、行业创新平台和区域创新平台体系。上海、浙江、江苏等省（自治区、直辖市）也相继开展了科技平台的认定与考核工作，不断规范地方科技平台的管理与运行。截至2016年底，正在运行的国家重点实验室共271家，地域分布情况，如表5-1和图5-1所示，其中企业国家重点实验室174家，地域分布情况如表5-2和图5-2所示。

表 5-1　国家级重点实验室地域分布情况（单位：家）

所属地区	数量	所属地区	数量	所属地区	数量
北京市	82	天津市	8	上海市	37
重庆市	8	河北省	4	山西省	5
辽宁省	10	吉林省	13	黑龙江省	7
江苏省	26	浙江省	14	安徽省	4
福建省	10	江西省	2	山东省	8
河南省	4	湖北省	22	湖南省	9
广东省	18	广西壮族自治区	3	海南省	2
四川省	12	贵州省	5	云南省	3
西藏自治区	2	陕西省	16	甘肃省	10
青海省	3	宁夏回族自治区	4	新疆维吾尔自治区	8
内蒙古自治区	3				

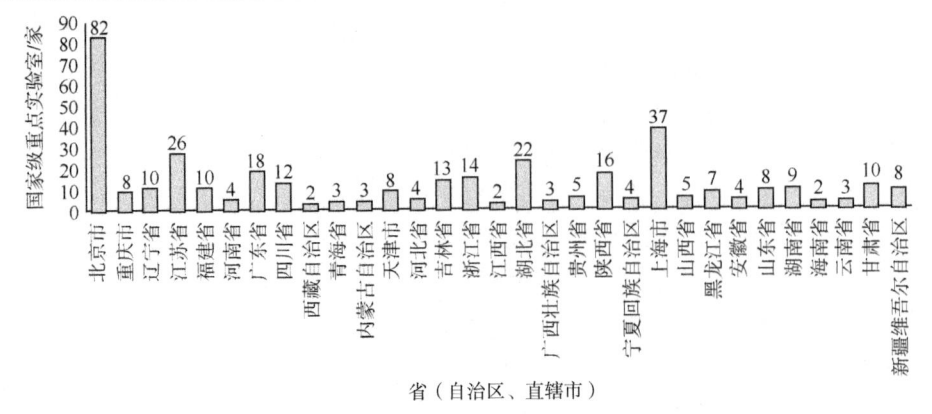

图 5-1 国家级重点实验室地域分布情况

表 5-2 企业国家重点实验室地域分布情况（单位：家）

所属地区	数量	所属地区	数量	所属地区	数量
北京市	33	天津市	4	上海市	11
重庆市	3	河北省	7	山西省	3
辽宁省	8	吉林省	1	黑龙江省	2
江苏省	14	浙江省	2	安徽省	5
福建省	3	江西省	2	山东省	17
河南省	9	湖北省	6	湖南省	8
广东省	13	广西壮族自治区	1	海南省	1
四川省	3	贵州省	2	云南省	2
青海省	1	陕西省	7	甘肃省	2
内蒙古自治区	2	宁夏回族自治区	2		

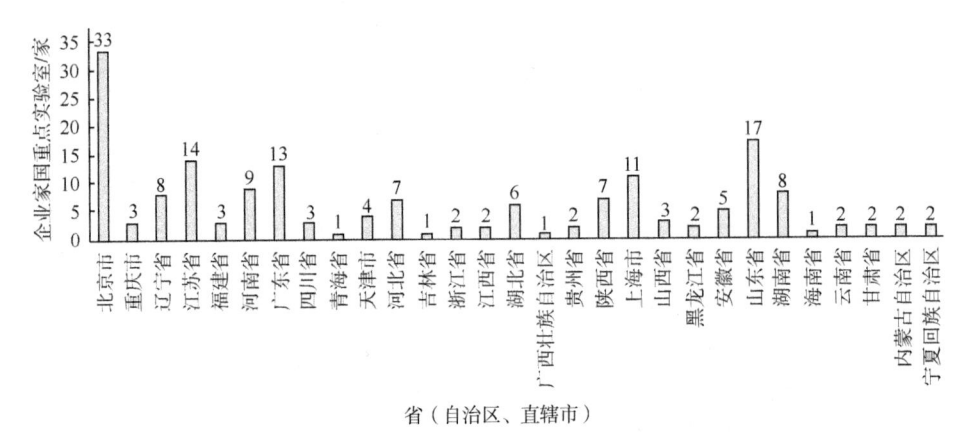

图 5-2 企业国家重点实验室地域分布情况

5.3.2 江苏省科技条件资源市场配置现状

1. 江苏省科技条件资源市场配置发展现状

科技条件资源是区域创新体系建设的重要组成部分，为全面实施创新驱动战略提供有力支撑。在国家科技基础条件平台建设的带动下，江苏省结合自身科技资源优势和产业发展需要，对地方优势科技资源进行整合，搭建了一批具有地方特色的科技创新平台，有效地提升了支撑地方科技创新和经济发展能力。地方科技创新平台建设和发展，对于地方科技资源的优化布局起到了积极的推动作用。

（1）基础科研基地。基础科研基地主要包括国家和省级重点实验室、重大科技基础设施等，是国家和省科技创新体系的重要组成部分，依托高水平创新主体建设，旨在面向世界科技前沿、面向经济主战场、面向国家重大需求，开展基础性、前沿性、原创性研究与服务，培养和聚集高水平创新人才团队，拥有或自主建设先进科研装备并面向社会开放共享，抢占未来科学与技术制高点。截至2016年底，全省共有基础科研基地（含在建）101家，包括省级以上重点实验室97家（其中国家级28家，数量位列全国省份第一，省级69家）、重大科技基础设施4家（其中2家已获批建设，2家在建）。

（2）企业研发机构与人才站点。联合江苏省经济和信息化委员会等部门组织指导20多家企业研发机构申报国家级企业研发机构，新增国家认定企业技术中心13家（含分中心2家）、国地联合建设企业工程中心1家、国地联合建设企业工程实验室1家。截至2016年底，江苏省国家级企业研发机构达126家。2016年，组织新建省级企业重点实验室7家、省级工程技术研究中心204家，新认定省级企业技术中心264家，新增省级企业工程研究中心90家、省级企业工程实验室6家。截至2016年底，江苏省共建有各类企业研发平台5 632个。组织新建企业院士工作站22家、企业研究生工作站530家，新设立"科技副总"岗位526个。截至2016年底，全省共建有企业院士工作站、研究生工作站、博士后工作站等人才站点5 691个。大中型工业企业和规模以上高新技术企业研发机构建有率稳定在90%左右，大中型工业企业研发机构人员近37万，其中博士5 100人、硕士32 000人，带动规模以上工业企业研发投入达到1 600亿元左右，支撑企业主营业务收入、新产品销售多年保持稳定增长。

（3）创新服务载体与平台。截至2016年底，江苏省共建各类新型研发机构310家，新增各类计划项目数1 093项、总经费44.8亿元，其中国家和省部级计划项目数576项；提供科技服务24 829项、收入384.3亿元，转化科技成果867项、收入66.4亿元；新增孵化企业476家、年实现收入329亿元。2016年，新建江苏省重大疾病生物资源样本库，截至2016年底，共建有科技资源共享平台7家，实现大型仪器、工程文献、种质资源、知识产权、实验动物、重大疾病样本等科技资源跨平台、一站式检索，更方便简捷地推进了资源共享。截至2016年底，江苏省共建有技术创新服务平台287家，其中依托园区布局247家，覆盖全省的国家和省级高新区、科技园区，服务业态涵盖研发设计、技术转移、检验检测、创业孵化等领域，拥有专职服务人员14 633人，服务场地261.21万平方米，仪器设备3.14万台（套），服务单位或个人34.42万家（人），144家平台取得各种服务资质或许可，拥有各类科技数据8.64亿件、科技文献5.12万条、种质资源59 264份、技术标准19 544项。

（4）产学研合作载体与平台。截至2016年底，江苏省与中国科学院、北京大学、清华大学、浙江大学等共建科技创新载体160余家，开展科技合作项目近2 000项。2016年，江苏省共建有协同创新基地45家。其中基地核心区面积689平方千米，产业相关的配套设施规划建筑面积14 000多万平方米；注册企业总数14 600多家，年销售额超亿元的企业总数910多家，高新技术企业总数1 570多家；2016年基地总产值1.9万亿元，引进团队总数1 500多个，柔性引进人才总数36 000多人，承担省级以上各类计划项目790多项，与1 440多家次高校院所开展合作。2016年江苏省高校技术转移中心累计转化项目16 315项，技术转移合同额总计572 062万元；累计孵化企业802家，服务企业20 569家，培训企业科技人员115 236人次。

（5）科技服务机构。2016年，江苏省规模以上科技服务机构共5 410家，规模以上机构收入达4 743亿元，占总收入的76.13%，每家规模以上机构平均收入达8 767万元，规模以上机构从业人员总数达66.50万，占科技服务业从业人员总数的57.17%，其中企业性质的规模以上科技服务机构达到4 858家，占规模以上机构总数的89.80%，收入4 485.80亿元，占比为94.57%。积极推动苏州工业园区、武进高新区等6家高新区纳入国家级科技服务业区域试点，膜材料产业、石墨烯产业等国家级科技服务业行业试点3家，数量居全国第一。

（6）科研机构。截至2016年底，江苏省共有56家部属院所（未转制19家，转制37家）、83家省属院所（未转制57家，其中18家预算归属省科技厅；转制26家）。2016年，江苏省科研机构共有从业人员27 157人，研发人员共计17 947人；全年共发表论文4 425篇，其中国外发表2 802篇；申请专利7 030件，获授权专利4 415件；新增各类计划项目3 885项，承担横向课题共计5 142项；获省级以上奖励550项；提供技术服务1 407 579次；转化科技成果1 854项。18家预算归属省科技厅的公益院所新增科技项目242项，对外提供开放服务72 059次，转化科技成果70项。

2. 江苏省各市科技条件资源配置评价

各地科技条件资源的水平是江苏省宏观决策的重要参考，但是长期以来，由于相关数据缺乏等原因，大多数研究只是围绕科技资源展开，专门针对科技基础条件资源的研究非常鲜见。近年来，随着江苏省重点科技条件资源调查工作的开展，以大型科学仪器设备、研究实验基地和生物种质资源为主的科技条件资源的家底已经基本摸清，鉴于此，本部分将在 2016 年江苏省 13 个地级市重点科技条件资源调查数据的基础上，通过构建科技条件资源丰度指数，来对各地科技条件资源的水平进行简单明了的刻画，通过建立这一度量标尺来反映地区科技条件资源的综合情况，以期为科技条件资源的统筹规划和优化布局提供支撑。

丰度指数一般用于自然资源的计算，指自然资源的丰富程度，既可指单项资源（如耕地、森林、煤矿和铁矿等）的丰度，也可指某类资源组合（如农业资源、能源资源或矿产资源等）的丰度，还可指某个国家或地区内各种自然资源的总体丰度，是评价国情、区情的重要指标之一。对自然资源丰度指数进行推广，可以构建科技基础条件资源丰度指数。科技基础条件资源丰度指数是一个相对的概念，综合反映某地区科技基础条件资源的丰富程度。考虑到数据的可得性，科技基础条件资源丰度指数将包括重点实验室、企业重点实验室工程技术中心等指标，如表 5-3 所示，各类指标按照不同的权重进行加总，最后形成某个特定地区的科技基础条件资源丰度指数，具体定义如下：

$$D_i = \omega_j \tag{5-1}$$

$$F_{ij} = \frac{X_{ij}}{\overline{X_j}} \times 0.6, \quad X_{ij} < \overline{X_j} \tag{5-2}$$

$$F_{ij} = 0.6 + 0.4 \times \frac{X_{ij} - \overline{X_j}}{X_j^{\max} - \overline{X_j}}, \quad X_{ij} \geqslant \overline{X_j} \tag{5-3}$$

式中，D_i 为地区 i 的科技条件资源丰度；F_{ij} 为地区 i 第 j 种科技条件资源的丰度；ω_j 为第 j 种科技条件资源的权重；X_{ij} 为地区 i 第 j 种科技条件资源的值；$\overline{X_j}$ 为第 j 种科技条件资源的平均值；$X_j^{\max}$ 为第 j 种科技条件资源的最大值。各种科技条件资源丰度测度权重值如表 5-3 所示。

表 5-3　各种科技条件资源丰度测度权重值

一级指标	权重值	二级指标	权重值
实验室及研究中心	0.3	重点实验室	0.4
		企业重点实验室	0.3
		工程技术研究中心	0.3
院士工作站	0.2	企业院士工作站	0.6
		引进院士团队	0.4

续表

一级指标	权重值	二级指标	权重值
科研机构	0.3	驻苏部属科研院所	0.3
		省属科研机构	0.2
		新型研发机构	0.25
		产业研发机构	0.25
科技平台	0.2	仪器平台入网仪器	0.5
		技术创新服务平台	0.5

根据上述公式，计算得到13个地级市科技条件资源丰度指数（表5-4、图5-3）。

表5-4 江苏各地区科技条件资源丰度值

地区	丰度值	排名
南京	89.78	1
苏州	78.24	2
无锡	71.54	3
常州	54.59	4
南通	47.10	5
扬州	38.48	6
镇江	37.67	7
泰州	28.30	8
徐州	25.36	9
盐城	22.95	10
淮安	21.04	11
连云港	20.21	12
宿迁	14.87	13

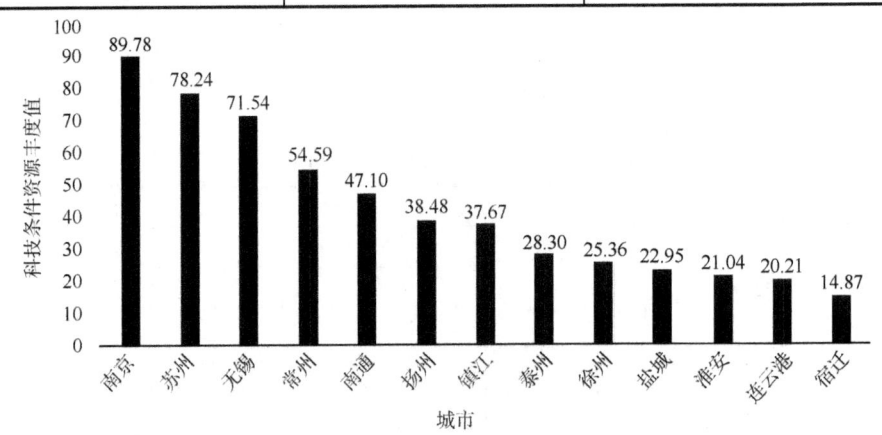

图5-3 江苏各地区科技条件资源丰度值

从表 5-4 可以看出，江苏省各地区科技条件资源处于极度不均衡的状况，南京的科技条件资源丰度值为 89.78，是排名最低的宿迁的 6 倍。整体而言，苏南 5 市除镇江外，科技条件资源丰度均高于其他地区；苏北 5 市的科技条件资源排名靠后，且整体丰度值较低。由上述分析可知，科技条件资源配置存在的问题：①资源共享意识淡薄。一是公共资源实际上为部门或个人占有，即便有些部门或个人在思想上已认识到共享的重要性，但在实际操作时仍以自我为中心来支配资源的使用；二是私有资源拥有者的共享观念比较保守，一般认为私有资源只能为所有者服务，如果将私有资源也纳入共享的范围，自己的利益难以得到保障；三是在资源配置上尚缺乏统筹规划的战略意识，导致重复建设、部门分割。在短期内促成各方共享意识的形成比较困难，但可以通过各有关部门加强共享战略、制度设计以及宣传推广等工作，增强科技条件资源共享的意识。②资源利用效率低下。目前，以公共投入形成的绝大部分科技条件资源以公共物品的形式存在，即所有权属于国家，但这些资源的实际占有和使用基本上属于某些部门或单位，甚至少数课题组或个人。在科技条件资源共享还不可能完全市场化运作，或正处于市场化运作探索阶段的情况下，完全依靠各试点单位之间的自觉协作，很难在短期内达到预期目的。最佳途径就是通过政策环境的改善来推动平台共享机制的建设。目前，相关法规、政策和管理办法的建设相对滞后，政府管理"缺位"，加重了公共资源陷入无序、低效的运行状态。解决平台建设与共享中的"市场失灵"问题，需要建立平台共享机制，从而加强管理与服务共同结合的政府职能。

3. 科技条件资源市场配置模式

科技条件资源的经济价值要求按照"私人物品"的竞争性和排他属性来配置资源，而其社会价值又要求按照"公共物品"的共享性和非排他属性来配置。财产权利与社会权利的冲突，很大程度上影响了科技条件资源利用效率，是当前科技条件资源共享不佳的根本原因。科技条件资源社会价值可通过政府宏观引导实现；而其经济价值最大化，则需要借助市场机制对资源进行优化配置。市场机制调节作用的发挥，必须建立在科技条件资源产权明晰的基础上。只有在完善产权的基础上，市场机制才可能促使资源所有者提供资源参与共享，资源使用者才能在权利义务明确的基础上放心享受共享服务。科技条件资源产权配置，涉及多种利益主体的利益调整。与之相应的法规、政策、管理办法都亟待政府进行调整、建立和完善。如建立相应科技条件资源的物权规定、资源的资产化管理规定、知识产权规定等。对于科技条件资源而言，目前的配置现状存在资源共享困难和使用效率低下的问题，而其配置过程中又同时兼有"私人物品"和"公共物品"的双重属性，因此科技条件资源市场配置需要通过中介机构实现双重的委托代理。如图 5-4 所示。

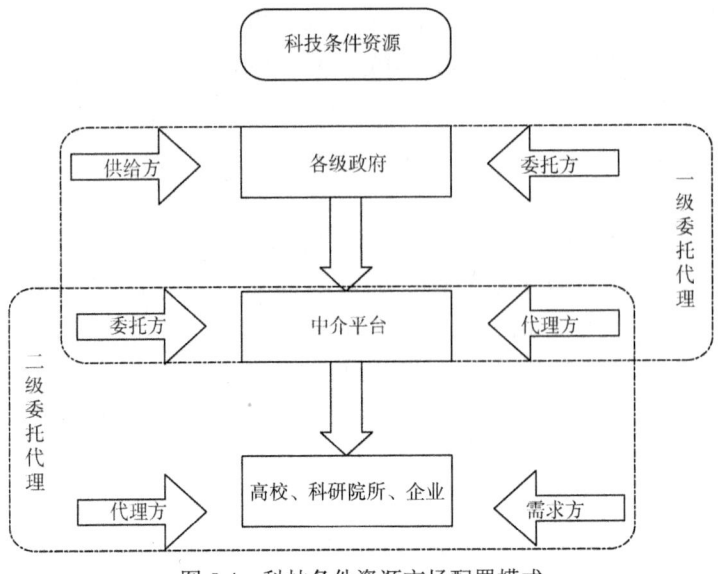

图 5-4 科技条件资源市场配置模式

首先，设立各类科技条件资源的中介服务平台，政府通过拨款等方式支持平台建设，并委托第三方监管，由此形成第一级的委托代理；其次，科技条件资源的需求者——高校、科研院所、企业等，通过与中介机构合作，形成第二级的委托代理，从而可以利用到平台的科技条件资源。通过二级委托代理，一是可以实现科技条件资源的共享；二是将资源集中到平台，避免资源的过于分散和重复投资；三是通过资源集聚，方便高校、科研院所和企业找到所需要的条件资源；四是通过委托代理的模式，激励各级代理方提升效率，从而最大化地利用科技条件资源。科技条件资源优化配置需要从价值区间、购置年限、产地、经费来源、仪器类型、区域集中度、运行情况和共享情况等多方面来共同推进。科研基础条件资源的优化配置是多维度的，不仅仅局限在一个或某几个维度的优化，需要有全局观和系统观。各个维度的结构之间存在复杂的内在联系和作用机制，需要做进一步的深入分析研究，厘清各项关系，全方位、多角度调整各项结构，通过整合增强地区整体科研能力。科研基础条件资源整合是资源配置的一种方式，是资源配置的高级形态。综上，提出促进科技条件资源市场配置的政策建议。

一是建立以共享为核心的政策法规体系。科技条件资源市场配置能否取得成效，关键在于共享制度和机制的建立。要针对科技条件资源在建设、共享过程中出现的重大问题，加强科技条件资源共享的制度建设。通过立法手段明确国家投资形成的科技条件资源的公共物品性质及其向社会提供服务的义务，为共享服务提供法律依据。同时，要针对不同类型科技条件资源的特点，实行灵活多样的共享模式。积极推进管理体制和运行机制的创新，创建公共资源公平使用的法制环境。要继续做好科技资源共享法规的研究，为建立完整的科技资源共享法律保障体系奠定基础。积极推进在相关法律中增加或修改与平台建设相关的内容。

二是构建社会化、网络化的科技中介服务体系。科技中介服务机构是科技条件资源配置过程中最活跃、最有创造性的要素，是提高资源配置效率和成功性的关键节点。以技术转移和孵化中心、高新技术创业服务中心、技术创新联盟等为代表的科技条件资源配置中介机构是科技资源市场化的重要功能载体和加速器。发挥各方力量构建社会化、网络化的科技中介服务协同体系，为科技条件资源配置提供服务，起到促进技术的研发、转移和保护，协调各种技术创新要素，有效激活科技条件资源，创造市场机会，协同和规范市场行为的作用。

三是完善科技条件资源信息服务体系。打破"条"和"块"的盲区，逐步解除各自为政的"信息孤岛"，通过建立各地的镜像中心等数据交流和信息共享措施，实现跨系统和跨地区的信息沟通；重点加强科技条件资源共建与共享的绩效评估的机制研究，探讨科技条件资源共建与共享绩效的评估标准，推进规范层次的内部标准与外部标准建设。通过建立动态的重点研发机构库、企业研发中心库、平台设备库等，将科技条件资源信息搭载在统一的信息平台，将科技条件资源整体布局和科研情况向社会公布，实现科技条件资源信息和管理的互联互通，为资源的市场化配置提供信息路径，加强宣传，畅通高校、科研院所、企业和社会间的信息交流渠道。通过公开透明的资源信息，将社会中的多方主体纳入科技条件资源配置的同一平台上，实现科技条件资源的社会化。

5.4 本章小结

本章开展科技条件资源市场配置研究，主要从科技条件资源的内涵、国内外研究现状和实证研究三方面开展研究。

科技条件资源的内涵部分，指出科技条件资源的市场配置，实质上是要求解决科技条件资源经济价值与社会价值在追求最大化中的冲突，最大限度地实现其经济与社会双重价值，实现参与主体各方的利益共享。

国内外研究现状部分，国内外学者的研究视角主要集中于科技基础平台的共享研究和简单地分析科技条件资源的分布状态，但并未针对科技条件资源市场配置的模式与机制给出合理的答案。

实证研究部分，得出江苏省各地区科技条件资源处于极度不均衡的状况，苏南 5 市除镇江外，科技条件资源丰度均高于其他地区；苏北 5 市的科技条件资源排名靠后，且整体丰度值较低。存在科技条件资源配置资源共享意识淡薄、资源利用效率低下等问题。

第 6 章　科技人才资源市场配置研究

6.1　科技人才资源的内涵

人才资源是第一资源。对于人才的认识，中国古而有之，最早见于《诗经·小雅》的论断："君子能长育人材，则天下喜乐之矣。"《现代汉语词典》（第 7 版）对人才的解释是："德才兼备的人；有某种特长的人"，这个定义指出人才应当具有优于一般人的品德和才能，尤其是才能。人才学家对于人才的定义则更为全面、深入："人才就是为社会发展和人类进行了创造性劳动，在某一领域、某一行业或某一工作上做出较大贡献的人。"[134]"人才，是指那些在各种社会实践活动中，具有一定的专门知识、较高的技术和能力，能够以自己的创造性劳动，对认识、改造自然和社会，对人类进步做出了某种较大贡献的人。"[135]"人才，按照一般的理解，是指那些才能高于一般人，对社会的贡献大于一般人的人。"[136] 1982 年，中国首次以文件形式提出了人才的标准，即"中专和中专以上学历"或"初级和初级以上专业技术职称"。2003 年 12 月《中共中央国务院关于进一步加强人才工作的决定》中规定："只要具有一定的知识或技能，能够进行创造性劳动，为推进社会主义物质文明、政治文明、精神文明建设，在建设中国特色社会主义伟大事业中做出积极贡献，都是党和国家需要的人才。"目前在人才开发领域，对人才的界定可从"人才资源"而来，人才资源是在一定区域范围内可以被开发与管理者运用产生经济效益和实现目标的体力、智力等因素的总和及其形成基础，包括知识、技能、能力与品德等。本书认为《领导科学词典》中对人才概念的理解较为符合现代意义上的人才定义，该词典认为"人才是指在各种社会实践中具有一定专门知识、较高技能和能力，能够以自己创造性的劳动，对认识、改造自然和社会做出较大贡献的人，是人群中的精华"。从这个概念可以看出，人才是在某个领域具有一定特长的人。评价人才的标准应是看他能否创造性地应用所学改造自然与社会，由于人的能力是一种相对体现，并受一定历史阶段发展水平制约，所以现实生活中的人才应具备创造性、杰出性、相对性、历史性、社会性等特点。

国外学者历来都十分重视人才资源的研究，重视人才队伍的建设和发展。国外代表人物马克思、恩格斯运用辩证唯物主义和历史唯物主义分析英雄人物与群众、个体与社会、物质生产与精神生产、社会生产力与科学技术的关系，揭示人才的本质、来源、作用、特征等问题，从根本上摆脱了传统人才理论局限，把人才理论首次建立在科学的基础之上。马克思、恩格斯的人力资本思想集中体现在劳动价值理论中。该理论揭示了资本主义剥削的秘密，强调了劳动力在价值创造过程中的关键作用，为人才资源研究提供直接理论支撑。列宁与斯大林继承了马克思、恩格斯的人的本质理论，进一步丰富了人才的基本属性理论，提出了人才实践性、先进性、历史性与人民性的本质属性。

毛泽东继承马克思主义人才思想中关于实践造就人才的理论，并在三个方面加以发展，即强调人的才能来自实践、指出实践是人才成长的基本途径及突出实践是检验人才的重要标准。邓小平从中国革命和建设的历史实践、改革开放和社会主义现代化建设具体实践出发，依据经济社会发展与科学技术进步关系，揭示出"科学技术是第一生产力"的论断，提出"尊重知识、尊重人才"的人才工作方针，并把"三个有利于"、干部队伍"四化"标准贯穿于人才培养、评价和使用的全过程，创立了适合中国改革开放和社会主义现代化建设的人才理论。江泽民在坚持马克思主义人才观，继承毛泽东、邓小平人才思想的基础上，与时俱进、开拓创新，丰富和发展了我国人才理论。主要包括"人才资源是第一资源"、"四个尊重"、"五个成为"的育人目标、重视人才培养选拔使用、将人才队伍的建设与"科教兴国"战略紧密结合等内容。胡锦涛在2003年的人才工作会议和《中共中央国务院关于进一步加强人才工作的决定》中提出科学人才观思想。2010年颁布的《国家中长期人才发展规划纲要（2010—2020年）》中再次对科学人才观进行重申和强调。胡锦涛同志站在党和国家事业发展全局的高度，深刻论述了人才工作和我国人才队伍建设的极端重要性："做好人才工作，落实好人才强国战略，必须以马克思主义为指导，从当代世界和中国深刻变化着的实际出发，根据党和国家事业发展的迫切需要，解放思想、实事求是、与时俱进，树立适应新形势新任务要求的科学人才观。"习近平总书记强调办好中国的事情关键在党、关键在人、关键在人才，综合国力竞争说到底是人才竞争，要着力完善人才发展机制，要把人才汇聚起来，建设一支政治强、业务精、作风好的强大队伍。要加大改革落实工作力度，把《关于深化人才发展体制机制改革的意见》落到实处，加快构建具有全球竞争力的人才制度体系，聚天下英才而用之。要着力破除体制机制障碍，向用人主体放权，为人才松绑，让人才创新创造活力充分迸发，使各方面人才各得其所、尽展其长。此外，还有学者对人才资源开发模型进行了研究，提出人才资源开发螺旋模型，该模型是一个循环式的螺旋，每一个循环周期都由社会化过程、外在化过程、组合化过程和内隐化过程四个阶段组成，如图6-1所示。

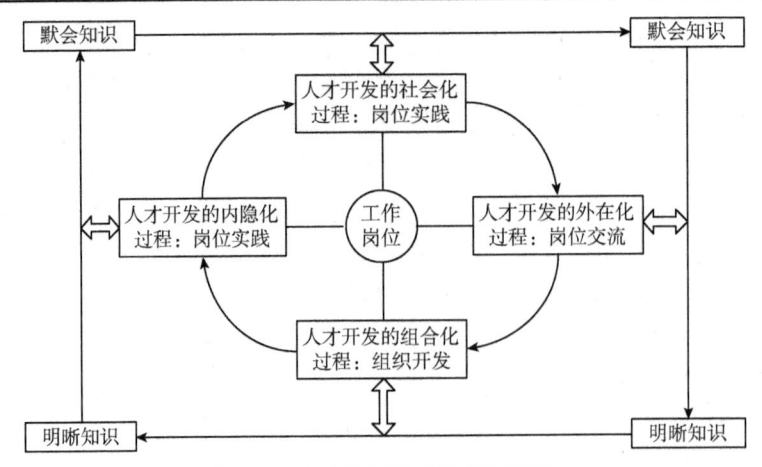

图 6-1　人才资源开发的螺旋模型

长期以来，我国一直高度重视人才尤其是科技创新人才的开发及引进。《国家中长期人才发展规划纲要（2010—2020 年）》明确提出我国人才发展的指导方针：服务发展、人才优先、以用为本、创新机制、高端引领、整体开发。以"人才优先"为核心的二十四字方针，集中体现了人才资源是第一资源的战略思想。科技进步、经济发展的关键在于人才，特别是作为国家和企业宝贵财富的科技人才，掌握先进的科学技术，在促进企业提高经济效益和增强国家技术竞争实力方面有着不可替代的作用。目前，对科技人才并未形成统一、得到社会广泛认可的概念，有些定义从学历、职称角度出发，认为具有中专以上学历、初级以上专业技术职称或在专业技术岗位上工作的人员为科技人才；有些从实践角度出发，认为只有经过实践检验，确定已经或能够为科技发展和人类进步做出贡献的人为科技人才。《国家中长期科技人才发展规划纲要（2010—2020 年）》指出科技人才是指具有一定的专业知识或专门技能，从事创造性科学技术活动，并对科学技术事业及经济社会发展做出贡献的劳动者。科技人才概念界定的复杂性决定了上述概念界定方法从不同角度来说均存在一定局限性。

本书结合创新驱动战略的背景将科技人才分为科技创新人才和科技创业人才，其中科技创新人才是指具有较强创新能力和创新精神，长期从事原创性科学研究、技术创新活动和科技服务的科技人才；科技创业人才是指具有较强的创新创业精神、市场开拓和经营管理能力，利用自主知识产权或掌握核心技术创办企业的科技人才。

6.2　科技人才资源市场配置的国内外研究现状

目前科技人才资源市场配置的研究主要集中于科技人才资源绩效评价、科技人才资源市场配置模式和机制等方面。

1. 科技人才绩效评价研究

Banker 等[137]以信息技术人员为研究对象,利用 DEA 研究科技人才的投入产出效率。Gedbjerg[138]以人才市场中的技术人员为研究对象进行分析,认为培训是提高人才开发水平的一种直接、有效的方法,提出团队对人才开发的重要意义。Bodnar 等[139]以匈牙利高校为样本进行分析,比较青年人才开发水平和国际水平之间的差异,对现行人才开发定义提出新的意见,指出人才开发和创意存在密切联系。Wang[140]通过建立人才资源分析预测模型和人才素质模型,从定量角度利用系统指标进行分析,指出影响人才开发水平的关键因素。王金干等[141]利用灰色系统理论和多层次评价方法对公司雇员的开发水平进行评价。封铁英[142]通过剖析我国科技人才评价现状及存在问题并对科技人才评价过程进行分解,对现有科技人才评价方法进行分类和述评,指出科技人才评价的关键在于评价方法的选择和创新。张春海等[143]以科技人才为研究对象构建科技人才开发水平测评指标体系,运用 TOPSIS 模型对我国 31 个(不含港、澳、台)省(自治区、直辖市)科技人才开发水平进行实证分析,提出提高我国科技人才开发水平的政策建议。胡瑞卿[144]通过建立多层次科技人才合理流动评价指标体系,利用综合指数法对科技人才合理流动进行评价。孙锐等[145]基于多元统计分析对全国 31 个(不含港、澳、台)省(自治区、直辖市)的人才强国战略实施状况进行分析评价,指出我国人才战略实施效果在不同的区域、层次间具有较大的差距。宋姝婷和吴绍棠[146]通过研究日本官产学合作促进人才开发的路径,总结其人才引进、培养、流动和评价做法,探讨其对我国人才开发的经验及启示。王媛和马小燕[147]指出传统线性人才评价方法存在缺点,将模糊理论与神经网络结合,基于 BP(back propagation,反向传播)神经网络进行人才模糊评价。

2. 科技人才资源市场配置模式和机制研究

长期以来,我国的科技人才资源配置实行的是行政垄断、行政配置的方式。随着我国市场经济体制的建立,国家开始对这种传统模式进行改革,科技人才资源的市场配置成为基础的配置方式。科技人才资源市场是提供科技人才资源信息,实现科技人才资源就业、流动以及劳动关系确立、变化和调整的市场、机制、制度等的综合,是有形载体与无形机制的统一体,其核心是市场机制,即市场在科技人才资源配置中起基础性作用。通过市场机制对科技人才资源进行配置,并不是说政府就可以对科技人才资源的配置撒手不管。目前,在市场经济发育较好的发达国家如美国、日本、德国等,为了市场的稳定及突出科技人才资源的重要性，政府部门都设立了相应的科技人才资源管理机构，并且配套出台了专门的科技人才政策，以保证科技人才资源的合理配置和有效利用。纯市场化的科技人才资源配置，并不能克服市场机制本身固有的缺陷，也不能有效排除影响市场化机制运行的外部配套环境因素，很难实现对科技人才资源的完美配置。所以，我国需要充分发挥政府在培育和发展市场中的作用，推进科技人才资源的市场化配置进程，科技人才资源市场与政府的关系如图6-2所示。有些学者提出高层次创新型科技人才团队的形成模式分为内生式、聚合式和移植式三种，在此基础上提出领军人才的选拔培养机制、创新型科技人才团队建设资金保障机制、人才载体和创新平台的发展机制、激励人才自主创新的人才评价和薪酬分配机制、健全有效的知识产权核心技术保护机制等机制。也有些学者认为高层次科技人才具有鲜明的个性和群体性特征，对人才环境具有较强的感知与判断力，直接关系着人才作用发挥与流失。地方政府及用人单位应通过健全人才政策及其管理体系，做好育才、引才、留才和用才工作，从而维护好人才环境，促进人才队伍良性发展。

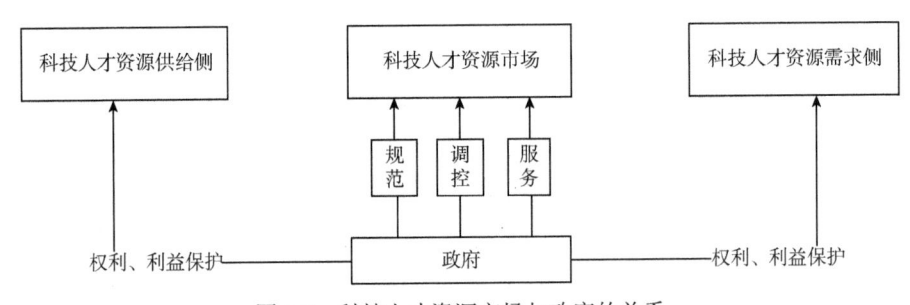

图 6-2 科技人才资源市场与政府的关系

相关学者认为科技人才资源市场配置机制应该主要包括科技人才资源引进机制、科技人才资源培养机制、科技人才资源使用机制、科技人才资源测评机制和科技人才资源激励机制。

（1）科技人才资源引进机制。科技人才资源引进即识别发现并引进科技人才资源。企业或组织需要不断吸收新生力量，为自身适应市场的需要提供可靠的科技人才资源保障，所以引进科技人才资源是科技人才资源开发的第一关口。只有先引进合适的科技人才资源，实现人与工作的相互匹配，才能为科技人才资源开发的其他环节打下良好的基础。科技人才资源引进的实质是寻找到适合某一工作的人员并把他们安排到合适的岗位上，使他们发挥自己的价值。科技人才资源集聚是指科技人才作为一种特殊的经济要素，它在物理空间或者逻辑空间上的集中会导致科技人才资源在这两类空间中的密度高于其他空间，形成科技人才资源聚集现象。所谓的科技人才资源聚集现象，就是指在一定的时间内，随着科技人才资源的流动，大量同类型或相关科技人才资源按照一定的联系，在某一地区（物理空间）或者某一行业（虚拟空间）所形成的聚类现象。科技人才资源集聚有利于生产要素的优化配置和社会生产力的发展，不仅可以实现科技人才自身的价值，而且还会产生集聚效应，使集聚地获得先行发展的机会，加速创新和进步，促进经济社会持续高效地发展。强化科技人才资源集聚效应考虑人才、企业及政府三大主体的作用，并充分考虑文化的影响，如图 6-3 所示。

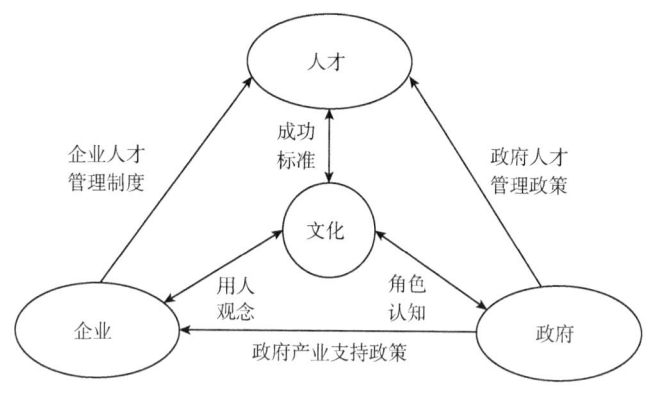

图 6-3 人才资源集聚效应模型

（2）科技人才资源培养机制。科技人才资源培养即对潜在科技人才资源和现有科技人才资源进行教育与培训，提高他们的水平；向新员工或现有员工传授其完成本职工作所必需的相关知识、技能、价值观念和行为规范的过程，是由企业或组织安排的对本组织员工所进行的有计划、有步骤的培养和训练。企业或组织为了实现其目标（如私营部门需要获得利润的最大化，而公共部门希望在社会稳定、经济增长、提高就业等方面的业绩指标最大化），必须拥有一支高素质、善学习的员工队伍，而被引进的科技人才资源只有经过培养和训练，才能成为各种职业和岗位所需求的专门人才资源。因此，唯有对已引进的员工进行培养，不断提高员工的自身素质，才能实现组织的终极目标。培养科技人才资源的形式有多种，除了在各级各类学校中进行系统教育的进修外，还可采取业余教育，脱产或不脱产的培训班、研讨班等形式，充分利用成人教育、业余教育、电化教育等条件，提倡并鼓励自学成才。除此之外，"干中学"也是培养科技人才资源的一种方式，即在工作或生产的过程中，通过对经验的累积、总结及创新学习掌握更多的知识，从而达到更高的效率。科技人才资源培养的具体要求，各行各业都有所不同，但总的目标是达到德、智、体全面发展。一个组织对科技人才资源的培训工作流程包括三个阶段，如图 6-4 所示。

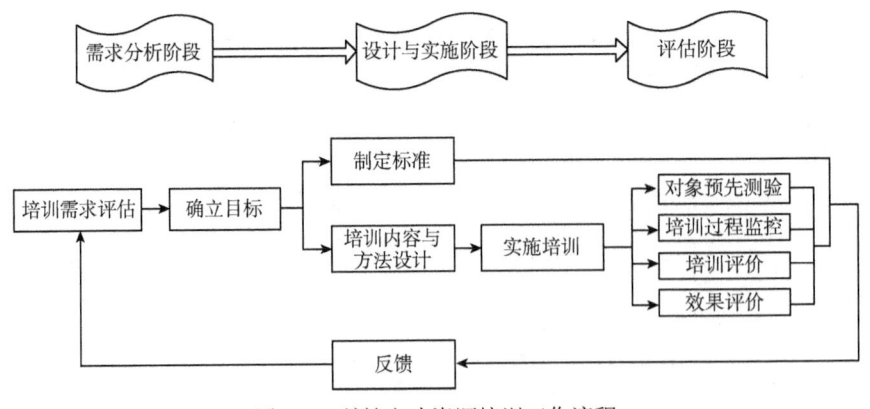

图 6-4　科技人才资源培训工作流程

（3）科技人才资源使用机制。科技人才资源使用是科技人才资源配置过程的关键环节，也是企业发展的关键，是指把引进和培养的科技人才资源安排到适当的工作岗位上，让他们充分发挥作用，使自己的价值最大化，同时为企业或组织创造出最大的价值。更重要的是，企业应给他们创造适合他们发展的空间与环境。科技人才资源使用应该针对每个人的特点，扬长避短，量才施用。科技人才资源使用的功效受组织其他成员的影响，只有从全局的角度，通过细致的工作分析，了解每个成员的特点，综合考虑所有因素，量才施用，才能保证科技人才资源各得其所。企业或组织必须以团体成员间的能力、个性、年龄、知识结构等各方面的最佳匹配为标准，在提倡团体匹配最佳的基础上实现科技人才资源的才尽其用，树立从群体的角度判断科技人才资源使用是否合理的观念。为了更好地对科技人才进行评价、调整、培养和使用，将科技人才资源按功能划分为三个层次：核心科技人才资源、延伸科技人才资源和潜在科技人才资源，构成科技人才资源的三层次梯队，如图 6-5 所示。不同种类的科技人才资源适应的岗位不同，在使用科技人才资源时，要按照科技人才资源的种类分配相应的职位。

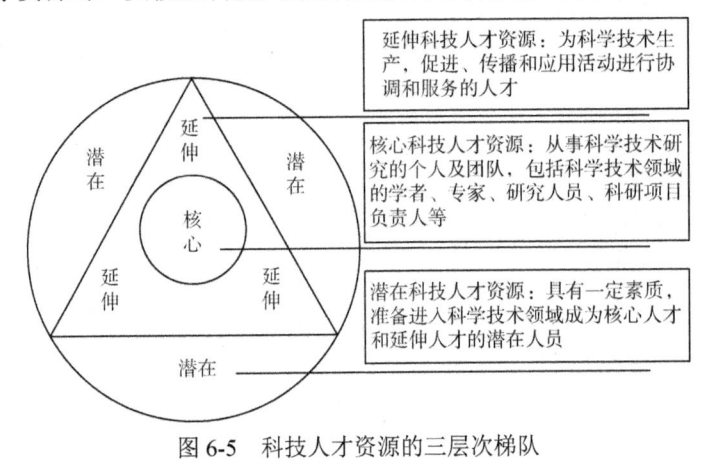

图 6-5　科技人才资源的三层次梯队

(4) 科技人才资源测评机制。科技人才资源测评即科技人才资源测量与科技人才资源评价，是指通过一系列科学的手段和方法对科技人才资源的基本素质及其绩效进行测量和评定的活动，这是了解一个人的性格以及能力的前提。科技人才资源测评的具体对象不是抽象的人，而是作为个体存在的人的内在素质及其表现出的绩效。科技人才资源测评的主要工作是通过各种方法对被试者加以了解，从而为企业或组织的人力资源管理决策提供参考和依据。科技人才测评主要通过综合利用心理学、管理学和人才学等多方面的学科知识，对人的能力、个人特点和行为进行系统、客观的测量和评估的科学手段，是为招聘、选拔、配置和评价科技人才资源提供科学依据，为提高个体和企业的效率、效益而出现的一种服务，主要包括选拔性测评、配置性测评、开发性测评、诊断性测评和考核性测评五种类型，其中考核性测评是常用的测评手段之一，具有客观性、选择性等特点，其操作流程如图6-6所示。

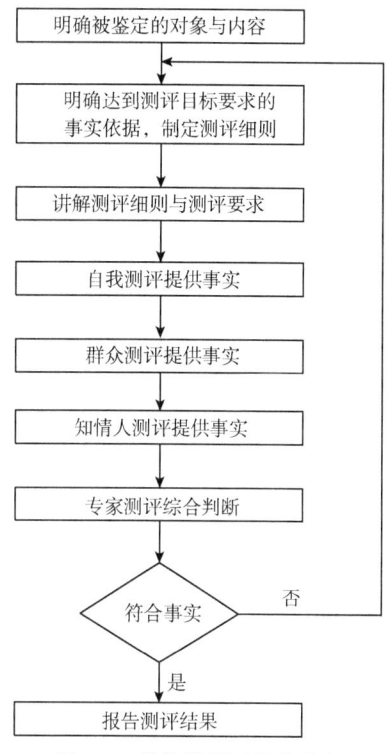

图 6-6 考核性测评操作流程

(5) 科技人才资源激励机制。科技人才资源激励即通过各种有效的激励手段，激发科技人才资源的需求、动机、欲望，形成某一特定目标，并在追求这一目标的过程中保持高昂的情绪和持续的积极态度，发挥潜力，以达到预期效果的活动。影响科技人才作用和潜力发挥的因素很多，有社会环境、工作条件、技术设备等客观因素，也有接受教育、训练和知识经验积累之后形成的素质、能力等主观因素。这些反映客观因素和主观因素的信息本身就是一种科技人才激励信息，要对科技人才资源进行有效的激励，必须了解、掌握和应用能够激励科技人才的信息。科技人才资源激励就是一个不断了解、掌握、反映科技人才资源需求动机和影响激励科技人才资源的主客观因素的相关信息，并在此基础上有效地选择和利用科技人才资源激励手段的过程。因此，企业应该建立健全现代企业制度，科学地建立起员工招聘、培训与开发，企业规划与员工职业生涯设计，绩效评估及激励等一整套科技人才管理体系。对于高层次科技人才资源，发达国家形成了一套行之有效的激励机制，即运用市场机制激发科技人才资源的创新欲望，激励科技人才资源的创新精神，激活科技人才资源的创新潜能。科技人才资源的整合激励机制如图6-7所示。

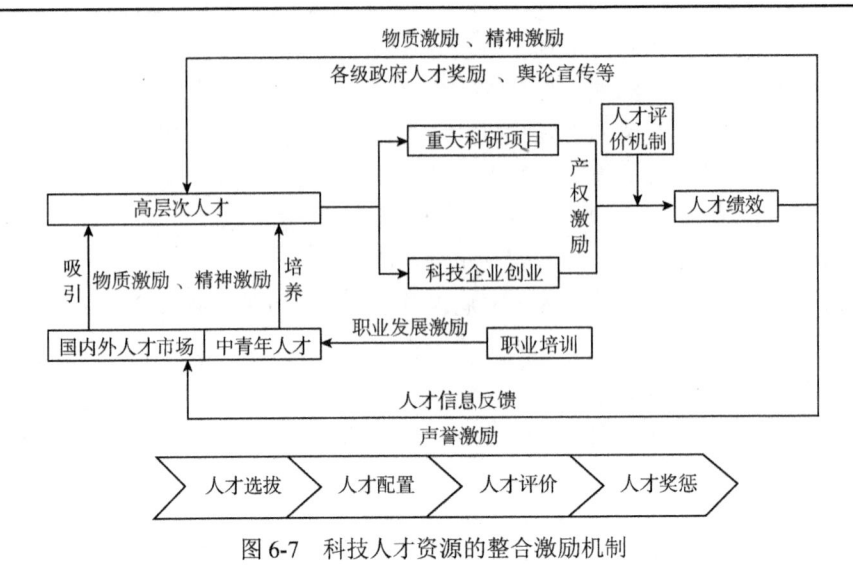

图 6-7　科技人才资源的整合激励机制

6.3　科技人才资源市场配置的实证研究

6.3.1　江苏科技人才开发绩效评价研究

对科技人才开发绩效的测量，基于不同的视角，测量维度、指标均不同。本书在研究众多测量指标基础上，提出科技人才开发绩效评价指标体系，基于因子分析方法进行科技人才开发绩效评价。

1. 评价指标体系构建

设计科技人才开发绩效评价指标体系应遵循内容清晰，概念独立，具有系统性、可比性和数据可取性的原则。经过问卷调查和专家咨询，本节提出科技人才开发绩效评价指标体系如图 6-8 所示。

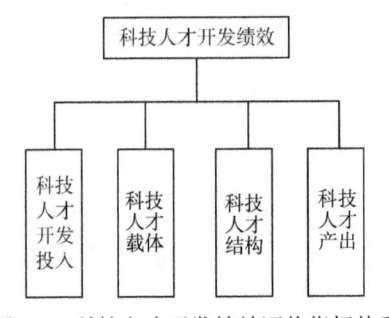

图 6-8　科技人才开发绩效评价指标体系

由图 6-8 可知，科技人才开发绩效可以从科技人才开发投入、科技人才载体、科技人才结构及科技人才产出来测度。本书在对科技人才开发绩效评价指标设计相关资料进行文献查阅、问卷调查的基础上，通过专家咨询，初选出 14 项科技人才开发绩效评价指标，评价指标代号及名称如表 6-1 所示。

表 6-1　评价指标代号及名称

代号	指标	代号	指标
A1	人力资本投入占 GDP 比重	A2	R&D 投入占 GDP 比重
A3	财政性教育经费投入占比	A4	财政性科技经费投入占比
A5	科技活动经费投入占比	A6	人才发展专项资金占比
A7	科技人才载体数量	A8	专业技术人才数量占比
A9	申请发明专利占比	A10	授权发明专利占比
A11	高新技术产品占比	A12	国家重点新产品占比
A13	国家级科技成果奖占比	A14	省部级科技成果奖占比

2. 模型构建及计算

由于表 6-1 所示的 14 项科技人才开发绩效评价指标之间具有一定的相关性，为了对原有指标进行综合评价，保证各个指标间的正交性，即指标之间不相关，需要对指标体系进行因子分析。通过因子分析，剔除一些相对不太重要的指标，减少分析和解决问题的复杂性。本书所取数据来源于江苏人才发展统计公报，所进行的因子分析均在 SPSS19.0 软件上实现。

首先进行抽样充足性的 kaiser-meyer-olkin（KMO）检验，得到 KMO 值为 0.782，根据 KMO 度量标准可知，原变量适合进行因子分析。然后，以主成分分析法进行因子提取，由于主成分分析只能保证各因子之间不相关，对变量的解释能力较弱，不易解释和命名，本书采用正交旋转方法对因子进行旋转变换，得到比较容易解释的因子。以主成分法提取因子时，指定提取的公因子数目为 4，根据旋转后的因子载荷矩阵，选取单个因子解释的方差百分比在 5% 以上，删除两个载荷的差值小于 0.20 的指标，最后从 14 个测度指标中选出 9 个指标作为对应因子的代表，然后对 4 个因子进行解释并加以命名，因子名称及包含内容如表 6-2 所示。

表 6-2　因子名称及包含内容

因子	因子名称	因子所包含的内容
B1	科技人才开发投入	R&D 投入占 GDP 比重
		人才发展专项资金占比
B2	科技人才载体	科技人才载体数量

续表

因子	因子名称	因子所包含的内容
B3	科技人才结构	专业技术人才数量占比
B4	科技人才产出	授权发明专利占比
		高新技术产品占比
		国家重点新产品占比
		国家级科技成果奖占比
		省部级科技成果奖占比

R&D投入占GDP比重表示全社会R&D投入与当年GDP的比值；人才发展专项资金占比指省级财政性人才发展专项资金占省级公共预算收入的比重；科技人才载体数量表示创新创业基地、高新技术产业园区及科技孵化器等载体的数量；专业技术人才数量占比表示专业技术人才与全省人才资源总量的比值；授权发明专利占比表示发明专利与全省授权专利的比值；高新技术产品占比表示省级高新技术产品与国家重点新产品、高新技术产品及自主创新产品之和的比值；国家重点新产品占比表示国家重点新产品与国家重点新产品、高新技术产品及自主创新产品之和的比值；国家级科技成果奖占比表示国家科技成果奖与全省所有科技成果奖的比值；省部级科技成果奖占比表示省级科技成果奖与全省所有科技成果奖的比值。根据所有指标数据，运用多元统计分析方法对评价指标进行分析，获得旋转后的因子特征值及权重，如表6-3所示。

表6-3 因子特征值及权重

因子	因子名称	特征值	权重系数
B1	科技人才开发投入	7.9126	0.25
B2	科技人才载体	7.5024	0.15
B3	科技人才结构	7.8081	0.2
B4	科技人才产出	8.2159	0.4

由以上数据得到科技人才开发绩效评价模型：

$$V=0.25 B1+0.15 B2+0.2 B3+0.4 B4$$

一般情况下，V值越大，表明科技人才开发绩效越好。经计算，江苏科技人才开发绩效$V=7.95149$。

3. 评价等级分区

本部分采用强制分步法，采用十分制的形式，确定四个科技人才开发水平等级：优秀、良好、合格、不合格，给定所对应的等级区间，如表6-4所示。

表 6-4 评价等级分区

评价等级	十分区间
优秀	9~10 分
良好	7~9 分
合格	6~7 分
不合格	6 分以下

由表 6-4 所示等级区间可知，江苏科技人才开发绩效属于良好状态，说明江苏在人才开发方面还没有达到优秀程度，仍存在一些不足，主要是科技人才引进和激励约束机制不健全，在一定程度上存在高层次人才流失的情况；科技人才结构有待完善、科技人才产出不足等。

4. 基于 DEA 的江苏科技人才开发效率研究

DEA（data enveclopment analysis，数据包络分析法）以相对有效概念为基础，是用于评价具有相同类型的多投入、多产出的决策单元效率的一种非参数统计方法。由于质量和结构的改善可以作为科技人才开发的效果之一，本书以科技人才结构及科技人才产出为产出指标，以科技人才开发投入及科技人才载体数量为投入指标。

设有 n 个 DMU（decision making unit，决策单元），每个 DMU 都有 m 种类型输入以及 t 种类型输出，即对第 j 个 DMU$_j$ 对应的输入向量和输出向量分别为

$$\boldsymbol{x}_j = (x_{1j}, x_{2j}, \cdots, x_{mj})^{\mathrm{T}} > 0, j = 1, 2, \cdots, n$$

$$\boldsymbol{x}_j = (y_{1j}, y_{2j}, \cdots, y_{mj})^{\mathrm{T}} > 0, j = 1, 2, \cdots, n$$

构成 C^{2}R 模型：

$$\min\left[\theta - \varepsilon\left(\sum_{i=1}^{m} s_j^- + s_j^+\right)\right] \quad (6\text{-}1)$$

$$\sum_{j=1}^{n} x_{ij}\lambda_j + s_j^+ = \theta x_{ij0}, i = 1, 2, \cdots, m \quad (6\text{-}2)$$

$$\sum_{j=1}^{n} y_{ij}\lambda_j - s_j^+ = y_{ij0}, r = 1, 2, \cdots, t \quad (6\text{-}3)$$

$$\theta, \lambda_j, s_j^-, s_j^+ \geqslant 0 \quad (6\text{-}4)$$

其中，s^- 和 s^+ 为松弛变量，θ 为该决策单元投入相对产出的有效值。

C^{2}R 模型是在固定规模报酬的限制下进行评价的，得出的结果是相对整个集合而言的整体相对效率。当 $\theta=1$ 且 $s^+\neq 0$ 或 $s^-\neq 0$ 时，对于所对应的 DMU 为 DEA 弱有效；当 $\theta=1$ 且 $s^+=s^-=0$ 时，对应的 DMU 为 DEA 有效；当 $\theta<1$ 时，对应的 DMU 为无效。

本部分基于 C^2R 模型，使用 DEA-solver 软件计算江苏 13 个地级市的科技人才开发效率，计算结果如表 6-5 所示。

表 6-5 基于 DEA 的计算结果

DMU	θ_1	θ_2
南京	1	0.949 4
无锡	0.906 6	1
徐州	0.631 9	0.701 6
常州	0.840 5	1
苏州	1	1
南通	0.610 7	0.501 3
连云港	0.374 8	0.528 0
淮安	0.210 9	0.276 1
盐城	0.415 7	0.397 7
扬州	1	0.919 3
镇江	0.671 3	0.810 4
泰州	0.701 2	0.535 6
宿迁	0.178 6	0.247 1

由表 6-5 可知，苏州、无锡、南京等地的科技人才开发效率较高，宿迁、淮安等地的科技人才开发效率较低，苏南地区的科技人才开发效率普遍高于苏北地区的科技人才开发效率，说明苏南地区在科技人才开发方面投入较多，尤其注重企业、高校院所的科技人才开发，突出其在科技人才开发中的主体地位。

由 α 及 β 值可知，江苏整体科技人才开发效率处于全国中上游水平，但还没有达到优秀的程度，苏南、苏中、苏北科技人才开发效率的差距较大；由于科技人才开发投入的增加及科技人才开发环境的改善等，江苏整体科技人才开发效率在逐年提高。

6.3.2 基于系统动力学的江苏科技镇长团工作绩效实证研究

2008 年 10 月，江苏省在常熟市启动首批科技镇长团试点工作，推动产学研紧密结合。在试点成功的基础上，稳步扩大选派范围，截至 2016 年 9 月已先后 9 批从江苏省内外"985""211"等高校和政府部门及企事业单位选派 4 382 人到全省 101 个县（市、区）的乡镇、街道和开发区任职。科技镇长团团长任期一般为 2 年，成员任期一般为 1~2 年。团长 2 年任期制度便于深层次了解当地经济发展状况，因地制宜采取措施促进产学研合作，并随着政策的推进深入，提升创新促进效果的累积性。9 年多来，科技镇长团结合自身专业优势、立足地方产业基础、挖掘派出单位创新资源，在推进县域科技创新、人才引进、产业转型升级和政产学研协同创新方面发挥了独特作用，成为江苏创新驱动发展和人才工作的一个重要品牌。

科技镇长团是江苏省为打破科教资源与县域经济隔膜、融通政产学研、构建基层科技创新体系的一项创举，是江苏实施创新驱动战略的前瞻性制度安排。依托高校、面向市场、立足乡镇、服务企业，科技镇长团为企业科技创新提供精准有效供给，起到高校院所、企业和政府合作三螺旋结构的轴心作用。

产学研合作是指以企业为技术需求方，与以高校和科研院所为技术供给方之间的合作，促进技术创新所需各种生产要素的有效组合。仲伟俊等[148]从企业视角对我国产学研合作及其技术创新模式进行分析，提出产学研合作应由基于成果的合作向注重能力的合作转变、加快提升产学研合作技术创新水平的关键是要增强企业技术创新的积极性和能力等基本观点。随着技术发展和创新形态演变，政府在创新平台搭建中的作用以及用户在创新进程中的特殊地位进一步凸显，创新形态推动科技创新从产学研合作向政产学研用协同发展转变。陈劲和阳银娟[149]认为产学研协同创新是为实现重大的科技创新而在企业、政府、大学、研究机构、中介机构和用户之间开展的以知识增值为核心的，跨组织整合的新组织模式。产学研协同创新是对Heary Chesbrough提出的开放式创新理念的实践。

亨利·埃茨科维兹[150]（Henry Etzkowitz）首次提出三螺旋模型的概念，解释大学、企业和政府三者在知识经济时代的新关系，建立政府—企业—大学的分析范式。Lundvall[151]指出知识经济是一种"学习型经济"。三螺旋关系的实质是在以创新为主要特征的知识经济时代，政府、企业和大学构成创新产生所需要的基本要素，三者通过市场需求结合在一起，就如同生物学中的基因、组织和环境三要素一样形成相互缠绕交叉影响的三螺旋关系。张秀萍和黄晓颖[152]提出传统的产学研理论中，政府游离于产学研合作之外，三者关系较为松散；或政府完全干预"产学研"合作，使得大学和企业的积极性不高；三螺旋理论中，政府、高校和企业在产学研合作中都扮演重要角色，三者互动紧密。康健和胡祖光[153]在解析"大学—政府—生产性服务业"和"大学—政府—制造业"两个并行三螺旋协同创新结构和行为的基础上，对基于区域产业互动的三螺旋协同创新能力评价方式进行理论推演和实例分析，结果表明应用两个并行互动的创新三螺旋对区域协同创新能力进行评价可以在理论上丰富三螺旋理论体系，同时为区域协同创新能力提升提供决策参考信息。

科技镇长团是江苏实施创新驱动战略的前瞻性制度安排，依托高校、面向市场、立足乡镇、服务企业，科技镇长团起到了高校院所、企业、政府合作三螺旋结构的轴心作用，提升了基层政府的科技管理和服务能力，推进了科技管理重心下移。科技镇长团不仅为高校的干部和教师在基层实践中得到锻炼成长、发挥自己的才华提供了良好的舞台，而且消除科教资源与县域经济发展的"隔膜"，全面提升企业自主创新能力和产业竞争力，实现了高校与地方的互动双赢。罗志军[154]指出要把人才资源开发放在科技创新最优先的位置，打造经济发展新功能，使创新驱动成为经济发展的主引擎。王炯[155]指出科技镇长团已成为推动江苏经济转型升级的重要力量，要站在新的起点上，集聚更多优秀人才到经济一线创新创业。徐南平[156]指出科技镇长团工作很好地解决了江苏省科技创新工作的三个关键性难题：一是推动了科技管理工作的重心下基层，二是推动了科技资源集聚于基层，三是把产学研的结合点推进到基层，他们任职于乡镇、服务于企业，把高校院所科技人员跟企业家紧紧结合在一起。胡金波[157]指出江苏科技镇长团的成功实践，不仅建立了各类优秀人才到经济发展一线去锻炼、去培养、去成长的机制，而且也深化了地方、企业与高校院所在人才、科技等方面的长期战略合作，实现了多方互惠共赢，共同发展。系统动力学（system dynamics，SD）由美国麻省理工学院（Massachusetts Institute of Technology，MIT）福瑞斯特（J. W. Forrester）教授1958年提出，认为"凡系统必有结构，系统结构决定系统功能"。苏屹和李柏洲[158]通过对大型企业原始创新支持体系的动态仿真模拟，发现对支持体系中政府投资比例进行合理的再分配，可以使大型企业原始能力得到显著提升。王灏晨和夏国平[159]通过建立广西区域创新的系统动力学模型并对动态仿真结果进行分析，发现人才和资金是制约广西区域创新系统建设的瓶颈要素。严炜炜[160]借助系统动力学对复杂系统问题的分析能力，阐述创新服务融合的关键驱动因素与环节，构建创新服务融合系统动力学模型，推动面向产业集群创新服务融合的开展。

本部分基于系统动力学方法的作用反馈机制，深入探讨各方利益，通过Vensim PLE软件进行演化模拟，研究影响科技镇长团工作绩效的因素。本部分基于系统动力学开展江苏科技镇长团工作绩效实证研究，构建科技镇长团工作绩效因果关系模型，研究分析因果关系图和关系流图，对科技镇长团工作绩效动态结构模型进行仿真分析，研究科技镇长团工作绩效的影响因素，探索地方、企业、镇长团成员和派出单位四方共赢的长效机制，具有重要的学术价值和应用前景。

1. 系统动力学模型构建

系统动力学认为内因决定了系统的行为，外因往往起不到决定性的作用，因此选择合理的系统边界是模型成功的关键。从结构上看，科技镇长团工作系统主要包括地方行为子系统、企业行为子系统、科技镇长团成员行为子系统和派出单位行为子系统。模型基本假设如下。

H1：地方、企业、科技镇长团成员以及派出单位间的合作是一个连续、渐进的行为过程。

H2：不考虑由于政府政策的重大变革以及非正常情况下所导致的体系崩溃。

H3：科技镇长团工作的投入主要包括派出单位和镇长团成员的人员投入，以及企业和政府的资金投入，科技镇长团的工作绩效则通过校企合作签订合同数和共建各类研发平台数等指标来体现。

H4：企业由于资源限制，需要与派出单位和科技镇长团成员合作。

基于上述理论分析，科技镇长团工作绩效的因果关系如图 6-9 所示。限于篇幅，仅对一些主要回路进行分析。

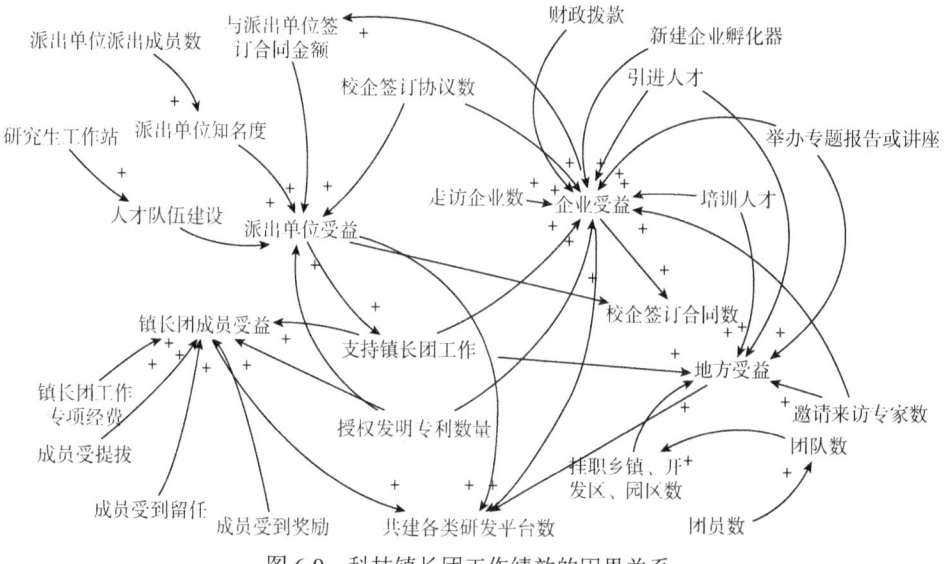

图 6-9 科技镇长团工作绩效的因果关系

企业在科技镇长团工作中，受益于政府对开展校企合作项目的财政拨款，新建的企业科技孵化器，在镇长团带动下邀请的来访专家、举办的专题报告或讲座、培训的企业人才以及获得的授权发明专利。所在地方受益于镇长团挂职乡镇、园区时邀请的来访专家，为当地举办的专题报告或讲座，引进、培训的人才等。派出单位在科技镇长团工作中，受益于研究生工作站对师资队伍、研究生等人才的培养，单位派出科技镇长团成员后带来的自身知名度的提升，企业与派出单位签订的到账合同金额以及校企签订协议。科技镇长团成员在工作中，受益于政府下拨的科技镇长团工作专项经费，与企业共同申请发明专利并获得授权发明专利时自身拥有的知识产权，以及任期结束后可能获得的提拔、留任地方和受到的表彰奖励。经济发展一线，是培养高素质、高层次人才的重要课堂，科技镇长团工作让更多的优秀人才走出校门、走出实验室，在丰富生动的发展实践中，开阔思路、启迪智慧、增长本领、实现价值，为今后的发展打下坚实的基础。科技镇长团工作的最终目标是推动建立当地政产学研工作的长效机制，因此，本部分用四方共建的各类研发平台数作为科技镇长团工作绩效的主要考核指标，其与地方受益、企业受益、镇长团成员受益和派出单位受益密不可分。而派出单位与企业开展校企合作的动力来源于两方在科技镇长团工作推动下实现的自身效益，选取校企正式签订合同数作为科技镇长团工作绩效的另一考核指标。

基于数据的可得性、可计算性和现实性，对因果关系图进行简化与总结，得出工作体系关系流图，如图 6-10 所示。

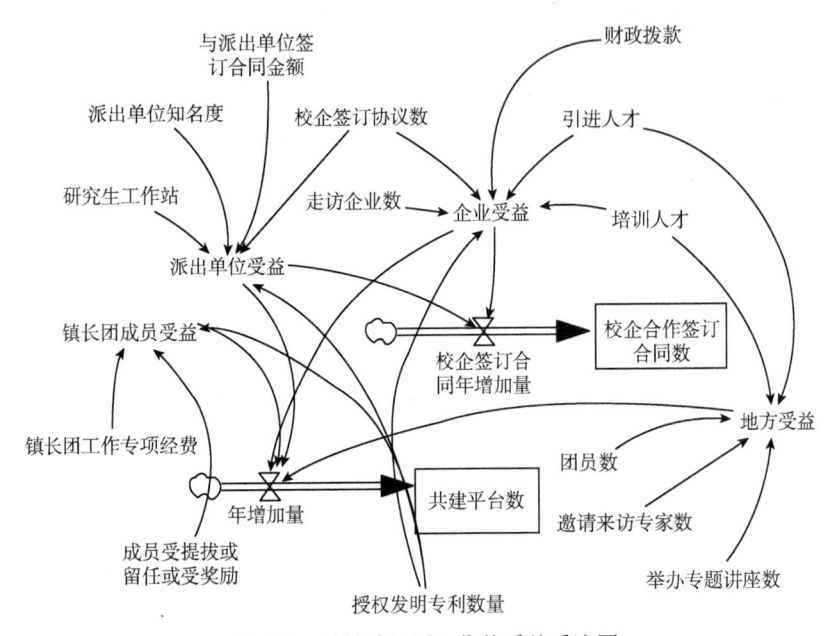

图 6-10 科技镇长团工作体系关系流图

数据以及变量之间的关系确定来自江苏省科技镇长团 2012~2014 年工作成效统计表。限于篇幅，在此仅列出模型涉及的主要方程。

（1）地方受益=1.9×LN（举办专题讲座数）+2.2×LN（团员数）+2.4×LN（培训人才）+1.8×LN（引进人才）+2.5×LN（邀请来访专家数）

（2）企业受益=1.9×LN（培训人才）+1.9×LN（引进人才）+1.9×LN（授权发明专利量）+1.5×LN（财政拨款）+1.2×LN（走访企业数）+1.1×LN（校企签订协议数）

（3）镇长团成员受益=2.1×LN（授权发明专利数量）+2.5×LN（镇长团工作专项经费）+2.1×LN（成员受提拔或留任或受奖励）

（4）派出单位受益=2.3×LN（与派出单位签订合同金额）+1.8×LN（派出单位知名度）+1.9×LN（研究生工作站）+2.1×LN（授权发明专利数量）+1.2×LN（校企签订协议数）

（5）共建各类平台数年增加量=27.6×LN（企业受益）+19.3×LN（地方受益）+25.2×LN（派出单位受益）+11×LN（镇长团成员受益）

（6）共建各类研发平台数=INTEG（共建各类平台数年增加量，982）

（7）校企合作签订合同年增加量=5.4×LN（企业受益）+5.1×LN（派出单位受益）

（8）校企合作签订合同数=INTEG（校企签订合同年增加量，1 246）

基于系统动力学模型用于研究影响科技镇长团工作绩效的因素，并由此探索地方、企业、镇长团成员和派出单位四方共赢的长效机制，因此选择共建各类研发平台数作为模型的主要输出值，反映科技镇长团的工作绩效以及政产学研工作长效机制的建立情况。与此同时，选择校企合作签订合同数作为模型的第二输出，进一步反映派出单位和企业间的合作情况。

2. 科技镇长团工作绩效的动态结构模型仿真实证研究

基于大量相关文献的阅读，运用系统动力学模型包括构模目的所需的所有主要变量与反馈结构，舍去了一些不必要的外生变量。模拟结果显示，模型的每个方程均有意义，因此模型是合适的。

1）系统动力学模型的一致性检验

通过对比模型仿真运行结果和拟合值与实际值的差异情况，可得出所建立的系统动力学模型的有效性。图6-11、图6-12是两个状态变量的仿真模拟结果输出图，表6-6是仿真模拟输出值与真实值之间的对比情况，所有状态变量的拟合度均高于90%。

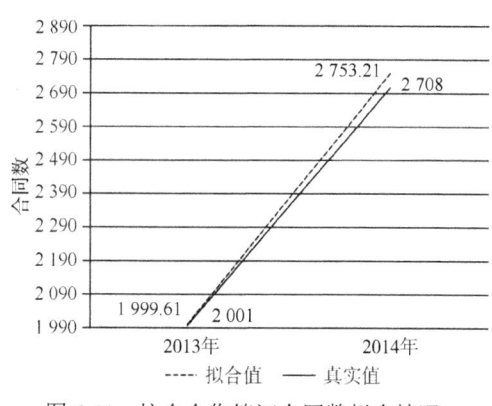

图6-11 校企合作签订合同数拟合情况

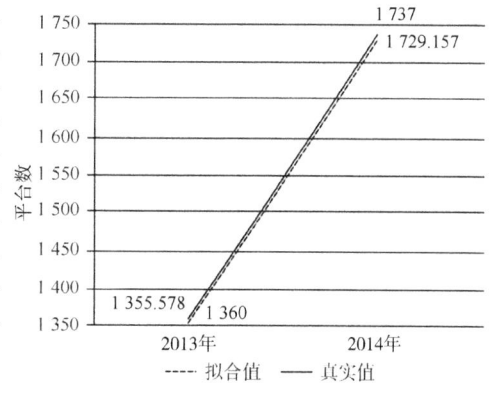

图6-12 共建各类研发平台数拟合情况

2）仿真实证模拟及模拟结果分析

主要通过动态关系模拟来测度科技镇长团工作系统中地方受益、企业受益、镇长团成员受益和派出单位受益对校企签订合同数与共建各类研发平台数这两个工作绩效重要衡量指标的影响。为更加形象直观地反映各指标变化对科技镇长团工作绩效的影响速率，本书将各指标分别增加1%，研究其对绩效的影响程度。

表6-6 模型输出量的拟合度

年份	校企签订合同数			共建各类研发平台数		
	拟合值	真实值	拟合度/%	拟合值	真实值	拟合度/%
2013	1 999.61	2 001	99.30	1 355.578	1 360	99.67
2014	2 753.21	2 708	98.36	1 729.157	1 737	99.54

3）指标变化对校企签订合同数的影响

企业受益和派出单位受益直接关系到科技镇长团工作绩效的校企签订合同数。

假设派出单位受益和企业受益分别增加1%，通过模型仿真模拟输出结果如图6-13所示，具体数据如表6-7所示。结果显示，派出单位受益和企业受益分别增加1%，均对校企签订合同数有明显的正向影响，其中增加派出单位受益的影响较大，2014年的整体影响程度高于2013年。派出单位受益增加1%，带来2013年校企签订合同数增加0.16%，2014年校企签订合同数增加2.02%；企业受益增加1%，带来2013年校企签订合同数增加0.07%，2014年校企签订合同数增加1.88%。派出单位拥有丰富的科技人员、良好的基础实验设施以及丰硕的科研成果，能够为企业开展科学研究提供人力和智力支持，而企业拥有较为充裕的资金。派出单位与企业开展科研合作的动力来源于自身获得的收益，因此当派出单位获得更多的收益时，其与企业开展合作的意愿更强，签订合同的机会更大。同理，企业能够得到更多的人才培训、吸收到更加前沿的研究成果，无疑会促使企业进一步推进与高校的合作。

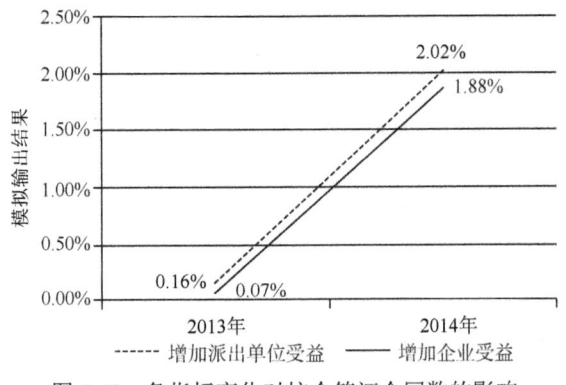

图6-13 各指标变化对校企签订合同数的影响

表 6-7 指标变化对校企签订合同数的影响程度（单位：%）

年份	增加派出单位受益	增加企业受益
2013	0.16	0.07
2014	2.02	1.88

4）指标变化对共建各类研发平台数的影响

地方、企业、镇长团成员和派出单位的四方共赢直接关系到产学研合作长效机制的建立。文中假设地方受益、企业受益、镇长团成员受益和派出单位受益分别增加 1%，通过模型仿真模拟输出结果如图 6-14 所示，具体数据如表 6-8 所示。结果显示，地方受益、企业受益、镇长团成员受益和派出单位受益各增加 1%，均对共建各类研发平台数有明显的正向影响，其中增加企业受益的影响程度较大，派出单位次之，2014 年的整体影响程度高于 2013 年。企业受益增加 1%，带来 2013 年共建各类研发平台数增加 0.09%，2014 年增加 0.14%；地方受益增加 1%，带来 2013 年共建各类研发平台数增加 0.06%，2014 年增加 0.10%；派出单位受益增加 1%，带来 2013 年共建各类研发平台数增加 0.07%，2014 年增加 0.12%；镇长团成员受益增加 1%，带来 2013 年共建各类研发平台数增加 0.05%，2014 年增加 0.07%。

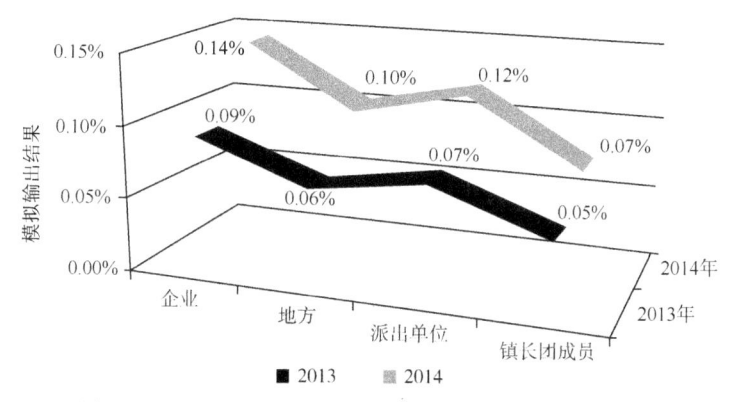

图 6-14 增加四方受益对共建各类研发平台数的影响程度

表 6-8 指标变化对共建各类研发平台数的影响程度（单位：%）

年份	增加企业受益	增加地方受益	增加派出单位受益	增加镇长团成员受益
2013	0.09	0.06	0.07	0.05
2014	0.14	0.10	0.12	0.07

由以上分析不难发现，地方受益、企业受益、镇长团成员受益和派出单位受

益的增加会带来科技镇长团工作绩效的提升,以及推动政产学研合作长效机制的构建;而长效机制的构建又会对四方的受益进行反馈,促进各方利益更大化。科技镇长团充分发挥桥梁纽带作用,在高校输出人才和科技资源的同时,拓宽了科研经费的来源渠道,建设学生实习基地,增加了学生择业机会;为企业在科技创新、平台建设、项目申报等方面提供优质的服务;为地方政府的经济转型和科技创新谋实事,镇长团成员自身也更加接地气,得到宝贵的实践锻炼。科技镇长团为构建江苏省产学研合作长效机制、推动人才驱动发展发挥了重要作用。

6.4 本章小结

本章开展科技人才资源市场配置研究,主要从科技人才资源的内涵、国内外研究现状和实证研究三方面开展研究。

科技人才资源的内涵部分,指出科技人才是指具有一定的专业知识或专门技能,从事创造性科学技术活动,并对科学技术事业及经济社会发展做出贡献的劳动者。本书结合创新驱动战略的背景将科技人才分为科技创新人才和科技创业人才,其中科技创新人才是指具有较强创新能力和创新精神,长期从事原创性科学研究、技术创新活动和科技服务的科技人才;科技创业人才是指具有较强的创新创业精神、市场开拓和经营管理能力,利用自主知识产权或掌握核心技术创办企业的科技人才。

国内外研究现状部分,主要包括科技人才绩效评价研究、科技人才资源市场配置模式和机制研究等内容,相关学者认为科技人才资源市场配置机制应该主要包括科技人才资源引进机制、科技人才资源培养机制、科技人才资源使用机制、科技人才资源测评机制和科技人才资源激励机制。

实证研究部分,开展江苏科技人才开发绩效评价研究和科技镇长团工作绩效实证分析,得出江苏整体科技人才开发效率处于全国中上游水平,但还没有达到优秀的程度,苏南、苏中、苏北科技人才开发效率的差距较大;由于科技人才开发投入的增加及科技人才开发环境的改善等,江苏整体科技人才开发效率在逐年提高,同时得出科技镇长团充分发挥桥梁纽带作用,在高校输出人才和科技资源的同时,拓宽了科研经费的来源渠道,建设学生实习基地,增加了学生择业机会;为企业在科技创新、平台建设、项目申报等方面提供优质的服务;为地方政府的经济转型和科技创新谋实事,镇长团成员自身也更加接地气,得到宝贵的实践锻炼。科技镇长团为构建江苏省产学研合作长效机制、推动人才驱动发展发挥了重要作用。

第7章 科技信息资源市场配置研究

7.1 科技信息资源的内涵

科技信息资源是指科技成果等知识形态的资源，是科技成果的主要表现形式，随着科研活动的不断深入，内容会不断丰富深化，主要包括科学数据、论文专著以及专利等几种存在形式。科技信息资源作为信息资源的重要组成部分，除具有信息资源的基本特征外，还具有自己的特性：①价值性。科技信息资源蕴含着高密度、高价值的知识信息，它对社会生产、经济生活产生巨大的推动作用，对人类社会的发展有着无法估量的贡献价值。②有偿共享性。科技信息是信息时代最基本、最活跃、影响面很广的科技资源，是一种公共物品。③隐含性。在网络时代，尽管信息存储与传播媒介多样化，但更多的科技信息掌握在少数创造者手上，对社会公开程度有限，处于"灰色"状态。④管理风险性。科技信息资源对社会发展有着双重作用，如果对其缺乏有效的管理，一旦被不法分子剽窃或利用，会损害科技信息创造者和公众的合法权益，造成直接经济损失，甚至对国家利益和国防安全造成隐患。

科技信息资源在创造、供给、配置、再创新的过程中，整合形成"知识链"。知识创造者在创新活动中以知识为中心，形成围绕知识的投入—知识的转化—知识的创新的无限循环过程，这个过程中将所有创新环节和创新主体联结起来的无形链条就称为知识链。科技信息资源的创造和供给即知识的创新和供给过程，也即科技信息知识在知识链上的流动过程，主要包括知识积累、知识创新和知识经济化三个阶段。在知识积累阶段，科技信息知识创造者的主要任务是基于政府、企业、科技中介等机构建立科技信息知识库的创新平台。知识的最初来源包括知识创造者自身已有的知识和在创造过程中从外部积累的新知识。知识积累阶段，创新能力较弱的知识创造者相对于创新能力较强的知识创造者将更多地依靠外部如通过产学研合作或技术购买等措施来获取知识。随着市场竞争的加剧，技术开发周期不断缩短，创新的难度加大，所有的知识创造者开始加强彼此之间合作与联盟，合作创新，形成创新联盟，为科技信息资源创造奠定基础。在知识创新阶段，主要完成知识形态的转化，最终形成新的技术或理论，这是知识链上最关键的环节，直接决定知识创造成果的价值结构即物化劳动的比例与知识成分的大小。在知识经济化阶段，知识创新的成果载体，包括文献、报告、专著、专利等形式，以其无偿或有偿的方式实现知识成果转化，为科技信息资源使用者服务。科技信息资源的创造和市场配置过程，也是知识创造和知识供应过程，并在知识链的基础上，科技信息资源在市场配置过程中形成不同的知识供应链模式。

7.2 科技信息资源市场配置的国内外研究现状

学者们关于科技信息资源市场配置的研究主要从政府主导、企业主导、高等院校主导、科技中介机构主导的科技信息体系展开理论研究和探讨。

（1）基于政府主导的视角，彭华涛[161]运用产权理论和科斯定理，分析指出当政府管制成本小于市场交易成本时，以政府调控来实现区域科技信息资源配置效率远高于运用市场机制配置区域科技信息资源。雷国胜和李旭[162]利用市场机制与计划经济的二元机制"非凸组合"，对资源配置方式进行了量化研究，研究发现科技信息资源配置的最佳优化路径是市场和行政手段按各自的损失系数加权之后的组合。相关研究表明政府在科技信息资源配置模式中发挥的引导和参与作用主要表现在区域政府从战略高度充分考虑科技政策及区域内科技信息资源的现实情况，确定区域科技信息资源优化配置宏观战略，调整科技信息资源流向，以及政府为科技信息资源优化配置平台提供资金等支持，企业、高校、科技中介机构通过科技信息资源优化配置平台获取科技信息资源两方面。

（2）基于企业主导的视角，孙绪华[163]指出，科技资源的人力、财力、物力和信息等方面会受到市场供给量与需求量矛盾运动的影响，从而在各种生产要素间形成一种调节机制，企业技术创新会受这种机制的影响。李立和邓玉勇[164]则从市场角度指出，目前我国科技体制改革的重点就是要建立包括科技信息资源在内的科技资源市场配置模式，这种模式应包括经费的市场化来源、过程的市场化组织、机构的市场化运作以及科技成果的市场化转化等。科技信息资源配置模式中企业作为科技信息资源配置系统核心创新主体，与其生产向前和向后关联形成面向区域创新的科技信息资源配置企业群。为加快构建企业科技信息资源优化配置模式，应该在政府的指导下，努力提高企业之间、企业与政府、高校和科技中介机构之间的关联程度，形成具有高关联度的区域创新系统。

（3）基于高等院校主导的视角，刘凤朝和徐茜[165]从系统整体的角度构建科技资源流动模型，探讨了在高校、科研机构与企业之间不同分配方案下我国科技资源配置结构的合作效果。科研机构与高校在科技信息资源配置方面的作用与政府和企业有着明显不同，其通过自身较强的科研队伍和研发实力进行技术创新以及专利产出，实现科技信息资源产出及应用，着重于配置科技信息资源中的技术资源[166]。科技信息资源配置模式中高等院校作为承载科技信息资源的知识主体，在知识创造、理论创新和人才培养方面具有较大优势，其科技信息资源优化配置具有明显的主动性。高校培养出高技术、高知识的科技人才资源为区域内科技信息资源优化配置提供智力保障，科技信息资源得以优化配置。高校主导的科技信息资源优化配置同样需要政府的支持，高等院校是培养人才的地方，其资金资源等比较匮乏，因此，政府的帮助是高等院校造就高素质和高水平人才队伍的坚强后盾。

（4）基于科技中介机构主导的视角，在科技信息资源市场配置过程中，科技中介的功能可大致划分为搜寻认知、交流吸收、商业化三大类[167]。信息搜获和沟通交流方面，Seaton 和 Cordey-Hayes 提出"搜寻认知"的概念[168]，Hargadon 和 Sutton 将科技中介的功能定义为"进入"与"获取"[169]。Mantel 和 Rosegger 将科技中介视作科技信息资源流动过程中的标准制定者[170]。也有研究认为，科技中介在科技信息资源配置过程中，推动企业、组织间的技术转移，促进现有技术根据应用需求在不同工业部门间流动，并且科技中介在其所从事的技术领域拥有比一般企业更为完善的知识体系，更易促进技术转移及扩散[171, 172]。科技信息资源配置模式中科技中介机构是创造科技成果的源头，其主要责任是构建科技信息资源服务平台，利用其自身的资源优势发挥科技信息资源优化配置的主动性，与政府、企业、高等院校建立一个稳定的科技信息资源流动网络，加速科技成果转化。高等院校为科技中介机构提供科技人才，进行知识的传递，科技中介机构以构建科技信息数据库等方式方便高等院校获取科技信息资源，加快知识转化，实现区域创新。

本节在已有研究的基础上，将科技信息资源市场配置方式分为科研院所驱动创新模式、企业主导联动创新模式和中介机构协同创新模式。

（1）科研院所驱动创新模式。科研院所、高校作为知识供应链上的网络节点，在知识创造、技术创新以及人才培养上具有巨大优势，从而吸引了大量知识创造者尤其是知识密集型的高技术企业主动积聚在它们周围，逐渐形成了知识创新集群，在这种知识创新集群里进行知识互动与科技信息资源创新，从而形成科技信息资源市场配置的科研院所驱动创新模式。科研院所驱动创新模式主要以释放大学和科研机构的创新能量为根本，通过科研机构、高校的体制改革鼓励高科技人员参与研究成果的产业化和高科技创业，进而依靠知识密集和人才聚集的优势来吸引产业界加盟，在科技园区或周围形成企业族群。科研院所驱动创新模式如图 7-1 所示。

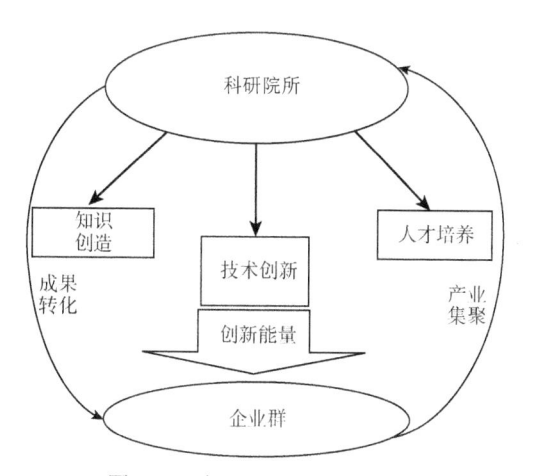

图 7-1 科研院所驱动创新模式

（2）企业主导联动创新模式。在市场需求不断变化、旧的科研成果极易贬值的情况下，知识创造者中的企业往往有投资规模经济的积极性，或是风险投资的强烈愿望，利用大型企业之间以及大型企业主导的知识联盟进行互动和创新，在知识创造投资结构上进行协调，在产业领域投资上进行知识联盟与风险共担，克服市场需求的不确定性，从而形成科技信息资源市场配置的企业主导联动创新模式。企业主导联动创新模式如图 7-2 所示。

（3）中介机构协同创新模式。知识供应链成员之间的知识互动借助科技中介机构，整合知识供应链中的专业知识，通过一定区域范围内的集聚来协助进行知识供应链网络中的知识转移，从而形成科技信息资源市场配置的中介机构协同创新模式。明确整合科技信息资源的战略目标，通过基于科技中介机构的科技信息资源整合模式的构建，借助科技中介机构整合科技信息资源的价值链条，加强科技成果的转化，提高科技成果的利用率，最终实现科技创新。中介机构协同创新模式如图 7-3 所示。

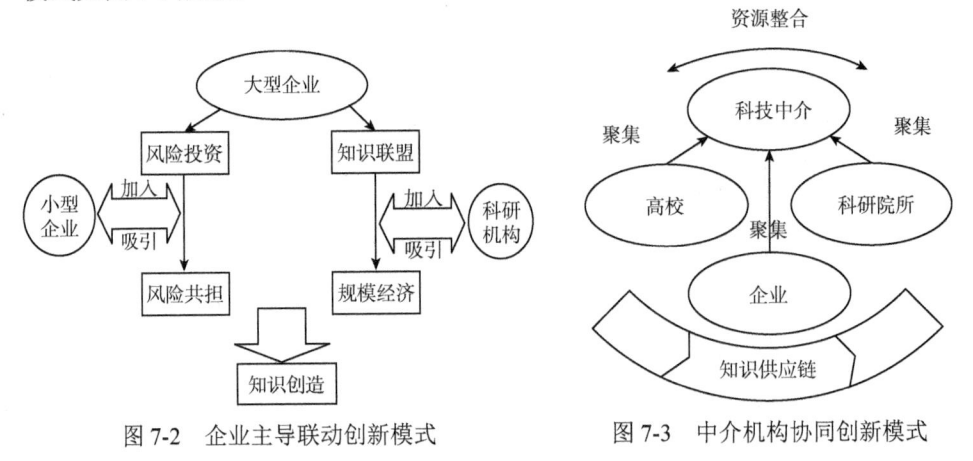

图 7-2　企业主导联动创新模式　　　　图 7-3　中介机构协同创新模式

7.3　科技信息资源市场配置的实证研究

7.3.1　科技信息资源市场配置的案例研究

1. 江苏科技信息网

江苏科技信息网是江苏省科技情报所科技文献服务中心面向广大科技工作者建设的科技信息综合服务平台。江苏省科技情报所科技文献服务中心是综合性的科技文献收集和服务中心，为国家二级科技文献收藏单位、地区一级专利服务文献服务中心，江苏省中小企业五星级服务平台。该中心收藏文献内容丰富、涉及面广，并兼有多种学科跨行业的特点，拥有国内外数据库 30 多个，数据资源总量超过 2.5 亿条、90 000TB。该中心同时是江苏省工程技术文献信息中心的承建和组织机构,江苏省工程技术文献信息中心是 2004 年江苏省启动建设的四大科技公共服务平台之一,也是江苏区域科技创新的文献信息保障平台,通过集成江苏省科技、文化、教育三大系统共 10 家单位的工程技术文献信息资源,联合向全省开放服务。江苏省科技情报所科技(暨江苏省科技发展战略研究院)文献服务中心由检索咨询服务部、技术开发与系统保障部、宣传推广服务部和江苏省科技情报学会四个部门组成。

江苏科技信息网的主要服务内容包括:一是开展基础文献信息服务,为全省的企业和科研院所及各类创新载体提供科技文献信息服务支撑;二是建立健全面向全省的科技文献信息服务网络,做好资源宣传和用户培训,拓展扩大信息用户范围;三是承担"省工程技术文献信息平台"数字资源订购、系统维护和社会服务,以及与共建单位的业务协调;四是集成整合文献信息资源,承担科技文献资源的深度加工开发和信息咨询服务,开发专题信息产品,组织做好定向定题信息服务;五是组织做好竞争情报、知识门户建设,以及电子阅览室等服务工作;六是承担全省科技情报学会日常管理工作。

2. 广东省科技文献共享平台

广东省科技文献共享平台是根据广东省科技发展与经济社会发展的需要,促进广东省科技文献资源保障系统的互联互通建设而成的,咨询专家通过单点登录可以同时登录广东省科技文献共享平台和广东省立中山图书馆联合参考咨询系统,并且两个系统的咨询问题可以相互调度,实现了科技、文化两大系统间信息资源和服务的共享与互补,充分利用两大系统的文献资源和专家资源为广大用户服务。通过互联互通,有力地促进区域科技文献共享平台的共建共享和协同服务。

平台采取网页智能抓取等整合技术,实现异构系统间的开放链接和互操作功能。在整合异构数据库方面,广东省科技文献共享平台充分考虑到各种科技文献数据库的数据特点和系统特征,采取多种技术手段,包括网页智能抓取、接口调用以及元数据整合等,实现了与国内主要的科技文献资源系统的有效整合和统一跨库检索。在原文等信息获取方面,根据各种数据库的开放程度,提供多种获取方式,包括网页获取、直接下载、原文传递、代查代借和服务预约,基本满足现有文献资源的各种开放层次的需求。在资源体系建设过程中,广东省科技文献共享平台从实际出发,围绕区域经济发展重点,采取引进、共享、自建等多种建设方式,科学构建科技文献资源保障体系。文献信息资源共享可实现信息的重组开发,最大限度地发掘其中有价值的知识情报,提供或专业或综合的高质量信息。目前,平台已经形成了文献种类齐全、信息量庞大、覆盖学科领域广的科技文献信息资源保障体系,为广东省的经济发展、科技创新提供了有力的科技信息支撑。

3. 湖南省科技信息服务平台

湖南省科技信息服务平台的设计定位于科技信息资源使用与管理的功能化整合。对科技信息数据进行综合性加工、管理和发布，实现科技信息资源数据库的共建共享，满足科技工作人员对科技信息的需求，是湖南科技信息服务平台建设的重要目标。湖南科技信息服务平台的总体架构可分解为网络层、信息资源管理层、应用支撑层、应用层、服务层，以及标准化体系、安全基础设施及保障体系、政策法规体系、管理体系。根据确立的政府部门、企业、科研院所以及特殊协议的服务对象等不同用户服务层面的需求，平台建立相关的门户网站和联盟协作平台，提供统一服务窗口，用户通过门户网站以最低成本、最便捷的方式获得信息。服务联盟单位与个人通过服务协作平台为服务对象制作和提供最有价值的信息。

湖南省科技信息服务平台对湖南科技文献资源网、湖南省科技档案管理信息系统、湖南省科技计划业务管理信息平台等资源进行整合，形成了数据共建共享的资源优势。湖南科技文献资源网是湖南省科技文献中心门户网站。由科技档案加工管理系统形成的科技档案数据库和由科技计划项目申报系统形成的科研项目数据库，经数据网关联形成科研档案数据库和科技文献数据库以及涉农数据库、产业专题数据库等，形成了一个庞大的数据库群。湖南省科技档案管理信息系统由科技档案加工系统、科技档案后台管理系统、科技档案数据库系统、科技档案内网发布系统及科技档案外网发布系统组成。通过科技档案管理信息系统可查询到科技档案的各种资料、数据。湖南省科技计划业务管理信息平台根据湖南省科技厅科技计划项目申报和管理的流程，采用 C/S（client/server，客户机和服务器）模式进行系统开发。科技计划项目申报、推荐子系统提供数据录入、修改、统计汇总、导出（上传）、导入等功能，以便科技项目申报单位和科技项目推荐单位的项目申报与管理，同时也便于上传数据在公网传输时加密传输，以保证信息的安全性。科技计划项目管理子系统，实行权限和分类管理，方便湖南省科技厅的各职能部门对科技项目的跟踪与管理。

4. 湖北省科技信息共享服务平台

湖北省科技信息共享服务平台始建于 2007 年，是武汉市公共科技资源基础设施建设的重要组成部分。平台建设以促进武汉市科技创新为目的，一方面重点服务武汉市中小企业、高新企业等科技创新的主要载体，降低企业研发成本，提高科研效率；另一方面搭建公益服务平台，为社会大众提供充足的科技信息资源。该平台运行以来，已经在武汉市建立起相对完善的服务体系。

为提高平台资源利用效率，服务企业创新，平台主动对接"众创空间、大学生创业特区、孵化器、加速器、创谷"等多种创新链载体的建设,并在这些载体中建立服务分站,为创新企业和科技人员提供了学科齐全、数据库资源丰富、全面开放的、公益性科技文献检索和下载平台。截止到2016年8月,全市平台分站达到53家,形成1个中心站与53家分站为辐射点的1+N型武汉科技信息共享服务体系。

为提升平台科技信息资源服务层次,中心站除提供传统的文献检索和文献下载服务外,还探索了多层次的科技信息咨询服务。多次到企业、孵化器、众创空间开展实地调研,深入了解科技企业、科研人员和科技爱好者实际需求,并以此为依据开展科技查新、科技咨询、科技统计、科技评估、科技宣传、定题服务、信息推送、原文请求服务、文献传递等多种形式的科技信息咨询服务,涉及政策制定及解读、行业发展动态跟踪、专利跟踪、企业竞争分析、科技成果评价及鉴定、技术需求分析、企业宣传及管理等多方面的内容。

7.3.2 基于演化博弈理论的科技信息资源市场配置实证分析

在大数据时代,科技信息资源是科技资源的重要组成部分,是科技资源信息化传播的重要形式,我国科技信息与文献机构众多,具备一定规模的科技信息资源。但在科技信息资源的配置过程中,仍存在积累的科学数据多数储于资料堆、档案柜乃至流散在个人手中,信息化、数字化程度差,已有数据库的标准化、规范化、体系化程度低,更新维护速度较缓等问题。科技信息资源优化配置与高效利用是创新发展的前提与基础,本部分尝试运用演化博弈理论,从面向国家创新体系视角建立科技信息资源发布者与接受者之间的演化博弈模型,运用复制动态方程均衡点稳定性分析讨论科技信息资源的优化配置策略和制约因素。

1. 演化博弈模型设定

演化博弈是基于经典博弈论发展而来的分析方法,克服了经典博弈论理论中规定参与博弈的各方不会采取改进措施的不足,演化博弈理论假定参与博弈的各方在有限理性的条件下,类比于生物进化理论中生物性状及行为特征的动态演化过程,通过不断试错来改善自身所处的条件,使自身利益得到增加,最终达到一个动态平衡的状态。在演化博弈理论中,该动态演化过程称为复制动态,达到的动态平衡称为演化稳定策略(evolutionarily stable strategy,ESS)。本部分综合考虑科技信息资源在传播和配置过程中的实际情况,做出如下假设。

假设1:信息具有价值性、时效性、传递性等特性,不同价值的科技信息资源发布的成本不同、获得报酬不同以及产生效用不同,科技信息资源的发布者有发布高质量科技信息资源和低质量科技信息资源两种行为决策,其策略集为(高质,低质)。不同科技信息资源发布者的配置策略直接影响接收者的决策,产生不同的科技信息资源使用效益，接收者针对不同质量的科技信息资源会做出不同的行为反应，选择接收或不接收，其策略集为（接收，不接收）。

假设2：若科技信息资源发布者发出高质量科技信息资源，参与演化博弈的发布者和接收者双方能够百分之百对其做出正确判断。决策双方均是有限理性，科技信息资源发布者与接收者的企业之间由于条件限制，无法及时有效地完全了解对方采取的措施，当科技信息资源发布者发出低质量科技信息资源时，接收者对该科技信息资源存在误判的可能性。

将对应于科技信息资源发布者所发出的科技信息资源，接收者做出错误判断的可能性设为 α；科技信息资源发布者在发出低质量科技信息资源时，付出的成本为 A_1，发出高质量科技信息资源比发出低质量科技信息资源多付出成本 r；科技信息资源接收者在确认科技信息资源是高质量还是低质量时付出的成本为 A_2；科技信息资源接收者接收发布者发出的低质量科技信息资源时，需支付给科技信息资源发布者的报酬为 M_1，接收高质量科技信息资源时，由于获得的收益相应更高，需支付给科技信息资源发布者的报酬为 M_1+M_2；高质量科技信息资源和低质量科技信息资源给接收者带来的收益分别为 B_1 和 B_2。p_1 表示科技信息资源发布者发出高质量科技信息资源的概率，那么发布者发出低质量科技信息资源的概率为 $1-p_1$；p_2 表示科技信息资源接收者接收发布者发出的科技信息资源的概率，那么接收者不接收科技信息资源的概率为 $1-p_2$，其中 p_1，$p_2 \leq 1$。科技信息资源发布者发布高质量科技信息资源与低质量科技信息资源的收益分别为 E_{R1} 和 E_{R2}，平均收益为 E_R；科技信息资源接收者接收与不接收科技信息资源的收益分别为 E_{A1} 和 E_{A2}，平均收益为 E_A。演化博弈双方的收益矩阵如表7-1所示。

表7-1 演化博弈双方的收益矩阵

		接收者	
		接收	不接收
发布者	高质量	$M_1+M_2-A_1-r$，$B_1-M_1-M_2-A_2$	$-A_1-r$，$-A_2$
	低质量	$M_1+\alpha M_2-A_1$，$B_2-M_1-\alpha M_2-A_2$	$-A_1$，$-A_2$

那么发布者和接收者的收益分别为

$$E_{R1} = p_2(M_1+M_2-A_1-r)+(1-p_2)(-A_1-r)$$

$$E_{R2} = p_2(M_1+\alpha M_2-A_1)+(1-p_2)(-A_1)$$

$$E_R = p_1 E_{R1} + (1-p_1) E_{R2}$$

$$E_{A1} = p_1(B_1-M_1-M_2-A_2)+(1-p_1)(B_2-M_1-\alpha M_2-A_2)$$

$$E_{A2} = p_1(-A_2)+(1-p_1)(-A_2)$$

$$E_A = p_2 E_{A1} + (2-p_2) E_{A2}$$

复制动态方程为

$$\begin{cases} \dfrac{\mathrm{d}p_1}{\mathrm{d}t} = p_1(E_{R1}-E_R) = p_1(1-p_1)\left[p_2(1-\alpha)M_2 - r\right] \\ \dfrac{\mathrm{d}p_2}{\mathrm{d}t} = p_2(E_{A1}-E_A) = p_2(1-p_2)\left[p_1(B_1-M_2-B_2+\alpha M_2)-(M_1+\alpha M_2-B_2)\right] \end{cases}$$

2. 演化博弈模型求解

为使演化博弈模型符合实际情况，加入如下约束条件：当科技信息资源接收者选择接收发布者发出的科技信息资源时，发布者从发出高质量科技信息资源获得的收益大于发出低质量科技信息资源时获得的收益，否则发布者会失去继续提供科技信息资源的动力，即假设如下不等式成立：

$$M_1 + M_2 - A_1 - r > M_1 + \alpha M_2 - A_1$$

简化为

$$(1-\alpha)M_2 > r$$

同样，当科技信息资源发布者发出低质量科技信息资源时，由于占用资源相对较多、机会成本加大等原因，接收者接收该科技信息资源所产生的效益低于不接收的效益；相对地，当科技信息资源发布者发出高质量科技信息资源时，接收者接收该科技信息资源所产生的效益高于不接收的效益，即假设如下不等式成立：

$$B_2 - M_1 - \alpha M_2 - A_2 < -A_2$$

简化为

$$B_2 - M_1 - \alpha M_2 < 0$$
$$B_1 - M_1 - M_2 > 0$$

令

$$\begin{cases} \dfrac{\mathrm{d}p_1}{\mathrm{d}t} = 0 \\ \dfrac{\mathrm{d}p_2}{\mathrm{d}t} = 0 \end{cases}$$

结合上述不等式的约束条件，得到演化博弈系统的均衡点为(0, 0), (0, 1), (1, 0), (1, 1), (p_1^*, p_2^*)，其中

$$p_1^* = \frac{\alpha M_2 + M_1 - B_2}{B_1 - M_2 + \alpha M_2 - B_2}$$

$$p_2^* = \frac{r}{(1-\alpha)M_2}$$

当均衡点的雅可比矩阵行列式的值 detJ 为正，即 trJ 为负时，均衡点处博弈双方策略为演化稳定策略；当均衡点的雅可比矩阵行列式的值 detJ 为负时，均衡点处博弈双方策略为鞍点，各均衡点的稳定性分析如表 7-2 所示。

表 7-2　各均衡点的稳定性分析

均衡点		雅可比矩阵列式值	符号	稳定性
(0, 0)	detJ	$(\alpha M_2 + M_1 - B_2)r$	+	ESS
	trJ	$-(\alpha M_2 + M_1 - B_2) - r$	−	
(0, 1)	detJ	$[(1-\alpha)M_2 - r](\alpha M_2 + M_1 - B_2)$	+	不稳定
	trJ	$(1-\alpha)M_2 - r + (\alpha M_2 + M_1 - B_2)$	+	
(1, 0)	detJ	$r(B_1 - M_1 - M_2)$	+	不稳定
	trJ	$r + (B_1 - M_1 - M_2)$	+	
(1, 1)	detJ	$[(1-\alpha)M_2 - r](B_1 - M_2 - M_1)$	+	ESS
	trJ	$-[(1-\alpha)M_2 - r] - (B_1 - M_1 - M_2)$	−	
(p_1^*, p_2^*)	detJ	$-p_1^*(1-p_1^*)(1-\alpha)M_2(1-p_2^*)$ $p_2^*(B_1 - B_2 - M_2 + \alpha M_2)$	−	鞍点
	trJ	0		

将鞍点（p_1^*, p_2^*）和四个边界点相连，将整个演化区域分成四个部分，如图 7-4 所示。博弈最终收敛于哪个稳定策略取决于博弈双方的初始策略，即科技信息资源发布者和接收者的初始策略处于区域①④内时，演化的稳定策略为纯策略均衡（0, 0），即科技信息资源发布者发出低质量科技信息资源时，接收者不接收；当科技信息资源发布者和接收者的初始策略处于区域②③内时，演化的稳定策略为纯策略均衡（1, 1），即科技信息资源发布者发出高质量科技信息资源时，接收者接收。演化稳定策略（1, 1）是理想策略，通过扩大区域②③面积可以使得演化最终收敛于（1, 1），即（高质，接收）的可能性增大，所以我们通过参数调整使得鞍点（p_1^*, p_2^*）向左下方移动，要求 p_1^*、p_2^* 的取值尽可能小。

演化博弈系统有两个演化稳定策略（0, 0）和（1, 1），两个演化不稳定策略（0, 1）和（1, 0），一个鞍点（p_1^*, p_2^*），从而得到科技信息资源发布者和接收者在科技信息资源传递过程中的演化博弈路径。

图 7-4　演化路径图

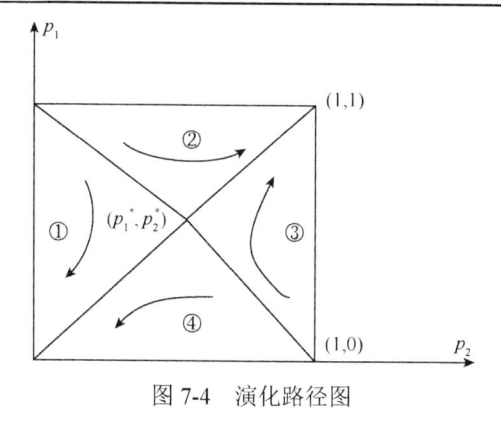

3. 演化稳定策略分析

本部分重点选取 p_1^*，p_2^* 表达式中的几个参数进行分析。

分析科技信息资源发布者发出高质量科技信息资源和发出低质量科技信息资源所需要的成本差 r。根据鞍点表达式可得

$$\frac{\partial p_1^*}{\partial r} = 0$$

$$\frac{\partial p_2^*}{\partial r} = \frac{1}{(1-\alpha)M_2} > 0$$

可以看出，r 越小，则 p_2^* 越小，鞍点（p_1^*，p_2^*）向左方移动，区域②③面积增大，区域①④面积减小，表明科技信息资源接收者接收高质量科技信息资源付出的成本越接近于接收低质量科技信息资源付出的成本，系统演化趋向于（高质，接收）的可能性越大，即科技信息资源发布者发出高质量科技信息资源并能够被接收的概率越大。

分析科技信息资源接收者接收信息误判概率 α。根据鞍点表达式可得

$$\frac{\partial p_1^*}{\partial \alpha} = \frac{M_2(B_1-M_1-M_2)}{(B_1-M_2+\alpha M_2-B_2)} > 0$$

$$\frac{\partial p_2^*}{\partial \alpha} = \frac{r}{(1-\alpha)^2 M_2} > 0$$

可以看出，α 越小，鞍点（p_1^*，p_2^*）向左下方移动，区域②③面积增大，①④面积减小，表明科技信息资源接收者接收信息正确率越高，接收高质量科技信息资源的积极性越大，系统演化趋向于（高质，接收）的可能性越大，即科技信息资源发布者发出高质量科技信息资源并能够被接收的概率越大。

4. 演化博弈分析结论

本部分由演化博弈稳定均衡分析得出,科技信息资源发布者与接收者间的演化受到发布者发出科技信息资源高质量和低质量的成本差以及接收者对该科技信息资源误判率的影响,发布者和接收者均受到高质量科技信息资源的利导,即不论是发布者提供更高质量和更高标准的科技信息资源,缩小自身提供不同的科技信息资源成本差,还是接收者提高自身正确判断科技信息资源价值的能力,降低科技信息资源误判率,都会促进博弈双方向发布者发出高质量科技信息资源并能够被接收的理想均衡状态趋近。

基于以上分析,本章提出如下促进科技信息资源市场化配置的对策建议。

一是加强顶层设计,促进信息流通。根据我国的具体国情,科技信息资源市场化配置过程中应从国家创新驱动发展和创新体系建设的高度,在国家层面统筹考虑包含国家和政府部门、高校院所和企业等众多科技信息资源发布者和接收者在内的,以科研数据、学术期刊、专利技术、学术专著为代表的学术交流体系建设和知识产权体系建设,无论是基础研究领域的开放还是科研信息资源的共享,都需要在更高的层次上灵活地应对,建立政府科技部门间的协调联动机制,保证科技信息资源的传播和使用有利于国家创新体系的建设,促进社会经济发展。

二是积极构建平台,加强交流合作。作为科技信息资源发布者,国家和政府部门、高校院所和企业,应进一步加强协同合作、数据共享和平台建设。通过建立健全科技信息流通的协同服务平台体系,加强企业和学术界的创新合作交流,建立科技信息资源的互换交流机制。科技信息资源的发布者应充分考虑机制、体制、经济、管理等的多层面因素,开展科技信息资源的集成与整合工作,加强顶层设计,推动优质的科技信息资源的加速流动与传播,实现科技信息资源的有效共享与实质创新。

三是提升信息质量,优化供给机构。国家和政府部门、高校院所和企业等科技信息资源发布者应尽量避免科技信息资源的重复低效低价值开发、利用和传播,通过优化科技信息资源的供给结构,降低科技信息资源的传播成本,提升高质量科技信息资源在总体资源中的占比,降低科技信息资源使用者的误判率,从而实现科技信息资源的有效应用。

四是增强交流合作,构筑沟通桥梁。加强科技信息资源配置主体间交流合作,包括科技信息资源发布者之间,发布者和接收者之间,接收者之间的跨系统跨单位科技信息资源协同配置合作,建立多渠道的沟通机制和上下一致、统筹协调分配机制,消除配置主体间交流障碍,使科技信息资源的传播和流通更加顺畅高效。

五是强化信息监测,倒逼质量提升。作为科技信息资源接收者的高校院所和企业,在利用科技信息资源时应根据信息效用最大化原则充分进行信息效益的预判与检验,加强科技信息资源的评估职能,充分结合自身创新的实际需求和未来发展方向,评价科技信息资源质量,进行收益预估和风险评估,规避风险的同时倒逼科技信息资源发布者提供更多更高质量的科技信息资源。

7.4 本章小结

本章开展科技信息资源市场配置研究,主要从科技信息资源的内涵、国内外研究现状和实证研究三方面开展研究。

科技信息资源的内涵部分,是指科技成果等知识形态的资源,是科技成果的主要表现形式,随着科研活动的不断深入,内容会不断丰富深化,主要包括科学数据、论文专著以及专利等几种存在形式。

国内外研究现状部分,基于政府主导视角、企业主导视角、高等院校主导视角、科技中介机构主导视角开展分析,提出将科技信息资源市场配置方式分为科研院所驱动创新模式、企业主导联动创新模式和中介机构协同创新模式三种模式。

实证研究部分,以江苏科技信息网、广东省科技文献共享平台、湖南省科技信息服务平台、湖北省科技信息共享服务平台开展案例分析,同时基于演化博弈理论的科技信息资源市场配置进行实证分析,分析得出科技信息资源发布者与接收者间的演化受到发布者发出科技信息资源高质量和低质量的成本差与接收者对该科技信息资源误判率的影响,发布者和接收者均受到高质量科技信息资源的利导,即不论是发布者提供更高质量和更高标准的科技信息资源,缩小自身提供不同的科技信息资源成本差,还是接收者提高自身正确判断科技信息资源价值的能力,降低科技信息资源误判率,都会促进博弈双方向发布者发出高质量科技信息资源并能够被接收的理想均衡状态趋近。

第8章 科技投入资源市场配置研究

2012年召开的全国科技创新大会提出"要加大科技投入,发挥政府在科技发展中的引导作用,加快形成多元化、多层次、多渠道的科技投入体系,实现2020年全社会研发经费占国内生产总值2.5%以上的目标"。我国R&D经费支出从2000年的895.7亿元增加到2015年的14 169.9亿元,年均增长速度接近于100%,预期今后10年中国R&D经费投入将逐步加大,到2020年将突破目前发达国家的平均水平,提高到2.5%以上,进入创新型国家行列。同时R&D人员全时当量从2000年的92.2万人·年增长到了2015年的375.9万人·年,年均增长速度在20%左右。然而,随着我国科技投入的大力加强,国家创新能力并没有得到相应的提升,长期以来创新队伍自成体系、创新资源分散重复是造成这一问题的关键。

在这样的背景下,科技投入资源作为一种重要的稀缺资源,是国内外学术界和政府关注的热点,市场是促进科技资源优化配置的决定性因素,政府通过出台规制对科技投入资源市场配置进行引导和监督,有利于优化投入结构,节约科技资源,使有限的科技投入发挥最大的效益。

8.1 科技投入资源的内涵

科技投入是科学研究与技术创新的物质基础,科技投入的多少决定着科技活动的规模。用好科技资源,促进全社会科技资源的优化配置和科技投入的效益最大化,依靠科技进步推动经济发展,实现经济增长方式的根本转变,是新时期我国科技管理的重要目标。

科技投入是体现一个国家和地区科技创新实力的重要因素,同时也是促进经济增长和确保创新活动的物质基础与智力支持。关于科技投入的概念界定在学术界还未形成统一意见,部分学者认为科技投入主要是对科技活动的人、财、物的投入,如于明洁、陈春晖等的观点。此外比较流行的是,科技投入是科技活动经费投入,包括政府、企事业单位、社会团体组织和个人等相关机构的科技支出以及应用于R&D活动、科技成果转化应用和科技服务的资金投入的总和。书中的科技投入是在综合两者的基础上提出的,指的是来自企业、政府以及高校等机构的科技经费投入与科技人员投入的总和。

8.2 科技投入资源市场配置的国内外研究现状

（1）科技投入现状与趋势分析。胡树华和高艳[173]收集了东、中、西部近年来各项评价科技能力指标的具体统计数据，从科技人员投入和经费投入两方面分析了中部科技投入的现状。刘志辉和唐五湘[174]分析了北京市全社会科技活动经费筹集情况、北京市R&D活动投入情况，查找存在的问题，以及需要改进的地方，进而为构建合理、有效的科技投入体系提出了若干建议。赖于民[175]对云南省全社会R&D活动的科技投入现状、特点进行了深入的分析与评价，对云南省与有关省（自治区、直辖市）R&D活动的科技投入进行评价，提出了增加科技投入的对策建议。王永春和王秀东[176]对日本科技投入政策、总量、结构和投入方式进行了详细的研究，接着对其科技投入发展趋势进行了预测，指出日本的科技投入仍将继续增加，而其中竞争性研究资金的比重会进一步加大。盖红波[177]分析了后危机时代全球几个国家的研发投入概况，总结了金融危机给各国研发投入带来的负面影响及最新的研发投入趋势。

（2）科技投入与产出关系的分析研究。Gary和Murply[178]比较了经济合作与发展组织（Organization for Economic Co-operation and Development，OECD）国家科技投入资金占GDP的份额，认为科技投入与经济增长之间存在密切关系。Guellec和Bruno[179]对不同类型的R&D投入对生产率增长的长期影响进行了比较。Coe和Helpman[180]在一个具有22个国家的样本中，研究了科技投入与全要素生产力的关系。研究发现，本国和贸易伙伴的R&D支出几乎可以解释50%的OECD国家的生产力增长。Charles[181]利用10个主要OECD国家数据，也得出R&D是全要素生产率增长重要来源的结论。Brimble和Doner[182]对泰国高技术产业的研究结果表明，加大对高技术产业的投入，可以促进高技术产业的发展，而纺织业未得到资助，发展得十分缓慢。张治河等[183]通过采用系统动力学的方法建立了科技投入对国家创新能力提升机制的仿真模型，揭示了不同形式和来源的科技投入对国家创新能力的作用途径与效果。赵捷[184]分析了我国31个省（自治区、直辖市）的经济发展与科技投入强度、市场机制、政策环境之间的关联性，客观地反映了我国各地区科技工作的差异，提出增加科技投入强度，促进科技投入与经济协调发展的政策建议。李惠娟等[185]采用1998~2007年的31个省（自治区、直辖市）际面板数据，分别对数据折算、累积和滞后期等问题给出相应的处理方法，并分析了地方财政科技投入与经济增长的关系。结果表明：地方财政科技投入对各省经济增长起到促进作用，而且弹性相同，但由于各省的软硬件基础条件相异，所以对经济增长的促进程度不一。王立成和牛勇平[186]首先对沿海三大经济区域经济增长与科技投入做了灰色关联度分析，然后建立计量经济学模型进行进一步研究,对三大经济区域科技投入对经济增长的贡献度做了分析与比较。唐未兵和傅元海[187]运用状态空间模型进行实证检验表明:科技投入对经济增长集约化水平具有正面作用,外资技术溢出对经济增长集约化水平具有负面作用。胡恩华等[188]运用广义的 Cobb-Douglas 生产函数,对中国科技投入的经济效果进行了实证分析,结果表明:中国科技投入不但对当期的经济增长具有促进作用,而且存在滞后效应。

(3) 科技投入活动绩效评价方法研究。目前的评价方法中,主要包括两大类:参数法与非参数法。参数法以 SFA 方法为代表,非参数法以 DEA 方法为代表。DEA 模型是由 Charnes 提出的,用于测算评价单元的综合效率,运用 DEA 方法进行效率评价,可直接利用投入、产出数据构造生产可能集的前沿面,具有无须事先限定权重等优点。Guan 和 Chen[189]用关联型网络 DEA 模型,构建创新网络,量化了子过程与整体效率之间的关系,以测算影响国家创新系统的因素。Raab 和 Kotamraju[190]从区域差异的角度出发,运用 DEA 模型对 2002 年美国 50 个州的高技术产业技术效率进行评价和分析。Lu 等[191]选取微观企业为研究对象,利用 DEA 模型对台湾 194 家高技术企业的研发效率进行评价,并对效率的影响因素进行分析,探索高技术企业效率无效的原因。Nasierowski 和 Arcelus[192]运用 DEA 分析法实证考察了 45 个国家的科技投入绩效,最终得出 R&D 投入和技术创新规模对区域经济增长有重要影响。Wang Eric C.[193]同样运用 DEA 方法对 30 个国家的科技投入绩效进行评价。Helvoigt 和 Adams[194]通过对 1968~2002 年美国太平洋西北锯木产业数据进行 SFA,研究了该产业这些年技术进步、效率变化和生产率提高的情况,进而通过回归方程分析每一项对无效率的贡献,发现生产率的进步几乎完全是由技术进步导致的。Kneller 和 Stevens[195]基于 SFA 方法,分析得出企业的科研投入越高,企业的发展速度越快的结论。刘媛媛和孙慧[196]运用 DEA 分析法对全国 30 个省(自治区、直辖市)科技投入的贡献度进行评价,得出新疆科技投入综合效率为 0.467,低于全国平均水平。方爱平和李虹[197]建立了西部区域科技投入产出效率评价指标体系,并以 DEA 模型为主要分析工具对西部区域 12 个省(自治区、直辖市)的科技投入产出效率进行了局部和全局性的比照分析。管燕等[198]考虑科技产出对于科技投入存在时间上的滞后性,对经典 DEA 模型进行改进,发现江苏大多数地区科技资源配置效率不高。韩晶[199]应用 SFA 方法对中国高技术产业投入效率进行了实证分析。研究表明,中国高技术产业整体投入效率呈改善的趋势。唐德祥等运用面板数据和 SFA 方法考察了我国三大经济区域 R&D 与技术效率之间的内在关系,实证结果显示:R&D 对技术效率具有显著的正向促进作用。胡求光和李洪英[200]运用 SFA 方法和面板数据,就长三角、珠三角和环渤海三大经济区的 R&D 对技术效率的影响机制及其区域差异进行了实证分析。

国内外学者分别从不同的视角进行了科技投入资源的研究，发现对科技投入资源在市场配置的模式和机制研究较少。我国投入资源的效率不高，主要表现在投入冗余和产出不足，总体来看是市场机制没有充分发挥作用，因此需要充分借鉴发达国家的成功经验和举措，结合我国科技投入资源的特点来完善我国科技投入资源的模式，提高科技投入效率。

8.3 科技投入资源市场配置的实证研究

8.3.1 国内外科技投入资源市场配置现状

1. 国外科技投入资源市场配置现状

1）美国多元分散型科技投入模式

给科技活动充分自由与自治的思想是美国科技管理的基本思想。美国较为分散的科技管理体制使科技投入以及从事科学研究的主体多元化，机制灵活，能有效地适应科技发展的需求以及环境的变化。

一是科技管理体制的分散。美国实行多元分散的科技投入管理体制，政府对科技经费采取分散管理的方式，这一格局是在第二次世界大战以后确立的。在科技管理体制上，联邦政府没有设立专门的机构负责全国科学技术活动的组织、协调与规划，而是由行政、立法、司法三个系统在不同程度上参与国家科学技术政策的制定和科技工作的管理，其中行政系统涉入程度最大。美国宏观科技体制主要包括总统班子（白宫科技管理机构）、国会（参众两院）和各联邦部门。各联邦部门大都有涉及科技的管理机构，其中最重要的部门有国防部、卫生部、能源部、国家航空航天局、商务部、农业部、运输部、环保局、国家科学基金会等。政府的主导作用是通过科技政策与法律法规的制定、科技研究开发经费的分配和研究项目的咨询等手段，对全国的科技活动施加直接或间接的影响。美国总统和国会制定国家总的科技政策。政府各部门为实现特定任务在编制科技政策和建设方面拥有很大的自主权。

二是政府科技投入的引导作用。美国这种多元分散型的投入模式满足了社会科研活动的不同偏好和需求，为创新提供了良好的发展土壤，从而基本上适应了以发现型为特征的科技创新体系。尽管美国政府对社会科技活动影响较小，但并不意味着美国就不重视政府的科技投入，相反，美国十分重视政府对科技事业的投入，政府科技投入在推动社会科技发展中仍然起着非常不可替代的引导作用。首先，从联邦政府科技投入的绝对量和比重来看，联邦政府的科技投入在社会科技投入中占有重要地位；其次，从联邦政府科技投入在不同类型研发机构间的分配来看，政府科技投入越来越倾向于流向具有公益性质的研发机构；最后，从联邦政府科技投入在三种不同类型研发活动间的分配来看，政府科技投入也主要流向具有较强正外部效应的基础研究。

三是科技活动主体的多元化。联邦政府、工业企业、高等院校和非营利性开发机构（私人基金会），是美国科学技术事业的四大支柱，构成了一个互不统属又互相关联的四维结构。它是一种具备灵活性和多样性两大优点的稳定结构，是美国科技发展区别于其他国家的重要特征之一。

2）日本集中协调型科技投入模式

日本在内阁设有综合科学技术会议，负责调查和审议科技经费、人才、资源分配方针，发展科技的重要事项，提出年度预算编制要求、经费的分配方针、追加预算的具体要求等，同时规定各类科研计划中各类分课题的总额度、重点课题领域等。各省厅根据国家有关科学技术的大政方针自主制定本省厅的科技预算，再报大藏省审定。日本科研开发体系的基本框架是在"追随、改造型"科技发展战略和收割型的科技引进战略指导下建立起来的，具有以下几个鲜明的特点。

一是企业科研投入支撑日本大半壁江山。多年来，日本科研经费投入总额与GDP比一直居发达国家前列，这主要得益于企业科研投入的贡献。以20世纪90年代为例，日本企业投入的经费占总经费的比例一直维持在70%以上，高于其他发达国家近10个百分点。相比之下，政府负担的比例却在递减。而政府投入的科研经费较少，造成日本整体的基础研究水平不高，从长远角度来看这势必影响日本的整体竞争力。

二是政府重视对产业科技发展方向的引导。日本的科技政策主要包括两方面：科技厅与文部省负责制定的倾向基础研究的政策和以通产省工业技术院为主制定的与产业直接相关的政策。通产省通过税收政策、专利政策、研究开发补助费制度、优惠融资等措施扶植民间企业，甚至通过一系列协调政策直接参与研发活动，或对企业间的研发活动进行激励或支持。这些政策手段，大大调动了民间研究开发的积极性，促进了引进技术的消化吸收，推动了产业技术的发展和提高。但日本在技术开发投资政策方面，长期坚持"三不"原则，即市场小的不做，没有把握的不做，当前没有实用性的不做。而且，在政策扶植上过于倾向于收益大、见效快的"短平快"产业，这也是造成目前日本独创性技术开发较为薄弱的原因之一。

三是在教育上注重培养实用型人才。除普通教育外，日本还拥有发达的企业自办的职业技术教育。如此发达的教育，为日本培养了一大批高素质的劳动力和科技人才，为日本经济的腾飞提供了强有力的智力支持。但日本过于注重培养实用型人才的做法，使其从事创新研究的高层次人才的培养显得相对不足，而且R&D基础设施落后，大学和国立研究机构的设备陈旧过时，研究人员流失，占有重要地位的大学未能对基础研究的进展做出相应贡献。

3）印度高度集中的科技投入模式

在印度高度集中的管理体制下，印度政府挑选国防、空间科学、电子技术等几个重点领域优先发展，并取得了不小的突破，迅速成为举世瞩目的科技大国。印度科技研发工作的主要特征是大量研发活动集中在政府部门，特别是集中在中央政府建立的全国性研究机构和政府各部门所属的研究机构，形成政府自我发展模式，很少对外开放或与企业结合。因此，尽管政府的科技投入资金严格按照预算计划拨款方式管理，也纳入政府财政预算及监督体系中，但科技与经济和社会发展脱节的现象依然严重。

一是以立法形式确立科技政策，保障科技政策的权威性和连续性。印度政府一贯重视通过颁布科技立法，把科技发展的方针、目标等以法律的形式固定下来，使科技发展法律化。印度宪法明确规定，每一个公民都要"发挥科学的气质，人文主义及好学与改革之精神"，"科学必须渗透到我们国家生活的各个方面和我们奋斗的一切领域"。《科学政策决议》《技术政策声明》《新技术政策声明》是印度政府分别于1958年、1983年和1993年以立法的形式颁布的3份重要文件，阐述了印度发展科学和技术的指导思想、战略目标和具体措施，奠定了印度科学和技术政策的法律基础，对印度科技发展产生了深远的影响，至今仍是印度制定科技政策和规划的基本方针。

二是以总理为首的一元化科技管理体制。印度是个联邦制国家。经济体制的一个重要特点是，经济决策实行中央集权下的地方分权制。与此相适应，在科技方面实行的是以总理为首的一元化领导决策体制。印度的科技管理机构分为若干层次。在内阁之上设有总理科技顾问理事会（1986年由内阁科学顾问委员会升级而成），作为总理的决策咨询机构。政府总理历来在科技部和核能部、空间部、电子部、海洋开发部、超导委员会等特殊的独立部门兼任部长、主席，从而形成了以总理为首的一元化科技管理体制。

三是中央政府主导型的四级科技研发体制。在印度，研究开发活动是在中央政府、邦政府、实业界和大学这四个部门的研究机构中进行的，但以中央政府直属科研机构为主。因此，实际上印度实行的是以中央政府为主导的四级科技研究开发体制。中央级的科技管理机构大多是兼有研究职能的部门，拥有大批实验室、研究所和研究开发中心，共有各种大型实验室352个，是印度国家重大科研开发项目的主要承担者，其经费由中央各有关部门提供。另外，商业部、工业部、交通与通讯部、铁道部都设有研究机构，主要为满足各主管部门的需要从事研究工作。

国外科技投入资源市场配置现状如表8-1所示。

表 8-1　国外科技投入资源市场配置现状

国家	模式	重点方向
美国	多元分散型科技投入模式	科技管理体制的分散；政府科技投入的引导作用；科技活动主体的多元化
日本	集中协调型科技投入模式	企业科研投入支撑日本大半壁江山；政府重视对产业科技发展方向的引导；在教育上注重培养实用型人才
印度	高度集中的科技投入模式	以立法形式确立科技政策，保障科技政策的权威性和连续性；以总理为首的一元化科技管理体制；中央政府主导型的四级科技研发体制

通过对国外发达国家的科技投入机制进行研究，我们总结出以下几点值得借鉴的经验。

一是投资主体多元化。政府投入是科技投入的主要来源之一，政府科技投入占 GDP 的 1%成为主要发达国家的投入目标。日本政府 2011 年 8 月公布的第四期科学技术基本计划草案提出，2020 年度的政府研究开发投资在 GDP 中所占比例将由 2008 年度的 0.67%提高到 1%。企业逐渐成为科技投入的投资主体。从 1980 年至今，工业企业一直是美国科技投入的最大来源，对企业来说，科技活动和科技创新已成为企业生存的条件、发展的基础和提高竞争力的源泉与手段，这些都调动了企业不断加大科技投入的积极性。由于科技的研究与开发风险性较高，一般银行对于提供贷款方面限制很多。为此，很多国家都采取了提供政府信贷、信贷担保，建立专门的科技信贷银行，发行高新技术债券等金融措施筹集资金。另外，风险投资以其独特的运行方式和规避风险的有效性应运而生，为社会资金进入高科技产业架起了一座桥梁，推动高新技术向现实生产力转化。此外，大学的科技投入、海外投资、个人投资等也都是科技投入的广泛来源。

二是投资方向战略化。科技投入要根据国家的发展战略进行合理规划。美国科技投入的目标是，强调全面领先，保持在所有科学知识前沿的领先地位；德国强调发展尖端技术，确定了四个投入目标，即原始创新的目标、全国均衡发展的目标、高技术领先的目标和技术尖端目标；日本和韩国强调发展产业共性技术；印度与巴西则强调局部领先，资金主要流向工业领域。在基础研究、应用研究和试验发展三个阶段中，基础研究阶段由于较高的风险性以及外部性，需要大量的科技投入支持和科技投入的长期性以及集中性，这样才能保证项目顺利进行，资源得到合理配置。即使像日本、韩国这样以技术应用和技术引进为发端的国家，也开始强调基础研究的重要性。

三是政策支持。政府采取财税、金融、政府采购等政策，对科技资源进行合理优化配置。在税收方面主要采取减免税、费用扣除、加速折旧、投抵免等形式。例如，美国等国家规定了研究开发所用的仪器设备和科研用房等固定资产加速折旧，以免征房地产等税；印度政府对企业界引进国外技术征收占引进费用 5%的税，并用这项税收建立创业投资基金，促进和加速国产技术的开发和应用；日本先后制定了《促进基本技术研究税则》《增加试验研究费税额扣除制度》等税收政策支持高新技术研发活动。

四是立法保障。发达国家注重通过立法保障科技投入。美国《小企业投资法》帮助小企业获得补充的股东资本和长期贷款资金，《小企业创新发展法》《加强小企业研究与发展法》《联邦技术转让法》等立法，都激励着中小企业 R&D 的投入；英国政府实施"对创新方式的资助计划"，通过《企业扩展计划法》等立法，对科技研发在税收上给予优惠；法国于 1985 年通过的《特种投资贷款法令》，要求政府以低息贷款支持中小企业的科技研发；韩国制定了《技术开发促进法》以及《税收减免控制法》。

2. 我国科技投入资源市场配置的现状

我国科技投入模式经历了三个阶段的变迁：第一阶段是改革开放前，在计划经济体制下，财政拨款是科研开发的唯一资金来源。第二阶段是从 20 世纪 80 年代初到 90 年代末的过渡阶段，中国逐步迈向市场化，政府逐步削减财政科技支出，同时鼓励企业和民间机构投入科技创新。20 世纪 90 年代，政府科研经费、企业自筹资金二者的比重基本维持在 30%和 40%左右，企业与政府投入互为补充。第三阶段是 20 世纪 90 年代末以来，企业已成为我国科技创新的主要资金来源。R&D 是科技活动的核心，R&D 资源作为创新活动的基本要素，在技术创新中起着关键作用，是推动科技进步的重要条件。近年来我国 R&D 投入总量不断增长，且呈现较快增长的态势，如图 8-1 所示。

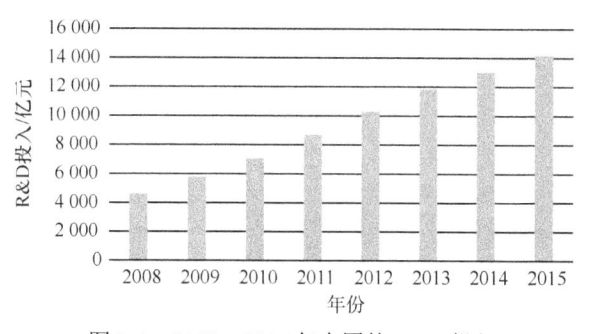

图 8-1　2008~2015 年全国的 R&D 投入

从研发经费的活动类型来看，主要从基础研究、应用研究、试验发展三个渠道进行支出。从表 8-2 可以看出，2008~2015 年，我国的试验发展费用占最大份额，应用研究次之，基础研究花费的 R&D 经费最少，表明我国基础研究有待提高，增长潜力很大，从基础研究的增长速度来看，我国越来越重视基础研究。

表 8-2　2008～2015 年我国 R&D 经费按研究类型内部支出情况（单位：亿元）

年份	R&D 经费内部支出	基础研究	应用研究	试验发展
2008	4 616.02	220.82	575.16	3 820.04
2009	5 791.90	264.80	724.90	4 802.20
2010	7 062.60	324.50	893.80	5 844.30
2011	8 687.20	411.80	1 028.40	7 248.00
2012	10 298.40	498.80	1 162.00	8 637.60
2013	11 846.60	555.00	1 269.10	10 022.50
2014	13 015.60	613.50	1 398.50	11 003.60
2015	14 169.80	716.10	1 528.60	11 925.10

近年来我国 R&D 投入总量增长很快，但从研发强度上看，与国际上发达国家相比仍存在很大差距。R&D 经费支出占 GDP 的比重，是国际上用于衡量一个国家科技活动规模及科技投入强度的重要指标。从表 8-3 可以看出，我国的研发强度虽然在 2009 年超过 1.5%，达到 1.7%，依据国外总结的规律，我国作为发展较快的发展中国家，已经进入工业化的阶段。但是，与发达国家相比，我国的 R&D 强度仍处于较低位置，2014 年，我国的研发强度为 2.02%，美国、德国超过 2.5%，日本、芬兰、瑞典、丹麦、奥地利为 3%～4%，韩国的研发强度甚至超过 4%。但从纵向来看，我国的研发强度处于严格的递增状态，有很大的增长潜力。

表 8-3　2007～2014 年主要国家研发强度比较表（单位：%）

国家	2007	2008	2009	2010	2011	2012	2013	2014
中国	1.40	1.47	1.70	1.76	1.84	1.98	1.99	2.02
美国	2.70	2.84	2.90	2.83	2.77	2.79	2.74	2.90
日本	3.46	3.47	3.36	3.26	3.39	3.35	3.48	3.59
芬兰	3.47	3.70	3.93	3.88	3.78	3.55	3.29	3.17
法国	2.08	2.12	2.26	2.25	2.25	2.29	2.23	2.26
德国	2.53	2.69	2.82	2.82	2.88	2.98	2.83	2.9
瑞典	3.40	3.70	3.60	3.40	3.37	3.41	3.30	3.16
韩国	3.21	3.36	3.56	3.74	4.03	4.36	4.15	4.29
丹麦	2.58	2.85	3.06	3.06	3.09	2.98	3.06	3.05
奥地利	2.51	2.67	2.72	2.76	2.75	2.84	2.96	3.07
荷兰	1.81	1.77	1.82	1.85	2.03	2.16	1.96	2.00
新加坡	2.37	2.65	2.24	2.09	2.23	2.04	2.00	2.00
比利时	1.89	1.97	2.03	2.10	2.21	2.24	2.43	2.47

近年来，我国 R&D 人员呈逐年上升趋势。从总量上看，目前我国 R&D 人力

资源投入已经居于世界前列。统计显示，2015 年从事 R&D 活动人员达到 375.9 万人，居世界第 1 位。但是从相对量上来看，与发达国家相差甚远。从每万劳动力中从事 R&D 的活动人员比较来看，丹麦最多，达到 212 人，瑞典次之，达到 176 人，其他发达国家如日本、英国、法国、德国等，也都基本为 100～200 人。我国 2015 年每万劳动力中从事 R&D 的活动人员只有 49 人，远远落后于这些发达国家。具体数据如表 8-4 所示。

表 8-4 各国 R&D 人员投入情况

项 目	中国	澳大利亚	奥地利	比利时	日本
	2015	2010	2014	2014	2014
从事 R&D 活动人员/千人	3 758.8	147.8	68.1	68.7	895.3
每万劳动力中从事 R&D 活动人员/人	49	160	160	151	137

项 目	韩国	丹麦	法国	德国	瑞典
	2014	2014	2014	2014	2014
从事 R&D 活动人员/千人	430.9	58.7	422.5	603.9	83.5
每万劳动力中从事 R&D 活动人员/人	168	212	155	141	176

通过对我国科技投入现状进行分析，与国外发达国家进行对比，可以发现我国的科技投入资源仍存在以下问题。

一是基础研究投入比例低。基础研究是提高我国创新能力、积累智力资本的重要途径，是建设创新型国家的根本动力和源泉，是跻身世界科技强国的必要条件。我国在基础研究领域的投资比例严重偏低，与科技经济发展水平不相适应，在科技活动投入上较多重视应用研究。连续多年财政收入不足，导致政府支出中科技投入增长迟缓，再加上财政投入项目较多，近几年全国基础研究经费占 R&D 经费比重并未发生明显变化，长期保持在 5%左右，还有很大发展空间。

二是科技投入主体处于分割状态。由于受到传统计划管理体制的影响，我国科技投入体制目前普遍存在条块分割、机构重叠、缺少分工，部门分割、地区分割、军民分割、学科分割，科研项目小型化、短期化、重复研究、分散化的状况。这种状况不仅难以集中优势，还造成了资源的极大浪费。在投入总量约束的条件下，各部门各行其是，互不匹配，资源配置效益低下，难以形成合力以支持跨行业、跨部门的重大项目，最终造成科技资金使用效益不高。

三是科技投入强度弱。近年来我国 R&D 投入总量不断增长，但与国际上其他国家相比仍存在很大差距。R&D/GDP 值象征一国在经济发展中的科技投入强度，是进行科技投入强度国际比较时普遍采用的指标。经济发达国家投入强度均为 2%～5%，与发达国家相比，我国的 R&D 投入强度仍处于较低水平。

四是科技产出转化率低。目前我国的科技成果产业化率不到30%，转化速度也较慢，主要是因为当前我国的研究部门之间自成体系，缺乏总体的规划，导致重复建设很多；研究部门与企业之间的结合不紧密，科技和经济联系不紧密，导致成果研发和成果应用分离，科研成果无法进入应用领域，从而无法实现经济价值。此外，科技投入在使用过程中实行的是粗放绩效考评，问责机制薄弱。

我国科技投入资源市场配置存在问题的原因分析如下。

一是融资渠道不畅，社会资本投入目标不明。针对科技活动的社会基金缺乏有效的激励机制，民间资本无法进入。企业受到经营范围限制，国际资本受到外汇政策限制，使企业和资本被大量地分割管理，资源不能有效流动。就市场本身而言，社会性资金、资产向科技的流动投入存在重重障碍，存在社会资金不知投什么好、科技资金需求不知道找谁去要的问题。

二是政府角色错位。政府对科技资源的管理实行了过多的干预，这就造成了条块分割。在政府权力占压倒性地位的情况下，科技资源管理与配置的社会中介组织就没有生长的土壤。政府没有发挥应有的宏观协调管理作用。缺乏科技资源投入的优化配置，导致资源的严重浪费。

三是金融机构经营理念传统守旧。中小企业融资难的问题是我国经济发展的重要瓶颈。很多民营科技企业在科技政策得不到落实的情况下，不得不转型成为商贸企业来积累资金，或出售技术，转变成工程企业以应用技术、维持生存。金融机构追求短期利益，排斥无抵押的中小科技企业，导致中小型科技创新企业实现了创业却无法壮大。

8.3.2 科技投入资源市场配置实证分析

1. 研究方法

基于 DEA 和 Malmquist 指数开展科技投入资源市场配置效率评价。为了全面、动态地描述科技资源市场配置效率的变化态势，以我国 30 个省（自治区、直辖市）的 2009~2016 年的面板数据为研究对象，对科技投入资源市场配置效率进行测度。运用 DEA 方法进行效率评价，可直接利用投入、产出数据构造生产可能集的前沿面，具有无须事先限定权重等优点，而 Malmquist 指数又可以做动态分析。因此采用 DEA 方法和 Malmquist 指数对其进行研究。

2. 理论模型

DEA 是一种线性规划模型，由 Charnes、Cooper、Rhodes 于 1978 年提出，是一种效果评价方法，它是以相对有效概念为基础发展起来的。DEA 是一种非参数的统计方法，它的基础是相对效率，往往用来对有相同类型的多投入、多产出的决策单元是否技术有效进行评价，其优点在于摒弃了传统主观的赋权方法。DEA 方法包括的模型有很多，一般采用超效率模型。

1）超效率模型

P. A nersen 等学者于 1993 年提出一种 CCR 模型的改进模型，即超效率 DEA 模型，克服了 CCR 模型无法对多个决策单元做出进一步的评价和比较的缺陷，使有效决策单元能够进行比较、排序。超效率 DEA 模型数学表达式如式（8-1）：

$$\begin{cases} \min\left[\theta - \varepsilon\left(\sum_{i=1}^{m} S_i^- + \sum_{i=1}^{r} S_i^+\right)\right] \\ \text{s.t.} \sum_{\substack{j=1 \\ j \neq k}}^{n} X_{ij} + S_i^- \leqslant \theta X_0 \\ \sum_{\substack{j=1 \\ j \neq k}}^{n} Y_j - S_i^+ = Y_0 \\ \lambda_j \geqslant 0 (j=1,2,\cdots,n), S_i^+ \geqslant 0, S_i^- \geqslant 0 \end{cases} \quad (8\text{-}1)$$

超效率 DEA 模型的评价思想如下：要对某决策单元进行效率评价时，先将其排除在外。在测评时，就无效的决策单元而言，其生产前沿面不变，因此其最终效率值与用传统 DEA 模型测量出来的一样；但就有效决策单元而言，在其效率值不变的前提下，投入按比例增加，将投入增加的比例记为超效率评价值。因其生产前沿面后移，故测定出的效率值要大于利用传统 DEA 模型测定的效率值。如图 8-2 所示，在计算单元 B 的效率值时，将其排除在 DMU 参与集合之外，则此时 ACDE 成为有效生产前沿面，线段 BB_1 表示 B 点的投入量仍然可增加的幅度，则 B 点的超效率评价值=OB_1/OB>1。进一步地，A、C、D 点的超效率评价值依照相同的逻辑可以测算出来，且它们都是大于 1 的值。

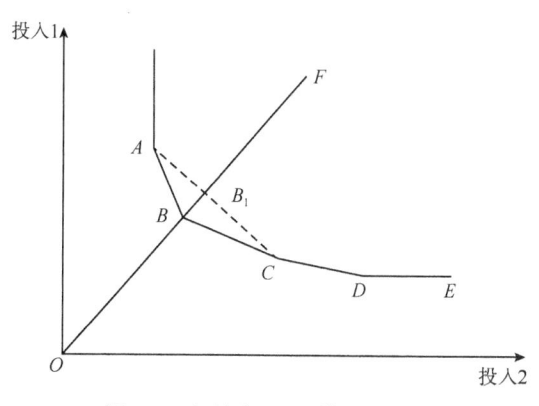

图 8-2 超效率 DEA 模型评价图

2）Malmquist 指数

Malmquist 生产率指数最早由 Sten Malmquist 于 1953 年提出。1994 年，由 Fare、Crosskopf 等将这一理论的一种非参数线性规划法与 DEA 理论相结合，建立了用来观察两个不同时期全要素生产率（total factor productivity, TFP）增长的 Malmquist 指数，弥补了静态 DEA 模型不能对面板数据进行分析的不足，其计算公式为式（8-2）：

$$M_0(x^t, y^t, x^{t+1}, y^{t+1}) = \left[\frac{D_0^t(x^{t+1}, y^{t+1})}{D_0^t(x^t, y^t)} \frac{D_0^{t+1}(x^{t+1}, y^{t+1})}{D_0^{t+1}(x^t, y^t)}\right]^{\frac{1}{2}}$$

$$= \left[\frac{D_0^t(x^{t+1}, y^{t+1})}{D_0^{t+1}(x^{t+1}, y^{t+1})} \frac{D_0^t(x^t, y^t)}{D_0^{t+1}(x^t, y^t)}\right]^{\frac{1}{2}} \frac{D_0^{t+1}(x^{t+1}, y^{t+1})}{D_0^t(x^t, y^t)}$$

$$= \text{TCH} \times \text{TEC} = \text{TCH} \times \text{PEC} \times \text{SEC} \qquad (8\text{-}2)$$

其中技术进步率和技术效率为式（8-3）：

$$\text{TCH} = \left[\frac{D_0^t(x^{t+1}, y^{t+1})}{D_0^{t+1}(x^{t+1}, y^{t+1})} \frac{D_0^t(x^t, y^t)}{D_0^{t+1}(x^t, y^t)}\right]^{\frac{1}{2}} \quad \text{TEC} = \frac{D_0^{t+1}(x^{t+1}, y^{t+1})}{D_0^t(x^t, y^t)} \qquad (8\text{-}3)$$

式中，$D_0^t(x^t, y^t), D_0^{t+1}(x^t, y^t)$ 分别为根据生产点在相同时间段（t 和 $t+1$）同前沿面技术相比较的投入距离函数；$D_0^t(x^{t+1}, y^{t+1})$，$D_0^{t+1}(x^{t+1}, y^{t+1})$ 分别为根据生产点在混合期同前沿面技术相比较得到的投入距离函数。

Malmquist 指数（TFP index）由技术变化（technological change，TCH）和技术效率（technical efficiency change，TEC）两部分组成，而技术效率又可分解为纯技术效率（pure technical efficiency chage，PEC）和规模效率（scale efficiency chage，SEC）。若 TFP 大于 1，表示生产率增长；若 TFP 小于 1，表示生产率下降；若 TFP=1，则表示在此期间生产力没有发生变化。

科技投入资源市场配置效率是市场配置的科技资源产出与投入之比，本部分基于评价指标的系统性、科学性和可得性原则，提出全国科技投入资源市场配置效率的评价指标体系如表 8-5 所示。

表 8-5 全国科技投入资源市场配置效率的评价指标体系

一级指标	二级指标	指标说明
科技投入	R&D 人员全时当量	创新人力资源
	R&D 经费内部支出	创新财力资源
	规模以上 R&D 经费外部支出	
	规模以上企业新产品开发支出	
科技产出	专利受理数	间接效益
	技术市场交易额	直接效益

3. 实证分析

1）指标选取与数据采集

选取全国 30 个省（自治区、直辖市）作为对象，利用 2009~2016 年的面板数据进行分析。数据来源于《中国统计年鉴》《中国科技统计年鉴》。

运用 DEA 模型测度科技投入资源市场配置效率时，样本数据需要满足一个条件，即样本产出随投入的增加而变大，这种性质称为等张性。用 Stata 12.0 软件进行 Pearson 相关分析检验，看选取的样本数据是否满足该性质，计算结果如表 8-6 所示，相关系数位于 0.8~1，说明样本投入与产出变量之间存在极强的相关关系，满足模型的等张性要求。

表 8-6 投入、产出变量之间的 Pearson 相关系数

变量	R&D 人员全时当量	R&D 经费内部支出	规模以上 R&D 经费外部支出	规模以上企业新产品开发支出	专利受理数	技术市场交易额
R&D 人员全时当量	1.000					
R&D 经费内部支出	0.954*	1.000				
规模以上 R&D 经费外部支出	0.861*	0.876*	1.000			
规模以上企业新产品开发支出	0.938*	0.903*	0.877*	1.000		
专利受理数	0.897*	0.859*	0.752*	0.943*	1.000	
技术市场交易额	0.935*	0.899*	0.894*	0.976*	0.913*	1.000

注：*代表在 10%显著水平下具有统计显著性

2）基于超效率模型的全国科技投入资源市场配置效率静态分析

为了有效分析科技投入资源市场配置效率，采用投入导向的超效率 DEA 模型对各省（自治区、直辖市）进行评价，运用 DEA-solver pro 10.0 软件计算得到全国 30 个省（自治区、直辖市）的科技投入资源市场配置超效率值，结果如表 8-7 所示。

表 8-7 全国 30 个省（自治区、直辖市）的科技投入资源市场配置效率

省（自治区、直辖市）	2011	2012	2013	2014	2015	均值	排名	三大地区均值
北京	1.866	1.028	1.513	0.994	1.012	1.123	2	
天津	0.851	0.812	0.879	0.764	0.914	0.844	8	
河北	0.619	0.560	0.479	0.465	0.461	0.517	22	0.849
辽宁	0.680	0.677	0.689	0.650	0.610	0.661	18	
上海	1.015	0.911	0.942	0.951	0.967	0.957	5	
江苏	1.093	1.481	1.398	1.561	1.175	1.342	1	

续表

省（自治区、直辖市）	2011	2012	2013	2014	2015	均值	排名	三大地区均值
浙江	1.095	1.024	0.988	1.065	1.041	1.043	4	0.849
福建	0.574	0.518	0.535	0.527	0.524	0.536	21	
山东	0.853	0.775	0.766	0.685	0.716	0.759	13	
广东	0.849	0.830	0.820	0.882	0.880	0.852	7	
海南	1.295	0.644	0.648	0.491	0.476	0.711	16	
山西	0.496	0.362	0.463	0.463	0.488	0.454	28	0.589
吉林	0.665	0.732	0.381	0.320	0.337	0.487	26	
黑龙江	0.465	0.439	0.976	1.076	0.957	0.783	12	
安徽	0.523	1.047	0.725	0.802	0.832	0.786	11	
湖北	1.034	0.701	0.919	0.571	0.556	0.756	14	
湖南	0.557	0.567	0.591	0.426	0.419	0.512	23	
江西	0.388	0.397	0.430	0.435	0.464	0.423	29	
河南	0.488	0.507	0.537	0.524	0.495	0.510	24	
内蒙古	0.499	0.313	0.232	0.470	0.249	0.353	30	0.687
广西	0.365	0.375	0.363	0.491	0.697	0.458	27	
重庆	0.781	1.024	0.984	0.909	0.997	0.939	6	
四川	1.036	1.052	1.120	1.044	0.964	1.043	3	
贵州	0.544	0.565	0.990	0.819	1.185	0.821	10	
云南	0.608	0.618	0.584	0.638	0.560	0.602	19	
陕西	0.717	0.738	0.901	0.924	0.896	0.835	9	
甘肃	0.631	0.675	0.710	0.745	0.858	0.724	15	
青海	0.675	0.653	0.671	0.658	0.812	0.694	17	
宁夏	0.347	0.445	0.496	0.596	0.617	0.500	25	
新疆	0.736	0.539	0.496	0.589	0.570	0.586	20	
均值	0.722	0.704	0.728	0.718	0.731	0.720		

由表 8-7 可以看出，全国 30 个省（自治区、直辖市）2011～2015 年的科技投入资源市场配置效率的平均值为 0.720，处于良好状态，但离达到有效还有一段距离，说明全国 30 个省（自治区、直辖市）的科技投入资源市场配置效率还有待提高，有较大的潜力。从全国 30 个省（自治区、直辖市）横向比较，有 15 个省（自治区、直辖市）科技投入资源的配置效率超过全国值，其中，江苏省的配置效率平均值达到 1.342，居于首位，处于高效率状态。从地区间纵向比较来看，大多数省（自治区、直辖市）科技投入资源市场配置效率随着时间的变化呈现波动式

变化趋势。从地区划分来分析，东部地区的 11 个省（自治区、直辖市）2011~2015 年的科技投入资源市场配置效率平均值为 0.849，处于偏高效率状态，高于中西部地区，处于绝对领先的位置，由图 8-3 也可以看出，东部地区科技投入效率值高于中西部，这与东部地区产业结构转型升级，着重发展生物医药、新能源、节能环保、新材料等一系列战略性新兴产业有关。而西部地区的配置效率的平均值为 0.687，高于中部地区的 0.589，表明中部地区没有发挥好承东启西的作用。

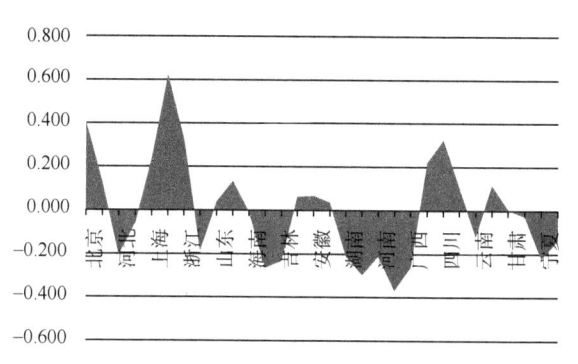

图 8-3 各省（自治区、直辖市）科技投入资源均值与全国投入均值比较

3）基于 Malmquist 指数的全国科技投入资源市场配置效率动态分析

为了更好地分析全国 30 个省（自治区、直辖市）科技投入资源市场配置效率的变化趋势，运用全国 30 个省（自治区、直辖市）2011~2015 年的面板数据，采用 Malmquist 指数模型计算了其效率变动值。如表 8-8 所示。

表 8-8 全国 30 个省（自治区、直辖市）各年份平均 Malmquist 指数及其分解

年份	技术效率 TEC	技术变化 TCH	纯技术效率 PEC	规模效率 SEC	全要素生产率 TFP
2011~2012	0.909	1.222	0.964	0.943	1.110
2012~2013	1.026	0.994	1.022	1.003	1.019
2013~2014	0.983	1.158	0.999	0.984	1.139
2014~2015	1.021	1.091	0.987	1.034	1.115
均值	0.984	1.113	0.993	0.991	1.095

由表 8-8 可以看出全要素生产率呈现波动式增长。从年均增长率的分解来看，技术变化年均增长率为 11.3%，而年均技术效率、纯技术效率以及规模效率是下降的，分别下降 1.6%、0.7%以及 0.9%，由此可见，全国 30 个省（自治区、直辖市）配置效率的增长全部来自技术进步推动。规模效率的下降表明在现有科技投入规模下，科技投入资源的利用效率低，没有将科技投入最大限度地转化为对经济增长的贡献产出。

我国科技投入资源市场配置效率仍有待提高,科技投入主体处于分割状态,普遍存在以下现象:条块分割、机构重叠、缺少分工;融资渠道不畅,社会资本投入目标不明,针对科技活动的社会基金缺乏有效的激励机制,民间资本无法进入;企业受到经营范围限制、国际资本受到外汇政策限制,使企业和资本被大量地分割管理,资源不能有效流动;金融机构经营理念传统守旧,金融机构追求短期利益,排斥无抵押的中小科技企业,导致中小型科技创新企业实现了创业却无法壮大。本书提出如下对策建议:一是建立财政科技投入稳定增长机制,充分发挥政府科技投入的引导作用。由于基础科学性研究、应用研究与部分技术开发具有公共产品的特性和较强的外部性,再加上科学研究尤其是基础性科学研究和技术开发,具有投资规模大、投资周期长和高风险的特征,因此企业及其他社会资本一般不愿介入,必须建立政府科技投入稳定增长机制,用政府投入撬动企业和社会投入。二是构建多层次科技金融支持体系,拓宽融资渠道。科技的投入产出过程是一个高投入、高风险、高收益并存过程,再加上科研机构存在发展初期规模小、资产少、抵押品有限、资信度低等问题,因此传统的融资渠道已不能满足科研开发对资金的需求,必须寻求新的融资途径。我国应积极构建多层次的科技金融支持体系。具体而言,就是要健全商业银行科技贷款风险补偿机制,积极引导各类商业银行开展针对科技企业的差别化和标准化服务;进一步完善政策性金融支持体系;大力推动创业投资的发展,努力吸引海外创业投资;发展多层次的资本市场体系;改善社会信用环境,加强全社会信用体系建设及相关基础设施建设。三是激励企业继续加大科技投入,不断提高自主创新能力。我国企业的科技投入同发达国家相比还有很大差距,并且企业的研发能力明显不足,原始性创新、集成创新、引进消化吸收再创新能力都比较弱,尤其是大多数中小企业几乎没有研发能力。因此,在不断提高政府科技投入的同时,还要激励企业进一步加大科研投入。要针对企业现状和未来发展的需要,确定各类企业的科技投入目标,确保企业技术创新活动的开展;要继续深化企业体制改革,采取有力措施,营造良好环境,使企业真正成为投资主体、风险主体和利益主体。目前,关于市场经济条件下的科技投入模式,社会上学者们研究较多。形成的基本共识是,以政府投入为引导,以企业投入为主体,实现政府、企业、金融体系、第三部门在市场资源配置基础机制之上的科技投入的合理分工和协调配合,如图8-4所示。

在图8-4中,政府在纯公益品领域以直接拨款方式为主担当投入主体;在准公益品领域以直接拨款、税收支出、政府采购和政策性金融支持等多种方式参与投入并做政策引导;在私人产品领域,政府一般不提供资金,主要职责是维护完善的公平竞争市场环境并施以合理政策引导。对企业、商业性金融机构、非营利机构的投入潜力,应积极鼓励、引致为现实投入,并形成多方面合力的有利形势。本书认为,建立市场经济条件下的多元化科技投入宏观架构体系,应该围绕科技

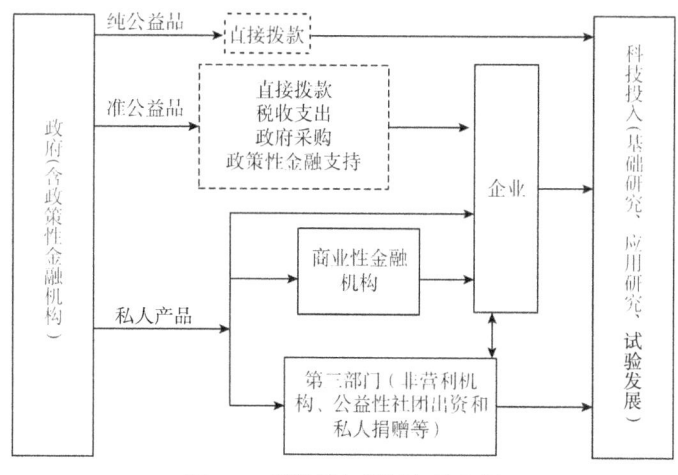

图 8-4 科技投入资源市场配置

发展总体目标,发挥政府财政资金主导作用,构成新型的多层次的科技投入基金,实现政府、科研机构、金融体系、企业在科技投入上的合理分工和协调配合。政府通过政策制定和环境建设,继续发挥财政资金对社会投入的引导和激励作用,在加大政府投入的同时,将政府投入纳入法制化管理轨道,并对投入结构进行改进;金融支持对于科技资源产业化具有重大意义,是解决科技企业外延资金、外延融资,促进社会技术进步的有效途径。构建科技投入的金融支持平台,是跨越式发展的现实要求,也是科技融资体系的重要环节;企业的研发能力已经成为关系国家产业技术创新能力和国家竞争力的核心,政府的作用更多地集中于提供完善的外部制度环境和税收优惠等政策,引导和刺激企业与社会加大科技投入,通过产学研结合及企业承担科技计划项目等方式,引导企业成为产业技术创新主体。

8.4 本章小结

本章开展科技投入资源市场配置研究,主要从科技投入资源的内涵、国内外研究现状和实证研究三方面开展研究。

科技投入资源的内涵部分,指出目前关于科技投入的概念界定在学术界还未形成统一意见,部分学者认为科技投入主要是对科技活动的人、财、物的投入,另一部分认为科技投入是科技活动经费投入,本书认为的科技投入是在综合两者的基础上提出的,指的是来自企业、政府以及高校等机构的科技经费投入与科技人员投入的总和。

国内外研究现状部分,从科技投入现状与趋势、科技投入与产出关系的分析、科技投入活动绩效评价方法三方面开展研究,研究发现我国投入资源的效率不高,主要表现在投入冗余和产出不足,总体来看是市场机制没有充分发挥作用,国内外学者对科技投入资源在市场配置的模式和机制研究较少。

实证研究部分,从定性和定量角度开展我国科技投入资源市场配置的现状分析,研究发现我国科技投入资源市场配置效率仍有待提高,科技投入主体处于分割状态,我国科技投入体制目前普遍存在以下现象:条块分割、机构重叠、缺少分工;融资渠道不畅,社会资本投入目标不明,针对科技活动的社会基金缺乏有效的激励机制,民间资本无法进入;企业受到经营范围限制、国际资本受到外汇政策限制,使企业和资本被大量地分割管理,资源不能有效流动;金融机构经营理念传统守旧,金融机构追求短期利益,从而导致中小型科技创新企业实现了创业却无法壮大,因此需要构建完备的市场机制,包括有效的供求机制、良性的竞争机制、合理的价格机制等。

第9章 科技资源市场配置规制研究

9.1 规制的内涵

规制的概念从提出到现在，经历了一个从特殊到一般、从较为广泛化逐步走向专门化的演化过程。规制是指政府根据相应的规则对微观经济主体行为实行的一种干预。规制经济学是以微观经济学和产业组织理论为基础，吸收法经济学相关研究成果而发展起来的一门新兴应用学科。对于"规制"的含义，不同的经济学家亦有不同的理解与解释。有的经济学家把规制当成政府干预的同义语，因此规制就属于宏观的范畴。如日本的金泽良雄将规制解释为"在以市场机制为基础的经济体制条件下，以矫正、改善市场机制内在问题（广义的'市场失灵'）为目的，政府干预和干涉经济主体（特别是企业）活动的行为"。这里所说的"干预"不仅包括与微观经济有关的政策，还包括与宏观经济有关的政策，如"主要是以保证分配的公平和经济增长、稳定为目的的政策——财政税收金融政策"。日本经济学家植草益根据金泽良雄的定义，提出了更为广义的规制，即依据一定的规则，对构成特定经济行为（从事生产性和服务性经济活动）的经济主体的活动进行规范和限制的行为。由于实施规制行为的主体有私人和社会公共机构两种类型，又分为由私人进行的规制，如私人约束私人（像父母约束子女）的行为，则称为私人规制；由社会公共机构进行的规制，如政府部门对私人以及其他经济主体行为的规制，被植草益称为"公"的规制或公共规制。而大多数学者则把规制看作政府对微观经济的干预。施蒂格勒（Stigler）在规制理论上做出了重要贡献。1971年施蒂格勒提出，"规制作为一项规则（rule），是对国家强制权的运用，是应利益集团的要求为实现其利益而设计和实施的"。到1981年，施蒂格勒又将规制的范围扩展到所有的公共—私人关系中，即不仅仅包括"老式"的公共事业和反托拉斯政策，还包括"要素市场的公共干预"，举债和投资以及对商品的服务和生产、销售或交易的公共干预。1981年，乔斯克（P. L. Joskow）和诺尔（G.Noll）全面总结了竞争与非竞争产业里的价格规制和进入规制，以及对"质量"（环境、健康、就业安全及产品质量）的规制。他们还强调以规制的政治、行政程序为研究重点的规制立法与官僚经济理论的重要性。史普博（Spulber）则另辟蹊径，在综合经济学、法学、政治学定义的规制的基础上，重新界定了规制的内涵。他认为，传统经济学意义上的规制定义忽视了行政程序的作用，并已将政府的政策选择与执行这些政策的机构分隔开来。规制的法学定义明确了行政程序的重要性及官僚机构制定法规的法律框架,规制的政治学定义则强调公共选择和规制的行政政策方面。史普博认为,所有这些定义都倾向于把市场忽略掉,尽管市场是规制政策存在的理由和规制政策实施的前提。因此,他站在一个批判和综合的角度提出了一个全新的规制定义,试图将行政决策模型和市场机制模型统一起来。他给规制本身和规制的过程下了如下两个定义。

定义 1:规制是由行政机构制定并执行的直接干预市场配置机制或间接改变企业和消费者供需决策的一般规则或特殊行为。

定义 2:规制过程是由被规制市场中的消费者和企业、消费者偏好和企业技术、可利用的战略以及规则组合来界定的一种博弈。

综上所述,在长期的研究过程中,国内外的理论界和实际部门已经基本达成了这样的共识:所谓规制,就是政府根据相应规则对微观经济主体行为实行的一种干预。规制亦逐渐成为一个固定化、专门化的名词。本书所讨论的规制是从现代意义上对其界定,即"规制者(政府或规制机构)利用国家强制权依法对被规制者(主要是企业)进行直接或间接的经济、社会控制或干预",其目标是克服市场失灵,实现社会福利的最大化,即实现"公共利益的最大化"。

1. 规制的分类

根据不同的标准,规制可以分为不同类型。依据目的的不同,规制可以分为竞争性规制和保护性规制。前者指政府对特许权或者服务权的分配,后者则为通过设立一系列条件以控制私人行为而维护公共利益。依据政府干预对象的不同,规制分为直接干预市场配置机制的规制,如价格规制、产业规制、合同规制;通过影响消费者决策从而影响市场均衡的规制;通过干扰企业决策从而影响市场均衡的规制。美国经济学家罗伯特·哈恩(Robert Hahn)和托马斯·霍普金斯(Thomas Hopkins)则把规制分为社会规制、经济规制和程序规制三种。

一般认为,学术界正统的规制分类法应该来自日本经济学家植草益的观点,这也符合西方发达国家的规制实践。植草益把规制分为私人规制和公共规制。由司法机关、行政机关以及立法机关进行的对私人以及经济主体行为的规制称为公共规制,公共规制可分为直接规制(direct regulation)和间接规制(indirect regulation),其中直接规制是指由政府行政部门直接实施的政府干预,即对特性强烈的公共产品与外部不经济性以及严重影响社会公益的经济活动直接进行约束和规制。间接规制是指以形成与维持竞争秩序为目的,不直接介入经济主体的决策而只制约那些阻碍市场机制发挥职能的行为。间接规制一般是司法机关为了防止不公平的竞争而根据反垄断法、民法、商法等法律制度对垄断行为、不公平竞争行为以及不公正交易行为所进行的间接制约。按照规制的内容又将直接规制分为经济性规制

(economic regulation) 和社会性规制 (social regulation), 其中经济性规制是针对特定产业的规制, 是指在自然垄断和存在信息不对称的领域, 主要为确保使用者的公平使用和防止发生资源配置低效率, 政府用法律权限, 通过许可和认可等手段, 对企业的进入和退出、价格、服务的数量和质量、投资、财务会计等有关行为进行的规制。社会性规制是指以保障劳动者和消费者的安全、健康、卫生、环境保护, 防止灾害为目的, 对产品和服务的质量以及伴随着它们而产生的各种活动制定一定标准, 并禁止、限制特定行为的规制。

在直接规制中, 还需要区分规制者与被规制者之间的关系。一般说来, 直接规制的具体规制者和具体规制对象是根据作为名义规制者的公共机构和作为名义被规制者的企业之间的具体关系决定的, 并主要取决于企业的产权结构和产权性质。如果企业是私营性质的, 那么作为规制者的所谓公共机构就应当是政府主管该产业的各级或相应的行政机关; 而如果企业是公营性质的, 那么规制者就应当是各级或相应的立法机关。就此而言, 在实际规制过程中, 作为规制者的所谓公共机构的组成, 通常包括政府行政机关和立法机关两部分。当然, 这种规制相对经济学意义上的规制而言是一种广义上的概念。

2. 规制的内容

一般来说, 规制起源于市场失灵, 它是用来修正市场制度的种种缺陷, 以避免市场经济运行可能给社会带来的弊端。因此, 规制的内容或范围依据市场失灵而确定。一般而言, 规制的内容可以区分为对以下几类市场失灵的治理: 垄断、外部性、内部性。

(1) 对垄断行为的规制。垄断是导致市场失灵的最基本的原因之一。自由竞争是市场配置资源达到"帕累托最优"的内在要求, 是市场机制正常发挥作用的基本前提。垄断权力的存在, 不管这种权力是自然形成的还是市场竞争形成的, 都会使产品或服务的价格和数量偏离"帕累托最优"的市场均衡, 造成社会福利净损失。对于垄断的限制是规制最初的动因, 也是传统规制的最主要内容。垄断可以分为两类: 自然垄断和经济垄断。对于这两种垄断的力量都需要规制。但是, 由于它们形成的原因不同, 规制的方式也不同, 甚至可能相反。目前, 世界上主要有三种对垄断规制的模式: 一是结构主义模式。它根据产业集中度指标判定一个产业是否存在垄断, 如果存在垄断企业, 则采取解散或拆分等措施, 维护市场的竞争结构。日本的私人垄断法属于这种模式。二是行为主义模式。它不太关注产业的集中度问题, 只注重一个具有垄断能力的企业是否滥用了其对市场的支配力, 是否存在限制、排斥其他竞争者的行为。如果有, 则采取责令其停止或让其做出损害赔偿的办法, 并不采取改变市场原有结构的措施。德、英、法等国家及欧盟的反垄断法大都属于这一类型。三是介于上述两者之间的准结构主义模式,如美国的《谢尔曼法》和《克莱顿法》。它们关注的问题是行为方面的,而采取的措施却是结构方面的。

(2)对外部性行为的规制。外部性问题也是市场失灵的一种基本原因。规制要解决这种外溢效应,必须通过税收(补贴是负税)等来影响行为主体的决策变量(主要是成本和收益),形成一个以总体成本—收益分析为基础的决策机制,改变经营主体活动的约束条件,促使其做出符合社会要求的决策。外部性有两大类——正外部性和负外部性。对于这两种不同的外部性,政府需要采取不同的规制措施。一是对负外部性行为的规制——资源和环境规制。对公共环境的污染和对公共资源的滥用是最为典型的负外部性行为。对这类行为的规制就是要将整个社会为其承担的成本转化成为其自己承担的私人成本。在生态环境保护方面,政府应该采取收污染税、排污费或其他限制措施,对工厂排放废水和废气、汽车排放尾气、各种噪声污染等造成的环境污染问题进行有效的规制,以防止生态环境被人为破坏。对于不可再生的自然资源,如矿产资源、森林资源、渔业资源,政府应该制定相关的法律法规、国土整治规划或收取相应的资源使用费,防止这些资源被滥采滥用,使之能够被合理地开发和使用。二是对正外部性行为的规制——公共品和社会保障规制。对于具有正外部性的产品或服务必须给予相应的补偿或激励,否则就不会有人愿意提供此类产品或服务。公共品就是具有正外部性的一种特殊产品,市场不能给予相应的补偿,因而私人部门不会自愿供给,需要政府进行激励或直接供给。对纯公共品,政府一般直接提供;对于准公共品,如基础教育和基础研究,政府要给予私人部门相应的补贴以激励其提供该物品。对技术创新或发明,政府一般采取知识产权的方式,让当事人享有一定期限的专有权以激励其提供该技术或发明。社会保障是公共利益的重要内容,也具有较强的正外部性,私人部门一般不会自愿实行,必须通过政府采取一定的强制措施来实施,这就是社会保障规制,它们包括养老保险、失业保险、科研保险、贫困救济及生产安全等内容。

(3)对内部性行为的规制。内部性问题产生的原因是信息缺乏。由于市场上的信息天然地存在不完全和不对称,政府应该纠正市场信息上的缺乏,进而对内部性行为进行相应的规制。这一类规制的重点是为了保护处于信息劣势一方的权益不受到具有信息优势一方的侵害,它主要体现在产品及服务质量的规制、欺诈行为的规制、产品特征信息、公示、从业人员资格和特许经营许可制度等方面。对质量规制的原因有两个:一是对于产品质量方面的信息,消费者处于劣势,不对质量进行规制,消费者可能被假冒伪劣的产品所欺骗;二是某些特别产品或服务,如食品、科研服务等,可能会危害消费者的身体健康或生命安全,对于这些产品或服务应当进行更加严格的质量规制。政府通过对产品的质量制定各种标准(如国家标准、行业标准等),使没有达到质量标准的产品不能够进入市场,从一定程度上提高了市场产品的平均质量，既保护了消费者的利益，又使得市场交易的达成更为便利。因为产品按照统一标准生产时，消费者不必对市场上的产品平均质量的分布进行估测和计算，而可以根据产品标准的高低判断产品质量的高低，减少信息成本。在不规范的市场内，大量的欺诈行为和其他不正当的经营行为，如假冒伪劣、短斤少两、价格欺诈、虚假广告等同样是信息缺乏引起的，需要政府采取严厉措施进行打击。另外，由于信息缺乏所带来的风险特别是金融风险问题，对社会的危害较大，也属于规制的范围，它包括对金融机构和对金融市场的规制，如政府对金融活动中的企业（银行、证券公司、保险公司、上市公司等）就有很多的规制，如进入规制、价格规制、资本充足性规制等。同时，还要求金融领域的被规制者及时、真实地披露信息，以降低逆向选择和道德风险发生的可能性，保护广大投资者的利益。本书研究科技资源市场配置规制问题，主要从政府微观规制视角进行分析。

3. 规制的特征

从政府角度看，规制是政府干预经济生活的手段；从企业角度看，规制构成了企业运行的外部制度环境，是由政府确定的企业参与经济活动的基本博弈规则，它通过影响企业的博弈行为和博弈策略来影响特定产业的市场结构与经济绩效。

规制是一种制度安排，具有显著的制度特征。制度确定了参与市场行为的行为边界；规制对企业行为起着约束和激励作用。规制具有显著的制度特征，因此制度政策必须具有一定的稳定性，以便企业能够产生稳定的预期，在稳定预期下进行理性的投资和经营活动。

（1）规制主体的公共性。规制主体的公共性是指规制政策的制定和实施是由政府公共部门进行的。政府公共部门对全体社会成员具有普遍性和强制力，拥有超经济强制权利和行政权利，呈现显著性。政府的这些特征使政府在矫正市场失灵方面具有明显的优势。因此，在经济学界，金泽良雄曾将规制定义为"公"的规制，指在以市场机制为基础的经济学体制中，以改善和矫正市场机制内在的问题为目的，政府干预市场主体的行为。

（2）规制方式的限制性。公共机构干预经济活动有积极引导和消极限制两种方式。规制属于后者，即为维护公共利益，对阻碍市场机制发挥应有功能的现象或市场机制无法作用的领域实施限制。

（3）规制政策的动态性。规制作为政府对市场失灵的特殊回应，其内容不仅随着垄断和竞争边界的变化而动态进行调整，而且与一定时期的国家经济政策导向有着十分密切的关系。作为公共选择的结果，规制是随着经济形势的变化、技术进步和产业结构状况而动态调整的。

（4）规制范围的微观性。尽管规制会对产业组织结构产生影响，而且具有对整个资源配置和利益分配进行调节的功能，但其直接作用对象是企业微观经济行为。这一点体现了规制与其他经济政策的明显区别。

4. 规制的方法

规制的方法是规制执行的重要方面，它不仅与规制的范围共同决定了规制不同于市场失灵的其他干预手段，而且是规制改革的重要内容。从规制的发展立场来看，规制采用的方法可以分为两个阶段：一是采用传统的规制方法阶段，二是采用激励性的规制方法阶段。

1）传统的规制方法

传统的规制一般采用直接限制企业某些行为的方法，具体有价格规制、进入规制、质量规制、数量规制等。限制性规制方法的最重要特征就是企业行为较少有自主性。在受到规制的行为方面，企业一般是不能自行其是的，只能按照政府的规定行事，否则就要受到处罚。

一是价格规制方法。价格规制是政府最常用的规制方法，因为侵害他人利益最直接的表现就是产品价格不合理。价格规制一般采取政府定价，由政府确定一个统一的价格，企业严格按照这个价格提供产品或服务。政府对金融部门的规制常常采用统一价格的方法，如由国家制定统一的利率、保险费率等。公共服务的收费也大多是采用这种方法，政府制定统一的收费标准以防止服务部门乱收费行为。收费部门必须按照统一的收费标准收费，不得自行设定标准外的收费项目，也不得擅自提高收费标准。

二是进入规制方法。进入规制比价格规制更为严格，因为它不仅对主体的行为进行规制，还直接对主体的资格进行规制，进入规制按照规制程度的差别可以分为完全禁止制、注册制、申报制、许可制等。完全禁止制可以说是最严厉、最强硬的规制措施，它规制任何主体的进入，如毒品的生产。注册制是指由政府制定获得资格的必要条件，并对这些条件加以检验，对符合条件的给予登记注册。申报制是指按照一定程序向政府的相应部门提出申请，并提供相应的申报材料，主管部门进行必要的审查后对符合条件的给予进入资格。不论是注册制还是申报制，原则上只要资格的必要条件和申报材料都齐备了，一般就不规制进入。许可制是指除非取得了严格的资格条件或者是获得了政府的特别许可，否则都不准许进入。许可制一般应用于特殊行业的进入规制，如自然垄断行业。还有律师、会计师、医师等特殊行业的资格规制，也是为保障服务质量而采取进入规制方法。

三是质量规制方法。由政府制定有关的产品或服务的质量标准以及检验和惩罚制度，企业必须在标准之上提供产品或服务，不得低于标准的要求。政府相关部门定期或不定期地进行监督、检查、评估，对于不符合标准的企业或产品进行公布、罚款、责成改进等，必要时还要给予停产整顿以至吊销营业执照的惩罚。对于食品卫生、医疗保健、卫生防疫等与消费者健康和安全直接相关的特殊行业，一般采取更为严格的质量标准，还辅助以特殊经营许可和从业人员资格等进入方面的规制，如对食品级饮食服务进行定期的、严格的卫生检查；对医疗、保健、美容等服务实行特许经营和职业资格制度等。

四是数量规制方法。直接的数量规制也是政府规制常常采用的方法，仅应用于少数物品上，主要是对一些有害物品的生产和供应进行规制。如烟草、烈性酒等，一般政府要规定总产量和供应量，或采取政府专营的方法。对于那些严重危害社会或影响人们身心健康的物品，数量规制更加严格，如毒品零数量的规制，即完全禁止。另外，数量规制曾被广泛应用于国际贸易领域之中，不过数量规制的方法已遭到越来越多的反对。政府对于某些特殊的进口或出口的产品，常常直接加以数量上的规制。

2）激励性的规制方法

激励性的规制方法出现于西方国家20世纪70年代发起的一场规制改革运动当中，这场改革以放松规制为主要内容；同时，也引进了激励性的规制方法，给予企业在受规制的行为方面更多的自主权。

激励性的规制方法是指在保留政府规制的条件下，所采取的刺激被规制企业提高内部效率的规制方法。激励性规制方法的重要特征就是企业有较多的自主选择权，它可以在政府的激励性规制措施的条件下，选择其最大利益的行动。提高企业内部效率可以选择的激励方法是多样的，但归根结底可以分为两类：一类是竞争的激励方法，通过给予压力的形式迫使企业提高经营效率，如特许权投标制和区域间标尺竞争制；另一类是诱导的激励方法，通过给予相应的补偿的方式诱导企业提高经营效率，如社会契约制和价格上限制。

9.2 科技资源市场配置规制的国内外研究现状

科技资源是政府、企业、高校院所、科技中介等科技创新主体进行科技管理决策的基础，丁昇[201]认为科技资源配置与政府职责间存在紧密的联系，基于公共物品的提供要求实行服务行政，重在"有为"，要求政府积极主动地推进科技资源共享，提供资源配置的大环境、大平台。无论政府以何种方式来推进科技资源的配置，都需要有立法的保障和规制，需要政府来主导进行科技立法，提供科技法制运行的大环境。程刚[202]认为要消除垄断带来的信息不对称等因素的影响、避免市场不能自动平衡经济活动的外部效应发生、保证社会财富的公平分配、减少通过市场来实现社会总供求平衡的过高代价，就必须发挥政府在市场经济运行中的微观规制作用，以保证我国市场经济健康、平稳、有序地发展。邵长斌[203]提出政府是影响知识与智力资源配置体系构建的重要环节，科研机构等需要充分发挥自身的创新能力，构建以政府为主导、科研机构为辅助的知识与智力资源配置体系，最终推动国际化市场的进程，推进国际合作。王宏原和马启华[204]认为研究人才非规范流动的原因，重视负面影响，健全人才市场和人才流动的法律法规，实施以人为本的管理，并建立人才个人信誉登记记录制度，可以在很大程度上减少人才资源的非规范流动，并最终促进人才合理、合法、有序地流动。康凯等[205]以具有典型意义的加拿大为案例，从专业工程师、技术工程师、技术员三个不同的维度，研究了整个工程技术人才形成的质量规制体系：厘清了加拿大工程专业与技术的历史发展进程及其现状，围绕公共管理组织架构探讨了各个工程组织在工程师质量规制中的职能，分类描述不同类型工程技术人才所对应的不同工程或工程技术教育鉴定、执业执照、职业资格认证、注册四位一体的质量规制全过程，供我国工程制度改革参考。钟灿涛[206]认为无论是基础研究领域的开放还是涉及国家安全的科技信息保密，都需要政府科技和出版等主管部门人员、安全和保密管理部门人员以及不同领域的科技专家共同参与，才能够把握好开放与保密过程中的平衡，并且灵活地应对突发事件和形势变化。在更高的层次上，则应当根据我国的具体情况，建立部委间的协调联动机制，这样才能保证科技信息资源得到合理有效的配置，从而促进社会经济的发展，同时又能够从根本上保证国家安全和国家利益。

Krysiak[207]分析了环境政策如何影响技术变革的方向的问题，考虑了不确定性和时间限制的专利保护的设置，研究结果表明，在这种情况下，环境政策工具之间的选择对于引发的技术进步类型具有重要的影响。税收和标准促进了一类技术的开发，从而导致了目前成本最低的技术的锁定。相比之下，可交易许可证可以引发更广泛的技术发展，但会导致进展缓慢。Kim[208]利用1992～2008年美国投资者拥有的电力公司的数据，发现放松管制与监管相比，进入可再生能源发电市场的情况更少。他认为放松管制可能并不总是为老牌企业提供更大的机会，而现有企业在绿色层面上的差异程度，受到以前的资源的限制，特别是棕色技术和绿色技术经验的能力。因此，政府的管制更有利于现有企业的技术资源配置。Hira[209]认为印度IT（information technology，信息技术）行业利用美国移民法规来加强资源配置优势，并通过宏观和企业层面的定量数据进行分析。结果表明印度IT行业增长的一个重要因素是美国政府的移民政策规制，而其他人力资本和工资水平相似的发展中国家并没有如此。Agboola[210]分析了欧洲葡萄酒行业的情况和政府规制的异质性如何导致相关的市场扭曲。研究结论表明，更均匀的政府规制将通过更有效的水管理和净化系统以及引进尖端技术来促进更可持续的葡萄酒生产过程，从而促进科技资源的有效配置。一些行业普遍认为政府规制是技术创新和资源配置的障碍，政府规制会导致市场进入延迟，扼杀创造力，增加活动和资源需求等障碍。Engberg 和 Altmann[211]通过调查发现，在实施和技术创新过程中，大多数所述障碍都在组织内部出现，而并非政府规制所引发，因此，重要的不是解释法规对组织外部的障碍，而是组织如何解释和转化其运作的规制要求，从而更好地促进企业资源配置和技术创新。

综上所述，政府的微观规制可以弥补市场经济缺陷、调控供给与需求的平衡、保证科技资源的有效配置，如科技条件资源市场配置、科技人才资源流动的机制、科技信息资源以及科技投入资源的合理调节等，从而实现社会主体和社会利益的最大化，促进国民经济发展。市场机制是微观经济个体行为的调节机制。市场失灵，就意味着有些经济行为无法由市场机制来加以有效的调节，市场在资源配置中常常不能发挥有效作用。如果完全听之任之，就会导致这些行为的失控，有些领域可能会陷入无序的状态之中，这就需要政府实施必要的干预。目前政府对社会经济生活的干预分为宏观和微观两个方面。政府在宏观经济方面的干预是宏观调控行为，其所实施的宏观调控措施属于宏观经济政策，目的在于调控市场机制运行所带来的国民经济的周期性波动，保持经济增长的稳定。政府在微观经济方面的干预称为微观规制行为，其所实施的规制措施属于微观经济政策，目的在于调节微观经济主体的行为。我们把社会、政府直接调节和规范微观经济主体经济行为的政策与措施，称为微观规制。目前政府实施微观规制的主要手段有行政干预、社会管制、法律法规和经济杠杆调节等。规制的目的在于，弥补市场经济缺陷、调控供给与需求的平衡、保证稀缺资源的有效配置、实现社会主体和社会利益的最大化、实现国民经济又好又快地发展，所以就需要一种非市场的力量或者一种外力，来弥补市场本身的缺陷，即政府微观规制。

一是加强政府监督和社会监督。我们面临的市场经济是竞争的市场经济，竞争的结果导致垄断，垄断反过来抑制竞争，使经济失去活力。为了避免垄断扼杀竞争、使经济失去动力，就需要一种非市场或外部的力量来解决这个问题，即政府的微观规制。政府一方面要抑制垄断，鼓励竞争；另一方面要积聚资金、资本集中，努力培育中国特色的市场体制和机制，增强市场对资源有效配置的功能。

二是增加政府对外部性现象的规制。市场不能自动平衡经济活动的外部效应。因为有一部分经济活动的经济效益和经济成本会外在化，我们把这样两种现象归为外部正效应和外部负效应。无论是外部正效应还是外部负效应都需要借助外力加以平衡，否则市场的经济活动就不能正常进行，甚至会影响整个经济的健康发展。例如，技术发明作为外部正效应，是一种单项的力量，它的成本不能通过市场来得到弥补，更不能获得相应的收益，所以就需要外力保护发明人的权利来进行平衡；又如环境污染作为外部负效应，需要靠政府的一种强制力加以平衡，这是对市场缺陷的纠正。

三是加大公共产品投放市场的力度。公共产品不能保证充分供应，一方面是因为纯公共产品具有非排他性，容易产生搭便车现象，最终导致公共产品供应不足或供应为零，这就需要政府来直接提供；另一方面是因为准公共产品具有弱排他性，也可以通过条件的设立来排他，但排他的成本过高，不经济，而且不利于整个经济健康运行和发展。如高速公路，需要政府协调投资者行为，进行统一规划、统一投资，降低交易成本，提高公共产品的利用效率。

四是保证市场交易信息对称。因为市场经济健康运行，必须建立一种有序的市场，市场有序的重要因素就是公平交易，公平交易有一个前提就是信息要对称，信息不对称就会带来欺诈，不能保证市场经济健康运行。为了保证交易信息对称就需要政府制定规则，甚至制定法律来约束市场行为，规范市场秩序。

9.3 科技资源市场配置规制的实证研究

9.3.1 政府监管与科技资源共享群体之间的演化博弈研究

科技资源是创新型城市建设的战略资源，是提高城市创业创新能力的基础条件，包括科技条件资源、科技信息资源和科技成果资源。科技资源共享，主要指在不损害科技资源利益相关人合法权益的前提下，避免或减少科技资源不必要的重复建设，并将科技资源面向社会开放的整个过程。科技资源共享是时代的要求，我国非常重视科技资源共享工作，《国家中长期科学和技术发展规划纲要（2006—2020年）》明确要求，要建立科技基础条件平台的共享机制，建立有效的共享制度和机制是科技基础条件平台建设取得成效的关键与前提。加强科技资源共享有利于提升保障能力，充分挖掘现有潜力，提高使用效率；加强科技资源共享有利于打破各单位的封闭意识，增强协同创新的观念；加强科技资源整合共享有利于激发创新，提高科技创新能力。科技资源共享是近年来学术界的研究热点，但目前国内外对科技资源共享的研究多数是宏观的、静态的研究，对科技资源共享机制和对策研究没有严密的逻辑推理和演绎。本部分基于演化博弈论的思想和方法，聚焦科技资源共享监管问题，把科技资源共享监管视为一个渐进演化的系统，研究科技资源共享监管演化的动态性和均衡性，并分析系统演化过程和演化稳定的影响因素。

1. 政府监管与科技资源共享主体分析

科技资源共享是一个复杂的系统，加强科技资源共享涉及各类科技资源的监管者、拥有者、共享者、服务者等之间的相互利益关系，需要解决组织协调、政策激励、人力物力投入和服务体系建设等关键问题，如图9-1所示。

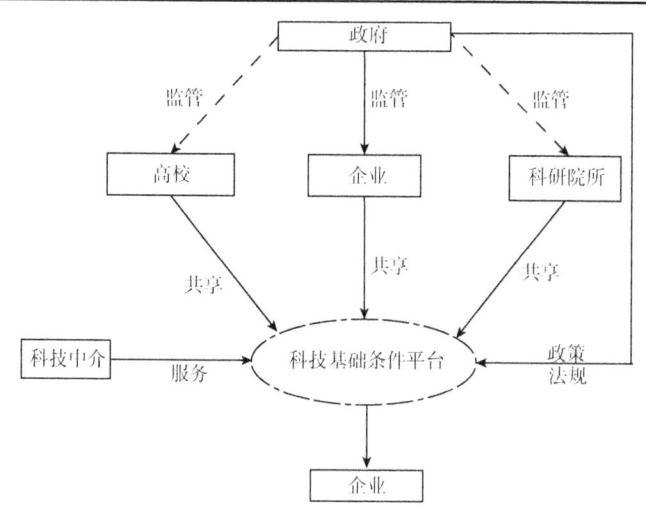

图 9-1　科技资源共享系统运行机制

其中，政府是科技资源共享监管的主导者，具有制定规章制度和管理资源的职责。充分发挥好政府作用，可以有效推动科技资源共享活动的深入、有效开展[212]。企业在科技资源共享群体中共享所占比重最多，也是受益的主体。企业通过共享系统，获得所需的科技资源，并将共享的创新资源与创新成果转化为现实生产力，提高科技资源的利用绩效。高校和科研院所拥有丰富的科技条件资源、科技信息资源、科技成果资源及科技人才资源，是科技资源共享群体的重要组成部分。通过政府引导高校院所的科技资源向社会开放，可以避免科技资源的分散与浪费；通过企业与高校院所的协同创新，充分释放高校院所的创新能量，有利于企业成为创新投入、创新活动、创新成果使用的主体。生产力促进中心等科技中介服务机构是连接政府、企业、高校院所的沟通桥梁，是科技资源需求方与科技资源供给方的枢纽[213]。科技资源共享是科技资源所有者、共享者及管理者等不同主体之间进行利益配置的博弈活动，科技资源共享主体的意愿在共享活动的推进过程中起着决定性作用。科技资源共享博弈是政府、高校院所、企业之间的博弈，本书将政府归为科技资源监管机构，企业、高校和科研机构统一归为科技资源共享群体，进行政府监管下的科技资源共享博弈分析。

2. 政府监管与科技资源共享群体的演化博弈模型

1）模型的基本假设

假设 1：博弈双方主体行为不确定性。博弈的参加者为科技资源共享监管（管理）机构和科技资源共享群体。科技资源共享监管机构主要包括政府各级科技主管部门；科技资源共享群体包括企业、高校和科研机构，虽然它们不具有相同的组织形式，但这里为一个同质的群体。博弈双方的行为选择具有很大的不确定性，即主体做出不同选择的影响因素很多，政府监管与科技资源共享者群体之间以随机配对的方式进行博弈。

假设 2：博弈双方主体行为的有限理性[214]。现实中政府监管与科技资源共享群体不可能是完全理性的，因此它们之间会经历有限理性的博弈过程。由于信息的不完全对称和博弈双方的有限理性，政府监管和科技资源共享群体在追求各自利益最大化的过程中，并不一定一开始就能找到最优策略，必然试图寻求较好的策略，这说明博弈均衡是调整和改进的结果。

假设 3：在政府监管和科技资源共享群体内部，政府监管的决策为监管与不监管，科技资源共享群体的决策为共享与不共享。政府监管在每个时刻拥有策略集"监管"与"不监管"（这里假设监管与不监管只是力图寻求一个监管与不监管的区间力度），科技资源共享群体的每个成员拥有策略集"共享"与"不共享"。政府监管以一定的概率选择策略集，科技资源共享群体也以一定的概率选择策略集。

2）模型的建立

假定参与主体为政府监管 A 和科技资源共享群体 B。科技资源共享群体 B 可代表企业、高校院所的任意一家。政府监管 A 可选择的行动包括：监管［假设政府监管 A 选择监管的比例为 $x(t)$］和不监管［选择不监管的比例为 $1-x(t)$］，科技资源共享群体 B 可采取的策略为：资源共享［假设科技资源共享群体 B 选择资源共享的比例为 $y(t)$］和资源不共享［选择资源不共享的比例为 $1-y(t)$］。假设政府监管 A 监管成本为 c_1，不监管成本为 0；假设科技资源共享群体 B 正常情况下的收益为 π_1，采取资源共享行动时所付出的成本为 c_2。

假设科技资源共享群体 B 选择资源共享策略：在政府监管 A 选择监管的条件下，科技资源共享群体 B 收益为 $\pi_1 + e_1 + e_2 - c_2$（其中 e_1 为科技资源共享群体 B 在共享自己的资源的同时也可以获得优先享有科技资源共享群体 B 中其他成员共享的资源而所获收益，e_2 为科技资源共享群体 B 共享资源而政府等相关部门给予的财政补贴、税收优惠等政策性奖励所获收益），政府监管 A 收益为 $e_0 - c_1$（其中 e_0 为科技资源整合共享之后整个社会福利提高所获收益）；在政府监管 A 选择不监管的条件下，科技资源共享群体 B 收益为 $\pi_1 + e_1 - c_2$，政府监管 A 所获收益为 e_0。

假设科技资源共享群体 B 选择资源不共享策略：在政府监管 A 选择监管的条件下，科技资源共享群体 B 收益为 $\pi_1 - f$（其中 f 为科技资源共享群体 B 不积极响应政府整合共享号召而受到的一定的惩罚或者没有得到共享情况下所获得的奖励而损失的收益），政府监管 A 收益为 $\beta - c_1$（其中 β 为政府监管 A 对科技资源共享群体 B 采取相应惩罚措施而获得的收益）；在政府监管 A 选择不监管的条件下，科技资源共享群体 B 得益为 π_1，则政府监管 A 收益为 0。构造政府监管 A 与科技资源共享群体 B 的博弈收益矩阵，如表 9-1 所示。

表 9-1 政府监管 A 与科技资源共享群体 B 的博弈收益矩阵

	假设	科技资源共享群体 B	
		共享	不共享
政府监管 A	监管	$(e_0 - c_1, \pi_1 + e_1 + e_2 - c_2)$	$(\beta - c_1, \pi_1 - f)$
	不监管	$(e_0, \pi_1 + e_1 - c_2)$	$(0, \pi_1)$

在现实中，政府监管 A 与科技资源共享群体 B 并不能准确地判断对方的行为选择，因此，双方一般会以一定概率来采取行动并达到一种混合策略选择。在这种情况下，无论哪一方单独改变自己的行为都不会给自己增加任何利益，因此运用演化博弈原理分析该混合策略[215]。现将政府监管 A 选择监管比例 $x(t)$ 简称为 x，科技资源共享群体 B 选择共享比例 $y(t)$ 简称为 y，根据表 9-1 所示的政府监管 A 与科技资源共享群体 B 的收益矩阵和演化博弈论求解适应度的方法可知：

政府监管 A 选择监管策略的期望收益为

$$E_{t1} = y(e_0 - c_1) + (1-y)(\beta - c_1) \tag{9-1}$$

政府监管 A 选择不监管策略的期望收益为

$$E_{t2} = y e_0 + (1-y) \times 0 \tag{9-2}$$

处理政府监管 A 的混合策略，政府监管 A 选择监管与不监管的平均期望收益为

$$\overline{E_1} = x \cdot E_{t1} + (1-x) \cdot E_{t2} \tag{9-3}$$

因此，政府监管 A 采取监管策略的复制动态方程为

$$F(x) = \frac{dx(t)}{dt} = x(E_{t1} - \overline{E_1}) = x(1-x)(\beta - c_1 - y\beta) \tag{9-4}$$

同理，科技资源共享群体 B 采取共享与不共享策略的期望收益和平均收益分别为

$$E_{t3} = x(\pi_1 + e_1 + e_2 - c_2) + (1-x)(\pi_1 + e_1 - c_2) \tag{9-5}$$

$$E_{t4} = x(\pi_1 - f) + (1-x) \cdot \pi_1 \tag{9-6}$$

$$\overline{E_2} = y \cdot E_{t3} + (1-x) \cdot E_{t4} \tag{9-7}$$

因此，科技资源共享群体 B 采取共享策略的复制动态方程为

$$G(y) = \frac{dy(t)}{dt} = y(E_{t3} - \overline{E_2}) = y(1-y)[x(e_2 + f) + e_1 - c_2] \tag{9-8}$$

3. 演化博弈结果分析

1）复制动态方程及演化稳定分析

在演化博弈论中一个重要的概念是演化稳定策略，这个独特的概念是由 Maynard Smith 和 Price 为描述演进过程稳定状态而提出的。演化稳定策略表明当博弈参与人随机配对进行博弈时，在位种群成员的支付水平高于入侵者的支付水平；每个博弈参与人都有 $(1-\varepsilon)$ 的概率遇到选择 x 策略的参与人，同时，他还有 ε 的概率遇到入侵者；从而演化稳定策略的定义条件式为：$u[x,(1-\varepsilon)x+\varepsilon x'] > u[x',(1-\varepsilon)x+\varepsilon x']$，其中 ε 为一个极小的正数（$0<\varepsilon<\bar{\varepsilon}$）[216]。根据微分方程的稳定性原理，在演化策略处复制动态方程 $F(x)$、$G(y)$ 的导数必须小于 0（政府监管）。由式（9-4）和式（9-8）得式（9-9）：

$$\begin{cases} F(x) = \dfrac{dx(t)}{dt} = x(1-x)(\beta - c_1 - y\beta) \\ G(y) = \dfrac{dy(t)}{dt} = y(1-y)[x(e_2+f) + e_1 - c_2] \end{cases} \quad (9\text{-}9)$$

令式（9-9）等于 0，则

$$\begin{cases} x(1-x)(\beta - c_1 - y\beta) = 0 \\ y(1-y)[x(e_2+f) + e_1 - c_2] = 0 \end{cases} \quad (9\text{-}10)$$

得到两组稳定状态的解：

$$\begin{cases} x_1 = 0, x_2 = 1, x_3 = \dfrac{c_2 - e_1}{e_2 + f} \\ y_1 = 0, y_2 = 1, y_3 = \dfrac{\beta - c_1}{\beta} \end{cases} \quad (9\text{-}11)$$

先分析政府监管 A 动态的演化稳定性。假设 1：$\beta - c_1 > 0$，则 $0 < (\beta - c_1)/\beta < 1$，当 $y_3 = (\beta - c_1)/\beta$ 时，$dx(t)/dt \equiv 0$，对于所有的 x 值都是稳定的状态，这表明当科技资源共享群体 B 采取共享的策略的比例数为 $(\beta - c_1)/\beta$ 时，政府监管 A 采取监管与不监管策略是无差异的；当 $y_3 < (\beta - c_1)/\beta$ 时，$F'(1) < 0$，所以 $x_2 = 1$ 是演化稳定策略；当 $y_3 > (\beta - c_1)/\beta$ 时，$F'(0) < 0$，所以 $x_1 = 0$ 是演化稳定策略。假设 2：$\beta - c_1 < 0$，则 $(\beta - c_1)/\beta < 0$，那么 $y_3 > (\beta - c_1)/\beta$ 显然是成立的，这表明在科技资源共享群体 B 选择不共享策略时，政府实行监管的成本要大于它对科技资源共享群体 B 惩罚所获得的收益，从而政府实施监管所得的净收益小于实施不监管所得的净收益，所以演化博弈的结果为政府监管趋于采用不监管。

同理，分析科技资源共享群体 B 策略选择的演化稳定性。假设 1：$c_2-e_1>0$，当 $x_3=(c_2-e_1)/(e_2+f)$ 时，$\mathrm{d}y(t)/\mathrm{d}t\equiv 0$，这表明对于任意 y 水平都是演化稳定策略，科技资源共享群体 B 选择共享或是不共享具有相同的效果，其策略选择具有随机性；当 $x_3>(c_2-e_1)/(e_2+f)$ 时，$G'(1)<0$，所以 $y_2=1$ 是演化稳定策略；当 $x_3<(c_2-e_1)/(e_2+f)$ 时，$G'(0)<0$，所以 $y_1=0$ 是演化稳定策略。假设 2：$c_2-e_1<0$，那么 $x_3>(c_2-e_1)/(e_2+f)$ 显然是成立的，这表明在政府监管 A 选择不监管策略时，由于科技资源共享群体 B 选择共享所获得的额外收益大于它进行共享所付出的成本，所以演化博弈的结果为科技资源共享群体 B 趋于采取共享。

2）博弈演化及结果分析

根据政府监管 A 的复制动态方程和科技资源共享群体 B 的复制动态方程，把上述两个群体类型比例变化复制动态关系在以两个比例为坐标的坐标平面上表示出来，如图 9-2 所示。

由以上分析可知，科技资源共享群体 B 共享比例的初始水平决定了政府监管 A 的演化结果，政府监管 A 实施监管比例的初始水平决定了科技资源共享群体 B 的演化结果，$x_3=(c_2-e_1)/(e_2+f)$，$y_3=(\beta-c_1)/\beta$ 是博弈双方策略演化的均衡临界值。假设这个博弈初次演化博弈系统是随机的，且双方行为选择的比例均匀分布在平面 $H=\{(x,y);\ 0<x<1,\ 0<y<1\}$ 内，通过复制动态，最终有 $(e_1-c_2)/(e_2+f)$ 比例的政府监管 A 选择监管，有 $(\beta-c_1)/\beta$ 比例的科技资源共享群体 B 选择共享。因此，政府监管 A 选择监管策略的概率取决于四个因素：科技资源共享群体 B 采取资源共享行动时所付出的成本 c_2，科技资源共享群体 B 在共享自己的资源同时也可以获得优先享有科技资源共享群体 B 中其他成员共享的资源而所获收益 e_1，科技资源共享群体 B 共享资源而政府等相关部门给予的财政补贴、税收优惠等政策性奖励所获收益 e_2，科技资源共享群体 B 不积极响应政府整合共享号召而受到的一定的惩罚或者没有得到共享情况下所获得的奖励而损失的收益 f。科技资源共享群体 B 选择共享策略的比例取决于两个因素：政府监管 A 对科技资源共享群体 B 采取相应惩罚措施而获得的收益 β、政府监管 A 监管成本 c_1。

令 $x_3=(c_2-e_1)/(e_2+f)$，$y_3=(\beta-c_1)/\beta$，用以 x、y 为坐标的平面图形来表

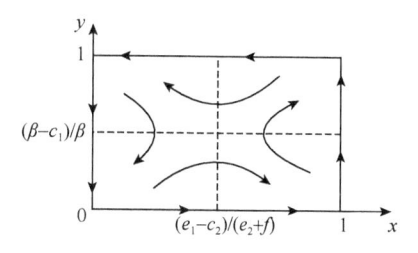

图 9-2 政府监管 A 与科技资源共享群体 B 比例变化复制动态关系

示政府监管 A 和科技资源共享群体 B 比例变化复制动态关系,并根据分析得出相应四个推论。

一是当 $\beta-c_1>0$,$c_2-e_1>0$ 时,根据图 9-3 可知,演化博弈模型的稳定策略为:$x_3=1$,$y_3=0$ 和 $x_3=0$,$y_3=1$。这说明长期演化博弈模型结果为:政府监管 A 选择监管,科技资源共享群体 B 选择不共享;政府监管 A 选择不监管,科技资源共享群体 B 选择共享。这种情况发生在科技资源共享群体 B 采取共享策略所付出的成本 c_2 越大或是科技资源共享群体 B 在共享资源时所获得的财政补贴、税收优惠等收益 e_2 越大时。由 $\partial x_3/\partial c_2=1/(e_2+f)>0$ 可知,科技资源共享群体 B 采取共享策略所付出的成本越大,政府监管 A 实施监管策略的概率越大。由 $\partial x_3/\partial e_2=-(c_2-e_1)/(e_2+f)^2<0$ 可知,科技资源共享群体 B 在共享资源时所获得的财政补贴、税收优惠 e_2 越大,政府监管 A 实施监管策略的概率越小。因此在长期的学习和调整之后,政府监管 A 会倾向于选择监管策略,科技资源共享群体 B 会倾向于选择不共享策略;政府监管 A 倾向于选择不监管策略,科技资源共享群体 B 倾向于选择共享策略。但在实际情况中最终政府监管 A 选择监管还是不监管,科技资源共享群体 B 选择共享还是不共享要看双方所获得的收益以及初始情况。

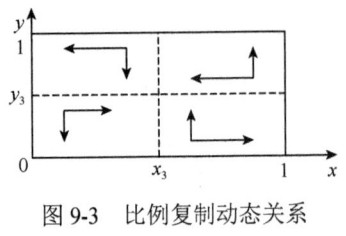

图 9-3 比例复制动态关系
($\beta-c_1>0$,$c_2-e_1>0$)

二是当 $\beta-c_1>0$,$c_2-e_1<0$ 时,根据图 9-4 可知,演化博弈模型的稳定策略为:$x_3=0$,$y_3=1$。这说明长期演化博弈结果为:政府监管 A 选择不监管策略,科技资源共享群体 B 选择共享策略。这种情况发生在科技资源共享群体 B 在共享资源的同时获得优先享有科技资源共享群体中其他成员共享的资源而获得的收益 e_1 足够大时,当政府监管 A 选择监管时,科技资源共享群体 B 在政府监管下会选择共享,当政府监管 A 选择不监管时,由于科技资源共享群体 B 在共享过程中能够获得的收益 e_1 足够大,科技资源共享群体 B 还是有动力去选择共享。由 $\partial x_3/\partial e_1=-1/(e_2+f)<0$ 可知,科技资源共享群体 B 在共享资源的同时获得优先享有科技资源共享群体中其他成员共享的资源而获得的收益 e_1 越大,政府监管 A 实施监管策略的概率越小。因此在长期的学习和调整之后,政府监管 A 会倾向于选择不监管策略,科技资源共享群体 B 选择共享策略。

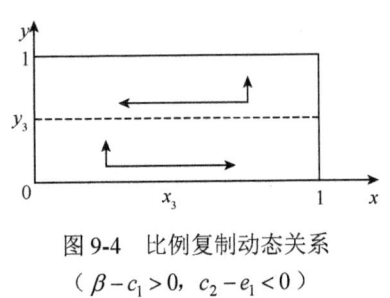

图 9-4 比例复制动态关系
($\beta-c_1>0$,$c_2-e_1<0$)

三是当 $\beta-c_1<0$，$c_2-e_1>0$ 时，根据图9-5可知，演化博弈模型的稳定策略为：$x_3=1$，$y_3=0$。这说明长期演化博弈模型的结果为：政府监管A选择不监管，科技资源共享群体B选择不共享。这种情况发生在政府监管A实施监管策略所付出的成本太大时，当科技资源共享群体B选择共享时，政府监管A理所当然选择不监管来减少不必要的成本投入，当科技资源共享群体B选择不共享时，虽然实施监管可以获得一部分惩罚收益，但是由于投入的监管成本 c_1 过大，导致 $\beta-c_1<0$，即付出的成本远远大于所获得的收益，因此政府监管A还是会选择不监管。由 $\partial y_3/\partial c_1=-1/\beta<0$ 可知，政府监管A实施监管策略付出的成本越大，科技资源共享群体B实施共享策略的概率越小。因此在长期学习和调整之后，政府监管A会选择不监管策略，科技资源共享群体B会倾向于选择不共享策略。

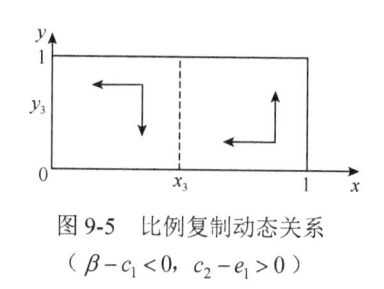

图9-5 比例复制动态关系 （$\beta-c_1<0$，$c_2-e_1>0$）

四是当 $\beta-c_1<0$，$c_2-e_1<0$ 时，根据图9-6可知，演化博弈模型的稳定策略为：$x_3=0$，$y_3=1$。这说明长期演化博弈模型的结果为：政府监管A选择不监管，科技资源共享群体B选择共享。这种情况发生在政府监管A对不积极参与共享的科技资源共享群体B给予一定惩罚而获得的收益很大，而科技资源共享群体B不积极响应政府部门共享号召而得到的惩罚或者没有得到优惠政策的损失也很大时，由 $\partial y_3/\partial\beta=c_1/\beta^2>0$ 可知，政府监管A对不积极参与共享的科技资源共享群体B给予一定惩罚而获得的收益 β 越大，科技资源共享群体B实施共享策略的概率越大。由 $\partial x_3/\partial f=-(c_2-e_1)/(e_2+f)<0$ 可知，科技资源共享群体B不积极响应政府部门共享号召而得到的惩罚或者没有得到优惠政策的损失 f 越大，则政府监管A实施监管策略的概率越小。因此在长期学习和调整之后，政府监管A会选择不监管策略，科技资源共享群体B会选择共享策略。

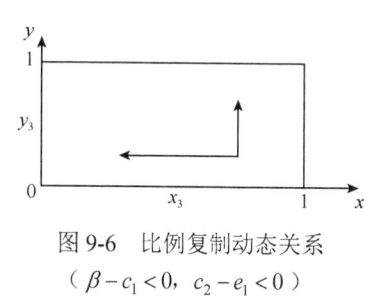

图9-6 比例复制动态关系 （$\beta-c_1<0$，$c_2-e_1<0$）

通过以上分析可得，通过降低科技资源共享群体的共享成本、增加科技资源共享群体共享的额外收益、加大对不积极参与共享的科技资源共享群体的惩罚力度或是减少政府在共享过程中的监管成本、增加政府对不积极参与共享的群体给予惩罚所获得额外收益，则会形成新的演化稳定状态，使得科技资源共享群体选择共享策略的比例上升。以开放共享为核心，建立完善科技资源共享组织管理体系，改变现有相关管理部门条块分割、科技资源分散投入的现状，从而降低政府在科技资源共享过程中的成本投入。制定和完善法律法规，以法律约束的形式保障参与共享各方的权益，营造良好的法律制度环境，降低科技资源共享群体进行共享的风险成本。强化科技资源共享的激励机制，保证科技资源共享的高效运行。政府对设备的供给方给予补贴，并许可在一定范围内收取仪器设备维护和保养费用，调动资源拥有方的积极性，从而实现科技资源需求与供给的相对平衡，实现需求方和供给方的共赢。通过分配制度、奖励制度等的改革，吸引一批资源拥有者加入到资源共享中。同时，各级科技主管部门应该加大对不积极参与科技资源共享的群体的惩罚力度，并在全社会形成对不积极进行资源共享的群体的批评与惩罚机制，从而能够有效地规范科技资源共享系统的运行情况。

9.3.2 江苏省大众创新创业政策评估

1. 江苏省大众创新创业政策图谱分析

2014年下半年至2015年上半年，国务院及其组成部门先后围绕"双创"出台的政策文件涉及创新创业的体制机制、财税政策、金融政策、就业政策等多个领域。江苏省专门成立推进大众创新创业联系会议办公室，积极贯彻落实国务院推进大众创业、万众创新的政策措施，先后出台了20多个配套政策文件。对江苏省大众创新创业政策进行评估，并不是对单一政策进行评估，而是对政策组合开展的第三方系统评估。本书通过绘制江苏省大众创新创业政策图谱，将政策覆盖面及政策间的关系进行可视化展示，通过大众创新创业政策网络图分析江苏省在推进大众创业、万众创新政策落实方面取得的成效，并发现存在的不足。

社会网络分析方法通过对社会关系进行量化，处理的主要是关系数据。本书通过收集整理2014年下半年至2015年上半年国务院发布的推进"大众创业，万众创新"的8个主要政策文件以及江苏省出台的25个相关配套政策文件，进行江苏省大众创新创业政策图谱研究分析。参照《中国科协关于对"推进大众创业、万众创新政策措施落实情况"开展第三方评估的工作方案》，将有关政策文件从创新创业公共平台、创业投资引导机制、创业孵化服务、科技成果转化通道、科技资源开放共享、科研人员创新创业、企业技术创新主体、激励制度、普惠性政策九个方面进行分析，选取政府购买服务、互联网+创业网络体系等18个政策工具，如表9-2所示。将有关政策文件虚拟化为社会网络中的187个行动者，基于社会网络方法分析工具Ucinet软件提供的Netdraw工具，绘制江苏省创新创业政策图谱，江苏省大众创新创业政策社会网络行动者如表9-3所示。

构造大众创新创业政策网络中的各虚拟行动者之间的关系矩阵，如果每个行动者是关于同一个政策工具的，则在关系矩阵相应位置记为"1"，否则记为"0"，从而得到江苏省大众创新创业政策关系矩阵；将该矩阵输入Ucinet软件，利用

Netdraw 工具绘制出江苏省大众创新创业政策图谱，如图 9-7 所示。

表 9-2　江苏省大众创新创业政策工具

序号	政策工具	序号	政策工具
（1）	政府购买服务、无偿资助、业务奖励	（10）	鼓励企业建立专业化、市场化的技术转移平台
（2）	互联网+创业网络体系	（11）	高校、科研院所专业技术人员离岗创业
（3）	创业投资引导	（12）	科研人员成果转化收益
（4）	创业担保贷款	（13）	引导企业加大技术创新投入
（5）	众创空间、企业孵化器、大学科技园、农民工返乡创业园等各类孵化机构	（14）	以企业为主导的产学研协同创新
（6）	技术转移转化、科技金融、认证认可、检验检测等科技服务	（15）	知识产权应用保护
（7）	下放科技成果使用、处置和收益权	（16）	政府采购政策
（8）	国家科技成果转化引导基金	（17）	企业研发费用加计扣除
（9）	科研基础设施等向社会开放	（18）	高新技术企业扶持

表 9-3　江苏省大众创新创业政策社会网络行动者

行动者编号
1 国发 201523（1）、2 国发 201523（2）、3 国发 201523（3）、4 国发 201523（4）、5 国发 201523（5）、6 国发 201523（6）、7 国发 201523（11）、8 国发 201523（12）、9 国发 201523（17）、10 国发 201532（1）……21 国发 201532（17）、22 国发 201532（18）、23 国发办 201540（1）、24 国发办 201540（2）、25 国发办 201540（3）……61 国办发 201547（5）、62 国办发 201547（17）、63 苏发 20155（1）、64 苏发 20155（3）、65 苏发 20155（4）……101 苏发 201516（6）、102 苏发 201516（10）、103 苏发 201516（13）、104 苏发 201516（14）、105 苏发 201516（15）……151 苏办发 201534（4）、152 苏办发 201534（5）、153 苏办发 201534（6）、154 苏办发 201534（7）、155 苏办发 201534（11）……181 苏政发 201549（12）、182 苏政发 201549（17）、183 苏政发 201566（1）、184 苏办发 201566（3）、185 苏政发 201566（4）、186 苏政发 201566（5）、187 苏政发 201566（11）

注：①1、2、3……为行动者；②1 国发 201523（1）为国发〔2015〕23 号文件《国务院关于进一步做好新形势下就业创业工作的意见》中涉及政府购买服务、无偿资助、业务奖励的政策工具。其他行动者同理

2. 江苏省大众创新创业政策图谱结果分析

对应于 18 个政策工具，江苏省大众创新创业政策围绕国家政策形成了 18 个子网络，见图 9-7。

（1）4 个子网络 1、3、4、17 的网络关系最密集，主体较多，说明江苏省在政府购买服务、无偿资助、业务奖励，创业投资引导，创业担保贷款，企业研发费用加计扣除等方面政策文件较多，如图 9-8 所示。2015 年上半年，江苏省全省共扶持劳动者成功创业 83 474 人，带动就业 333 975 人。在创业投资引导政策的带动下，江苏省创业投融资体系不断完善，投融资平台建设加快。2014 年底，江苏全省创业投资机构达到 589 家，管理资金规模超过 1 872 亿元，居全国第一，成为国内创业投资最为活跃的地区之一。2015 年上半年，江苏全省共新增"新三

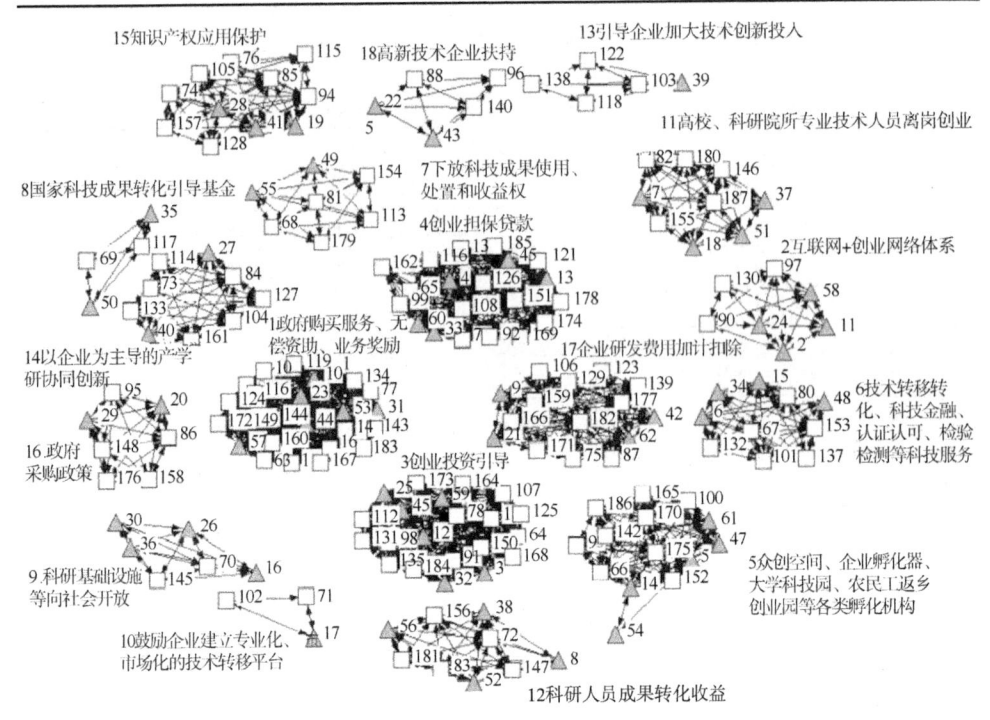

图 9-7　江苏省大众创新创业政策图谱

△代表国务院出台的政策　□代表江苏省出台的配套政策

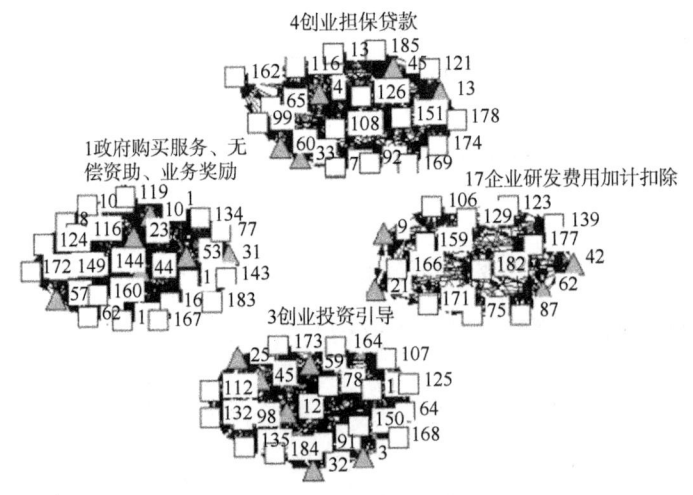

图 9-8　江苏省大众创新创业政策图谱子网络图（一）

板"挂牌企业 156 家，新增数居全国第一，总数居全国第二。江苏省积极落实普惠性政策，2014 年全省共有 11 967 家企业受惠于科技税收优惠政策，落实科技税收减免额达 254.62 亿元，较上一年度增长 10.62%。在有关政策的引导下，江苏省创新创业取得明显成效。

（2）8个子网络5、6、7、11、12、14、15、16的网络关系较为密集，涉及的主体数次之，分别为众创空间、企业孵化器、大学科技园、农民工返乡创业园等各类孵化机构，技术转移转化、科技金融、认证认可、检验检测等科技服务，下放科技成果使用、处置和收益权，高校、科研院所专业技术人员离岗创业，科研人员成果转化收益，以企业为主导的产学研协同创新，知识产权应用保护，政府采购政策，如图9-9所示。江苏省不断加快创业服务载体建设，截至2015年6月底，江苏省科技厅、教育厅等8个部门新建"众创空间""大学生创业园"等各类载体450多家；全省建有各类科技企业孵化器553家，孵化面积达2 880万平方米，在孵企业超过3万家，孵化器数量、面积及在孵企业均位居全国第一。江苏省在下放科技成果使用、处置和收益权方面取得较大进展，充分发挥江苏省产业技术研究院科技体制改革"试验田"作用，鼓励政策先行先试。成立江苏省产业技术研究院技术交易市场，江苏省产业技术研究院已形成涵盖新材料、电子信息、节能环保等领域的18家专业性研究所，实现技术成果转移转化近千项，累计衍生或孵化科技型企业181家，极大地促进了全省科技成果转化。通过落实企业研发费用加计扣除、高新技术企业扶持等普惠性政策，充分发挥江苏省企业技术创新主体作用。2015年上半年，江苏省专利授权量为58 416件，发明专利授权量以15 295件居全国第2位。

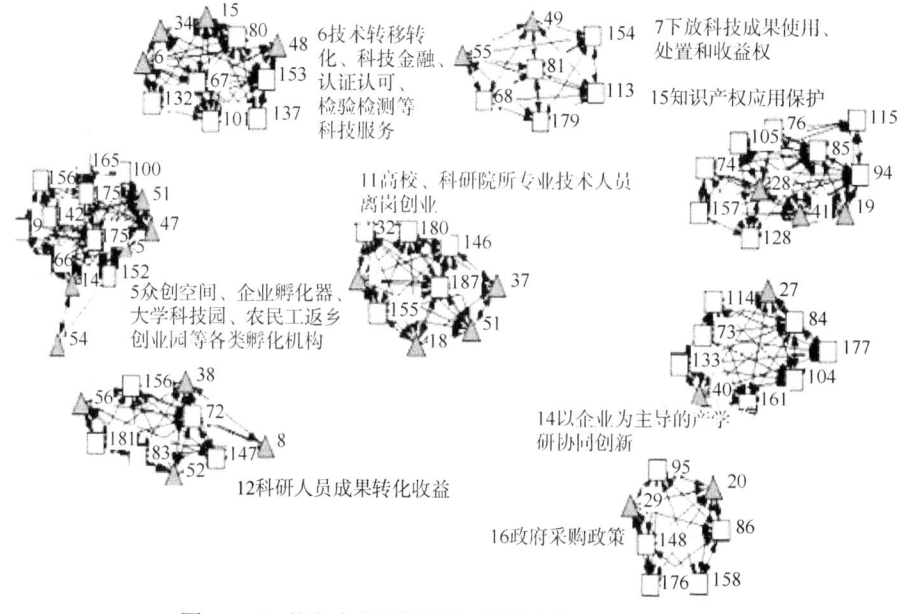

图9-9 江苏省大众创新创业政策图谱子网络图（二）

（3）6个子网络2、8、9、10、13、18的网络密度较为疏松，涉及主体数较少，说明江苏省目前关于这几方面的政策文件还较少，仅在几个政策文件中涉及，如图9-10所示。江苏省今后在互联网+创业网络体系，国家科技成果转化引导基金、科研基础设施等向社会开放，鼓励企业建立专业化、市场化的技术转移平台，引导企业加大技术创新投入，高新技术企业扶持六个方面需要进一步完善有关政策措施。

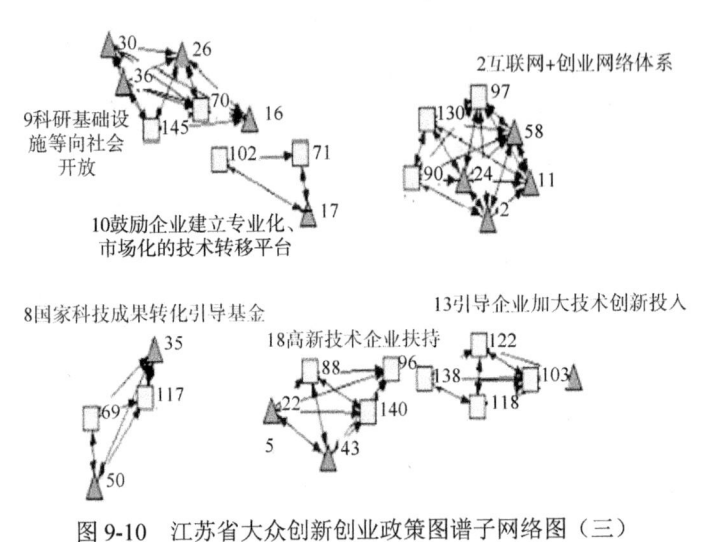

图9-10　江苏省大众创新创业政策图谱子网络图（三）

3. 江苏省大众创新创业政策实施效果实证分析

在对政策图谱进行分析的基础上，本书收集有关数据对江苏与北京、上海、广东和浙江在就业活力、市场活力以及创新活力三个方面取得的成效进行对比分析。考虑到数据的权威性和可获得性，本书参考中国科协关于"大众创业，万众创新"活跃程度评估分析报告，就业活力选取新增就业人数指标衡量，市场活力选取新增市场主体数衡量，创新活力选取每万人国内发明专利拥有量进行衡量。由于篇幅限制，本书在开展江苏与北京、上海、广东、浙江总体定量比较分析的基础上，以江苏和广东为对象，开展推进大众创新创业政策的具体比较研究分析，为江苏省下一步更好地落实国家和省推进大众创新创业的政策措施提供借鉴。本书主要基于2014年和2015年上半年数据进行分析研究。

1）就业活力

2014年上半年，江苏省新增就业人数为67.3万人，2015年上半年该指标值为67万人。北京市该指标值分别为25.9万人、22.8万人，上海市分别为34.6万人、34.2万人，广东省分别为88.4万人、83.1万人，浙江省分别为53.7万人、56.1万人（图 9-11），江苏省该指标值有所下降，浙江省有所上升。江苏省 2015 年上半年新增就业同比增幅为–0.4%，广东省为–6.0%（图 9-12），由图 9-12 可知，两省的该指标值均为负值，但江苏省表现较广东省要好。就新增就业人数这一指标值来讲，北京、上海也出现下降趋势，说明江苏省该指标值的下降可能是由于整体宏观经济环境引起的，但广东省在促进就业方面采取的政策措施可激发就业活力。江苏省和广东省的就业活力有关指标值的具体比较如表 9-4 所示。

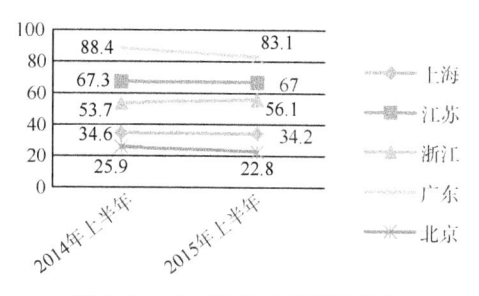

图 9-11 我国部分省市新增就业人数（万人）

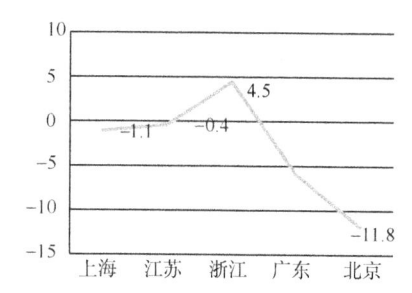

图 9-12 我国部分省市 2015 年上半年新增就业同比增幅（%）

表 9-4 江苏省、广东省就业活力有关指标值

省份	2014 年上半年，新增就业人数/万人	2015 年上半年新增就业人数/万人	2015 年上半年新增就业人数同比增幅/%
江苏省	67.3	67	–0.4
广东省	88.4	83.1	–6.0

2015 年 3 月，广东省政府印发《广东省人民政府关于进一步促进创业带动就业的意见》，降低初创企业登记门槛，减免有关行政事业性收费、服务收费；通过创业培训补贴、一次性创业资助、租金补贴、小额担保贷款贴息、创业带动就业补贴、优秀项目资助等补贴方式加大扶持补贴力度，并且推行补贴申领发放"告知承诺制"和"失信惩戒制"，充分发挥财政对于创业、就业的刺激作用；通过放宽创业者入户等条件，吸引创业创新者。广东省加快创业孵化基地建设，鼓励各高校和社会力量新建或利用各种场地资源改造建设创业孵化基地，搭建促进创业的公共服务平台，有条件的地方探索采取政府入股的方式与社会力量共同投资建设，加大创新创业载体的市场化建设力度。另外，广东省设立创业引导基金用于扶持创业，实行专业运营，滚动发展，充分发挥政府和市场"两双手"对于创新创业的作用。广东省以促进就业为导向，对促进创新创业的企业实行专项税收优惠政策，对持《就业失业登记证》《就业创业证》从事个体经营的，按户减免城市维护建设税等，对吸收失业人员的个体企业，按照吸收失业人数减免税费，减轻企业的行政事业性收费负担。多项政策措施的合力作用，充分激发了广东省的就业活力。

为了激发社会就业活力，江苏省出台了《关于进一步做好新形势下就业创业工作的实施意见》《江苏省大学生创业引领计划》《发展众创空间推进大众创新创业带动就业工作实施方案（2015—2020 年）》《关于鼓励高校、科研院所专业技术人员创新创业有关人事管理的意见》等政策文件，加大对大学生、农民工、城镇失业人口和留学归国人员等群体的创业扶持，鼓励高校、科研院所专业技术人员离岗创业，创业主体逐渐培育，政策效果较为明显。江苏省今后应该进一步降低创业门槛，改进补贴发放方式，完善创业者入户等政策。进一步推动创新创业载体建设运营的市场化，充分发挥政府、市场和社会三双手的促进作用。

2）市场活力

就新增市场主体数这一指标来讲，2014 年上半年、2015 年上半年江苏省分别为 429 389 户、489 319 户，北京市分别为 115 305 户、126 910 户，上海市分别为 128 625 户、143 334 户，广东省分别为 621 972 户、677 281 户，浙江省分别为 351 924 户、389 695 户，如图 9-13 所示。可以看出，该指标值各省市都呈现出上升的趋势，江苏省仅次于广东省省居第二。2015 年上半年新增市场主体同比增幅，江苏省位居首位，说明江苏省激发市场活力的政策措施取得一定的成效，如图 9-14 所示。江苏省、广东省市场活力有关指标值如表 9-5 所示。

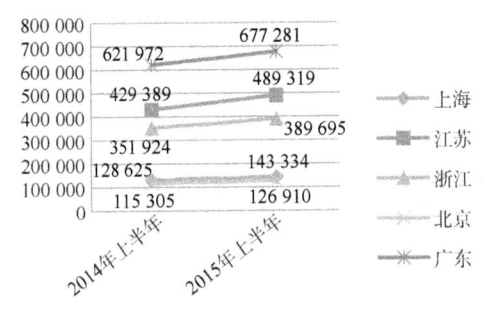

图 9-13 我国部分省市新增市场主体数（户）

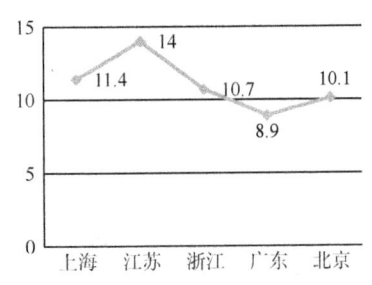

图 9-14 我国部分省市 2015 年上半年新增市场主体同比增幅（%）

表 9-5 江苏省、广东省市场活力有关指标值

省份	2014 年上半年新增市场主体数/户	2015 年上半年新增市场主体数/户	2015 年上半年新增市场主体同比增幅/%
江苏省	429 389	489 319	14
广东省	621 972	677 281	8.9

广东省政府出台了《广东省科学技术厅 广东省财政厅关于科技企业孵化器后补助试行办法》，同时，积极探索符合当地实际的创业带动就业孵化基地建设模式，推广社会建设、政府与社会合作共建等多种建设模式，建设了政府主导的公

共创业孵化基地,并带动了一批社会性孵化基地的建设。为加快中小微企业创新发展,广东省相继出台了《2012年扶持中小微企业发展的若干政策措施》《关于支持中小微企业融资的若干意见》《广东省中小微企业综合服务体系建设实施意见》等政策文件,2015年7月出台了《广东省人民政府关于创新完善中小微企业投融资机制的若干意见》,建立省中小微企业信用信息和融资对接平台、设立中小微企业发展基金、完善中小微企业信贷风险补偿机制、依托互联网金融扩大中小微企业直接融资、加大对中小微企业票据贴现支持力度、试点利用跨境人民币贷款支持中小微企业融资等18条政策措施,解决中小微企业投融资难的问题。

江苏省也相继出台了《关于加快互联网平台经济发展的指导意见》《关于开展小微企业转贷方式创新试点工作的意见》等政策文件。启动了省众创空间建设资助计划,采取政府购买服务的方式,激发市场主体活力;通过构建众创空间,实现创新与创业相结合、线上与线下相结合、孵化与投资相结合。拓宽创业投融资渠道,聚焦科技型中小企业"首投、首贷、首保"融资瓶颈,创新科技风险分担机制,引导和带动金融资本、创业投资和社会资本支持科技型中小企业发展,形成了多元化、多渠道的创新投入体系。但是,江苏省较之广东省在创业投资方面仍然有进一步提升的空间,需进一步完善中小微企业投融资机制,大力发展创投、风投等基金,鼓励和引导民间资本进入创新创业投资、私募股权投资、风险投资等领域,着力解决企业投融资难题,激发市场活力。

3)创新活力

2014年,江苏省每万人国内发明专利拥有量为10.24件,北京市为48.2件,上海市为23.7件,广东省为10.56件,浙江省为9.57件,江苏省次于北京市、上海市、广东省,位列第四,如图9-15所示。经济发展新常态下,战略性新兴产业的竞争更多地体现为知识产权的竞争。2015年,江苏省每万人国内发明专利拥有量为14件,北京市为60件,上海市为29件,广东省为12.95件,浙江省为12.89件。我国每万人发明专利拥有量为6.3件,可以看出以上各省市均高于我国平均水平,并且,江苏省超越广东省位列第三,如图9-16所示。

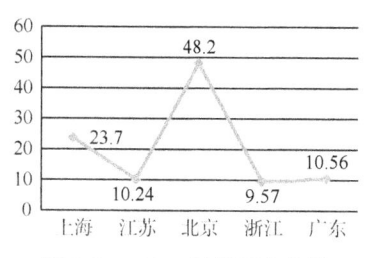

图9-15 2014年每万人发明专利拥有量(件)

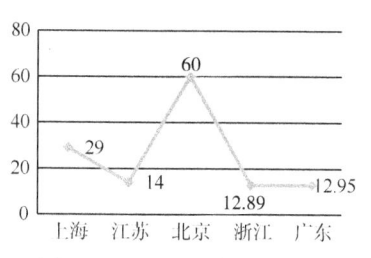

图9-16 2015年每万人发明专利拥有量(件)

广东省积极推动专利质押融资、专利保险、专利交易平台建设、专利联盟建设和专利实施计划等系列转化措施；同时，充分发挥财政投入对专利的激励促进作用，相继出台了《广东省专利奖励办法》《关于加快建设知识产权强省的决定》《关于促进我省知识产权服务业发展的若干意见》等政策文件。出台《关于加快科技创新的若干政策意见》，提出了企业研发准备金制度、创新券补助政策、科技企业孵化器建设用地政策、科技企业孵化器财政资金补助制度、科技企业孵化器风险补偿制度等多项政策，明确要求"赋予高等学校、科研机构科技成果自主处置权""高等学校、科研机构科技成果转化所获收益全部留归单位自主分配"，促进高校、科研院所科技成果转化。发布《广东省财政厅 广东省科学技术厅关于创新产品与服务远期约定政府购买的试行办法》，提出发挥政府购买和公共财政的引导功能，通过远期约定政府购买，发挥政府采购支持作用、降低创新风险，加大创新产品和服务的采购力度，让企业创新活力竞相迸发。

2010年以来，江苏省以创新型省份建设试点为契机，大力推进科技创新工程，区域创新能力连续7年位居全国第一，创新活力有效激发。出台《关于贯彻〈国务院办公厅关于强化企业技术创新主体地位全面提升企业创新能力的意见〉的实施方案》《关于加快发展互联网经济的意见》《关于加快建设知识产权强省的意见》《关于建设苏南国家自主创新示范区的实施意见》等政策文件，落实企业研发费用加计扣除、高新技术企业扶持等普惠性政策，鼓励企业技术创新。建立科技创新券机制，聚焦小科技企业创新需求，提供公共研发、科技保险、成果转化等方面的服务补贴，充分调动企业创新积极性，激发"双创"创新活力。江苏省今后应进一步促进产业知识产权公共技术服务中心、科技中介服务机构的发展，鼓励科技中介服务机构发展，推动专利交易平台、专利联盟建设，充分发挥江苏省产业技术研究院科技体制改革"试验田"作用，积极鼓励政策先行先试。

9.4 本章小结

本章开展科技资源市场配置规制研究，主要从规制的内涵、国内外研究现状和实证研究三方面开展研究。

规制的内涵部分，开展规制的定义、分类研究，提出本书所讨论的规制是从现代意义上对其界定，即"规制者（政府或规制机构）利用国家强制权依法对被规制者（主要是企业）进行直接或间接的经济、社会控制或干预"，其目标是克服市场失灵，实现社会福利的最大化，即实现"公共利益的最大化"。

国内外研究现状部分，研究得出政府的微观规制可以弥补市场经济缺陷、调控供给与需求的平衡、保证科技资源的有效配置，如科技条件资源市场配置、科技人才资源流动的机制、科技信息资源以及科技投入资源的合理调节等，从而实现社会主体和社会利益的最大化，促进国民经济发展。

实证研究部分，开展政府监管与科技资源共享群体之间的演化博弈研究和江苏省大众创新创业政策评估，研究得出：一是通过降低科技资源共享群体的共享成本、增加科技资源共享群体共享的额外收益、加大对不积极参与共享的科技资源共享群体的惩罚力度或是减少政府在共享过程中的监管成本、增加政府对不积极参与共享的群体给予惩罚所获得额外收益，则会形成新的演化稳定状态，使得科技资源共享群体选择共享策略的比例上升。二是发现江苏省在创业扶持、企业技术创新方面政策措施较多，而在促进科技成果转化等方面政策文件较少，同时发现江苏省在激发就业活力、市场活力和创新活力方面取得了一定的成效，但在市场化机制、创业投融资机制等方面还存在不足。

第10章 我国科技资源市场配置模式和机制

10.1 国内外典型案例分析

10.1.1 国外典型案例分析

1. 日本的社团市场经济的科技资源配置模式

日本的社团市场经济的科技资源配置模式是政府导向型的，政府一方面通过各种科技政策、税收政策来引导科技资源的配置方向；另一方面还对科技资源配置进行直接的财政投资。在这种科技配置模式中，政府从国家利益的战略高度通过行政指令来约束和规范企业、高校、科研院所等科技活动的主体，形成了一个"上传下达"的资源配置体系。这种资源配置方式由于政府自身的制度优势能够避免市场配置的盲目、无序，但也容易造成科技活动主体积极性受抑，从而影响科技资源配置效率的提高。

1）通过政策激励、资金扶持，建设企业主导型科技体制

第二次世界大战后日本确立了以企业主导型为核心的科技创新体制，也就是说以企业的科研为主，以大学和其他一些科研机构为辅助的产学研一致的科技体制。日本企业集中了绝大多数的科技工作者，企业的研发经费之和占到全日本科研经费的66%，这项经费已经远远超过大学和其他所有科研机构的支出之和。一般来说，日本的大型企业的内部科研投资经费都会超过其销售额的10%。而日本的这些企业的科研经费的大量投入与日本政府的相关财政金融政策手段是分不开的。这些政策主要有研发补助金、税收优惠措施、融资优惠措施等。

2）建设政策法规，发展尖端领域科学研究

日本政府采取一系列政策措施，围绕生命科学、信息通信、纳米技术及材料和环境科学四大尖端领域的基础科学研究建设，形成了人力、物力和财力相配套的制度。首先，日本建立了具有世界最高水平的人才战略研究基地。其次，日本扩大了竞争性科研经费预算的支出，建立了有利于创造高级成果的研究以及开发环境。最后，日本制定、出台待遇优厚的人才政策，旨在留住、培养和引进基础研究高层次人才，为此而建立了一系列制度，包括高龄资深研究员制度、特别研究员制度、海外派遣研究员制度等。

3) 建立健全科技成果评价体系，保证科技活动的健康发展

日本政府将建立健全科技成果评价体系视为科技体制改革的一个重要方面，为此设立了"评价专门调查会"，其职责是对日本政府的研发资源实行有效配置、制定科技评议准则、对重要的研发活动开展评价等。对于竞争资金支持的课题来说，还要聘请相关领域的资深专家，从课题独创性与前沿性等多个方面对其进行评价。之后，各省厅还要对研发成果产生的效果进行跟踪评价，同时验证以往的评价是否妥当。

4) 加大科研硬件投入，提高设备使用效率

一是政府投资，各厅分头实施，建立公众基础资源中心。日本于1997年实施了"知识基础建设推进制度"，规定政府投资设立知识基础建设推进制度专项调节费，以及科学实验所需的更高质量的基础材料等项目的公众基础资源中心，实现资源共享。二是加大科研信息情报基础建设投入。通过建成全国规模科研专用的超高速光通信网、全国学术情报网、大学情报网以及地球环境研究数据库、基因数据库等14个大型科研数据库，使基础科研领域实力大大提高。三是接受试验委托，提高科研设备使用效率。日本政府规定，大学或国立研究机构中由政府投入购买的设备必须接受企业和社会的试验委托，帮助企业进行产品研发和试验，这是日本产学研共同开发体制最成功的部分。

2. 德国的社会市场经济的科技资源配置模式

德国的社会市场经济的科技资源配置模式就是既注重政府的政策引导又注重市场的价格调控的资源配置模式。德国的科技资源配置模式在政府通过科技投入、政策引导以及市场通过价格机制进行资源配置两个方面都比较突出，它认为既不能让政府对科技资源进行全面的计划配置，也不能完全任由市场规律发挥作用，德国政府的做法是通过制订主导型的科技计划，政府提供一些资金支持，鼓励企业和科研机构共同进行应用项目的研究开发，研究项目必须符合市场需要，具有转化为现实生产力的市场潜力。

1) 实行一部门主管、多部门合作的科技管理体制

联邦教育与研究部（简称"联邦教研部"）是德国政府科技宏观管理部门，其主要任务是：制定科技政策，协调各州的科技活动，制订并组织实施长远科技规划，制定有关教育的法令法规，负责科学事业的国际合作与交流。德国科技管理还有两个协调机构：一个是1970年设立的联邦和州教育和研究促进委员会；一个是联邦政府于1974年设立的由总理和各部部长共同组成的内阁教育、科学和技术委员会。这种体制的主要优点是管理机制比较灵活，可以充分调动地方政府和机构的积极性；缺点是这种机制不利于政策在各部门间的协调，也不利于科技体制的统一。

2）大力引进计算机人才，重点培养国内青年科学家

一是提高平均入学率。联邦政府首先启动"未来教育和辅导"投资计划，国家花费了 40 亿欧元用于建设全日制学校，目标是将德国平均入学率从 1998 年的 27.7%至少提高到 40%。二是大力引进计算机人才。德国政府制订了 9 000 万欧元专项经费的科技人才国际计划，其中，"绿卡"计划规定企业对引进的计算机人才提供每年不低于 5 万欧元工资。三是重点培养青年科学家。德国在大学和研究机构扩大了对大学毕业生的培养。同时联邦政府拨出了 1.8 亿欧元专款，设立了青年教席的制度，让从事科研工作的年轻人在 30 岁的时候就可以独立从事教育以及研究工作。

3）重点资助大型研究机构和优势、尖端技术领域

联邦教研部在 2005 年投入了 99.99 亿欧元的研发经费，其中海姆霍茨大研究中心联合会、弗朗霍夫学会、马普学会和莱布尼茨科学联合会等大型研究机构从政府总计获得 38 亿欧元的资助。联邦政府 2006 年 2 月决定，2006～2009 年，追加研发经费 60 亿欧元，重点投入三个领域中：一是促进中小企业技术创新能力的提高；二是资助尖端技术和横断技术领域的研发；三是提高德国高校和科研机构的科研能力，由联邦教研部负责总体协调。其中 40 亿欧元用于德国的优势研发领域和尖端技术领域。

4）重点发展超级计算机和互联网建设

德国政府十分重视信息基础设施建设。联邦教研部通过机构资助的方式资助了欧洲计算速度最快的超级计算机 JUBL 的购置以及安装和调试。2006 年 3 月，这台超级计算机开始投入运行；2006 年 7 月，慕尼黑莱布尼茨计算中心的超级计算机投入运行，计算速度达到每秒 69 万亿次，是世界上最快的十大计算机之一；2007～2009 年，联邦教研部投资了 3 000 多万欧元，为德国的三大科学计算中心联网建立了非常高速的计算网络。

3. 美国的自由市场经济的科技资源配置模式

美国的自由市场经济的科技资源配置模式就是典型的市场主导的科技资源配置模式，这种配置方式强调市场机制中的自由、公平、竞争和发展。政府主要通过制定科技政策与法律法规、分配科研经费和审批研究项目等手段，调节、刺激社会资金投向科技研发领域，发挥对科技资源配置的引导作用，从而体现自身在科技资源配置中的监管地位。

1）成立国家科学技术委员会，制定规划政策

美国联邦政府没有设立主管科技事务的部长级机构。国家宏观层面科技资源配置主体包括总统班子（白宫科技管理机构）、国会和各联邦部门，即由立法、司法、行政三个系统分别参与到科技政策的制定和工作管理中，其中行政系统的涉入程度为最大。其表现为：总统班子负责制定国家科技总体规划和宏观政策，美

国政府于1993年成立了国家科学技术委员会，用来协调政府科学探索和技术政策；委员会由总统挂帅，其主要任务是确立国家科技发展目标，制订相应的综合投资计划，具体事务由科技政策办公室负责；政府各部门在编制科技政策和建设方面拥有很大自主权。国防部、能源部、国家科学基金会、国家航空航天局、卫生部和商务部等政府部门都是在总统科技政策办公室（办公室主任是总统的科技事务助理）的协调下，与大学、企业构成多元化的科技体制。

2）集结全国优质资源，大力发展研究型大学

美国的科技进步建立在坚实的高等教育基础上，大学高质量、大规模、强力度的科技资源配置激发的科技创新力量促成了美国教育、科技与经济的强烈互动。首先，人力资源数量大和素质高。全美60%的科学家和工程师集中在大学里。综合性大学，教授常常占教师总数的35%以上，少数一流研究性大学中教授所占比例达到50%以上；部分名牌高校，所有教员都有博士头衔。其次，物力资源世界一流。美国政府把最好的科研中心建在大学里，并配置了优良的研究设施和高质量的研究设备。最后，汇集各界财力支持大学基础研究。美国大学的研发经费来源有联邦政府、工业界、高校及其他非营利机构，其中联邦政府是主要提供者；大学研发费用中的2/3以上被用于基础研究，1/4被用于应用研究，使得大学成为美国基础研究工作的最大执行者。

3）构建法律法规与协调机构，扶持私营科研机构

美国研发总投入的一半以上来自私营部门。布什于2001年下令成立总统科技顾问委员会，委员会里除办公室主任以外，其他成员也都是工业界、教育界、各研究机构以及其他一些非政府机构的重要人物；此外，为了联合各种不同的机构共同支持中小企业的创新，2004年，布什签署了《鼓励制造业创新》的总统令，同时也是法律规定。按照此项法律的规定，科研机构中凡是科研经费预算超过1亿美元的，机构要按2.5%的比例将科研经费的提成作为企业科研基金处理；而研发经费预算如果超过了10亿美元，则还需要按0.15%的比例提取基金，将此基金用于供相关的企业与非营利的科研院所来转让使用。

4）强调政策倾斜、市场引导，优化科技人才配置

对科技人才的重视是发达国家共有的特点，美国提供了值得借鉴的经验：一是制定优惠政策，以丰厚待遇和良好研究环境吸引大批科学家落户美国，如第二次世界大战后，美国将大批德国的VZ火箭专家迁到阿拉巴马州，成为阿波罗登月火箭研发的中坚力量；二是采取各种措施吸引世界各地的技术人才移民。近年来，美国公司纷纷到海外设立研究所，按照市场需要进行选择和调节，政府部门、企业和高校对各类人才的招聘，都由人才的供需双方确立方法进行自由招聘，形成了较好的人才流动和竞争机制，促进了科技人力资源的优化配置。

5）实行政府信息公开，促进信息资源共享

美国颁布的《信息权利法》规定，对于政府资助的项目，所有的纳税人都有权索取项目的相关信息。在网络和计算机技术取得快速的发展以后，信息的共享对于科研环境的影响和科技水平的提高起着极为重要的作用。一是美国大学拥有世界一流的图书馆，藏书量大、资料全，并且管理人性化，任何在校的师生都可以很方便地借阅图书。二是各种人员都可以通过互联网很轻松地查找到相关的信息。三是联邦政府力求使政府投资建立的信息资源成为公用资源，促进信息资源共享。

国外的经验表明，科技资源优化配置取决于两个方面：一是经济发展与科技政策的协调配合；二是政府与企业、高校、科研院所及中介服务机构的共同努力。目前，我国科技资源配置还存在重复建设、配置效率较低、政策法规和体制机制不完善、信息渠道不畅、中介服务体系分散等问题，这些问题的存在主要是由于部分单位和人员观念陈旧、缺少资源共享积极性，政府对科技资源管理干预过多、角色错位，缺乏市场化的中介服务平台等原因。

10.1.2 国内典型案例分析

科技资源市场配置是为了以较少的科技资源投入实现较多的产出和效益，调整优化科技资源的投入组合结构，建立适应科技创新与经济社会发展的市场配置体系，在兼顾经济效益和社会效益的原则下，使各类科技资源通过市场在不同科技活动主体、领域、过程、空间、时间上交易和使用。科技资源市场配置主要包括科研设备利用的市场化、科研院所运作的市场化、科研项目和经费来源的市场化、科研过程组织的市场化、科技人才服务的市场化和科技成果转化的市场化等。

国内科技资源市场配置初见成效，典型案例有"北京模式"和西安科技大市场等。

1. "北京模式"

"北京模式"是首都科技条件平台建设形成的"研发实验服务基地—领域平台—工作站"三位一体的科技资源市场配置服务体系，如图 10-1 所示，首都科技条件平台于 2009 年启动建设，是国家科技基础条件平台指导下的北京地方科技条件平台。建设包括研发实验服务基地、领域中心和区县工作站的服务体系，跨部门、跨领域整合仪器设备、科技成果和科技人才三类科技资源，提供测试检测、联合研发及技术转移等服务，包括清华大学等 14 家研发实验服务基地，技术转移领域平台、电子信息领域平台等七大针对重点领域需求的新兴

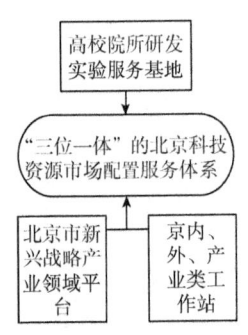

图 10-1 北京科技资源市场配置服务体系

战略产业领域平台、京内、外、产业类三类工作站，实现市场化的制度设计，初步解决了科技资源市场配置体制机制和管理模式难题。

通过与高校、科研机构、中央企业、领域促进机构、区政府合作，建设了包括中国科学院、北京大学、清华大学、航天科工等在内27家研发实验服务基地，军民融合、新材料、生物医药等12个领域中心，以及14个区工作站构成的三大服务主体，重点整合仪器设备、科技成果、科技人才三类科技资源，开放共享和对接服务，构建了科技资源服务企业创新的渠道。截至2016年底，共促进首都地区801个国家级、北京市级重点实验室、工程中心，价值227.9亿元，4.33万台（套）仪器设备向社会开放共享，整合了721项较成熟的科研成果并促进其转移转化，聚集了11 672位专家，产生了18 199项知识产权和技术标准。以市场需求为导向，梳理出38个服务功能模块，跨单位、跨部门、跨行业整合相同服务功能实验室形成107个功能服务平台，初步形成机构及仪器服务群。如图10-2所示。

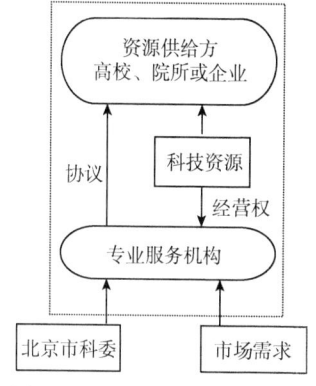

图10-2 北京研发实验服务基地的运行机制

2. 西安科技大市场

西安科技大市场通过政府引导、市场配置、创新模式、特殊政策、集成服务"五措并举"，致力打造全国规模最大、功能最全、统筹能力最强、辐射作用明显的科技综合服务市场。西安科技大市场积极统筹科技资源，通过体制机制创新，不断促进科技人员解放；通过平台打造，促进科研机构能量释放；通过政策引导，促进科技设施开放；最终实现科技资源聚集、资源之间聚合、科技向经济聚变，如图10-3所示。

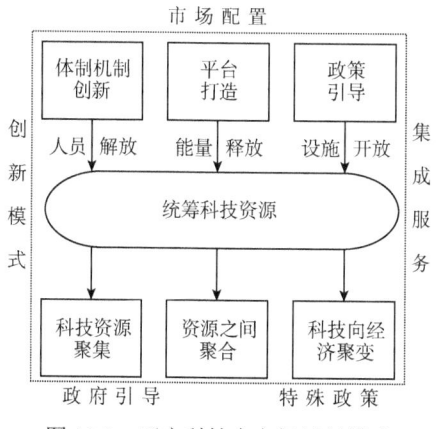

图10-3 西安科技大市场运行模式

科技大市场将重点发挥"交易、共享、服务、交流"四位一体的功能："交易"功能——通过线上线下、网内网外的有机融合，汇集技术、成果、资金等科技资源供需信息，依托政策引导市场交易，促进技术转移和成果转化；"共享"功能——通过技术平台、仪器设备、科技文献、专家人才等资源的共享，实现科技资源的开放整合与高效利用；"服务"功能——通过人才创业、政策落实、知识产权、科技中介、联合创新等专业化和集成化服务，构建流动、高效、协作的创新体系，推动科技创新创业，实现科技资源与产业的有效对接；"交流"功能——通过举办科技大集市和各种专业论坛，开展科技宣传、咨询、培训等活动，促进科技资源的交流与合作，推动科技成果的商品化、产业化与国际化。

10.2 我国科技资源市场配置的模式和机制探究

基于上述分析，提出我国科技资源市场配置模式，如图10-4所示，科技资源市场配置是以企业、高校和科研院所为主体，政府为引导，社会组织为中介服务；以科技人力资源、科技投入资源、科技条件资源、科技信息资源、科技成果资源及科技政策资源为客体；以市场需求、行政规制和社会文化为配置力，通过竞争机制，价格机制，供求机制，激励、补偿机制等协同作用，依据创新主体利益最大化原则而进行自愿交易和竞争，并在市场失灵时发挥政府的协调和监管作用。以市场为主导的科技资源配置方式存在"人才流""技术流""信息流""资金流"的交换，以市场为导向、企业为主体，根据市场需求进行资源整合、配置与共享。市场主导型模式的主要特点是市场需求明确，解决科技资源供给和需求间市场信息不对称的问题；信息反馈快、准，直接根据企业的需求与高校和科研院所有效对接，实现资源有效配置、共享，创新主体间利益双赢；科技中介服务作用突出，成为市场环境下促进科技资源整合共享的重要桥梁。

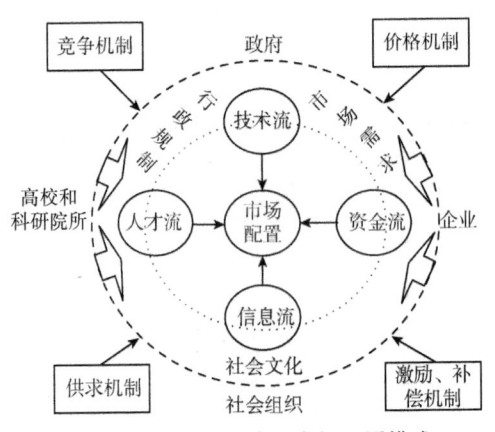

图 10-4 我国科技资源市场配置模式

机制是推动系统演化的内因之一，而机制的设计也必须遵循系统运行的内在机理。从系统科学的角度来看，科技资源市场配置运行机制主要包括动力机制与反馈机制两个部分，其中动力机制为系统的运行提供动力和能源，动力机制通过对动力源的刺激和引导，激发系统运行动力，实现系统运行第一步；反馈机制是维系动力、保障运行的辅机制。由于系统运行目的和功能的差异性，反馈机制的内涵比较复杂，包括传导机制、监管机制和激励机制，其中传导机制的作用贯穿于系统运行的每个环节，动力的激发、供需方之间的沟通以及利益保障等各种规章制度的传达都需要通过信息传导的信息监测、信息整合、信息扩散与信息反馈功能进行反馈；监管机制的主要作用是通过市场配置与政府干预，对各类科技资源市场配置的监管，有效地统一调配资源市场配置过程中所需的人力、物力、财力资源等，以达到最大的科技资源市场配置效率；激励机制的主要功能是保证参与各方的利益博弈均衡，为各方利益保障提供流程和制度依据，如图10-5所示。

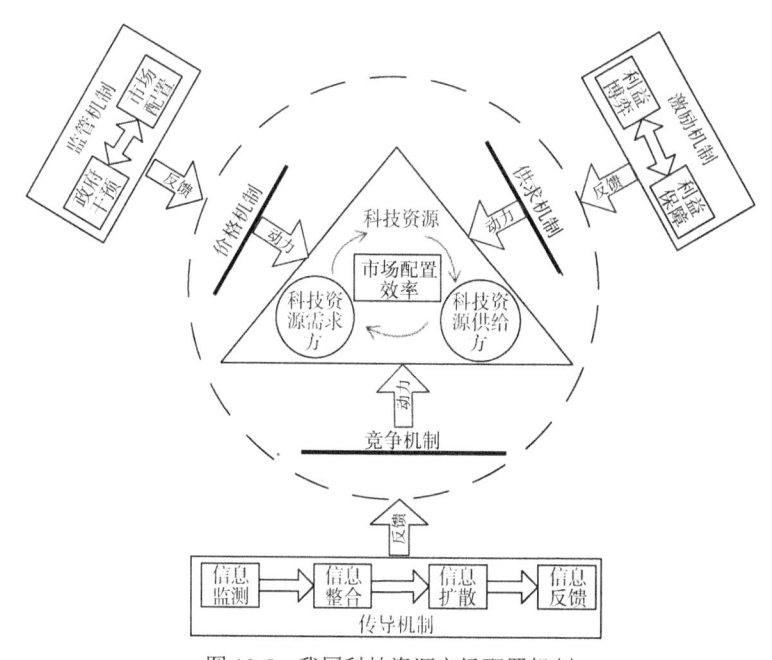

图10-5 我国科技资源市场配置机制

1. 科技资源市场配置的动力机制

科技资源市场配置的动力机制是指配置运行的动力源建设，也即寻找"自我否定"因素使科技资源市场配置系统从平衡态达到非平衡态的过程，动力机制的研究实际上回答了系统动力来源与路径的问题，科技资源市场配置动力机制的功能在于为系统运行提供动力，将内外部信息和资源根据系统适应环境的需要转化为能量，主要包括供求机制、价格机制、竞争机制等。

1）供求机制

供求机制是科技资源市场配置的主体机制，其他相关要素的变动都要围绕科技资源供求关系而展开。在科技资源市场，供求连接着政府、高校、企业、科研院所和科技中介服务机构，供求关系的变动对科技资源使用价格起决定作用，影响市场主体之间的竞争，决定着市场主体的共享行为。使用者买入，拥有者卖出。科技资源市场需求是指企业等买方所表现出来的对科技资源的购买要求和能力，大致可分为科研生产使用需求和投机需求。这两类需求由于有科研生产和投机的利益驱动，从而形成了科技资源购买需求。科技资源的供给是指高校、科研院所、科技资源中介服务机构和企业等所表现出来的对自身所有的科技资源产权与使用权的让渡意愿和条件。科技资源市场买卖双方的要求和意愿，即科技资源市场的供给和需求，构成科技资源市场配置的动力，推进了科技资源市场的运行。一般地，科技资源存在总量的约束，需求比供给更为活跃，从而呈现出一种"需大于供"的现象；科技资源供需方也往往存在信息不对称、不畅通的现象。供求机制如图10-6所示。

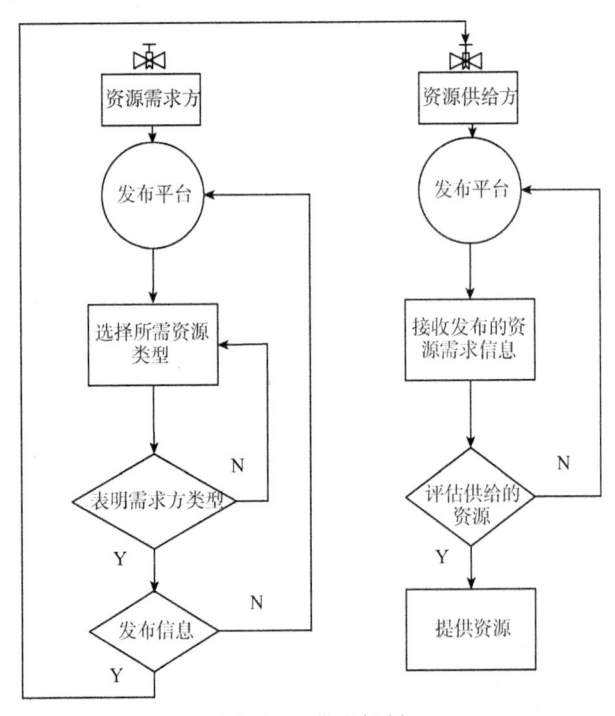

图10-6 供求机制

2）价格机制

价格是市场机制的传导器，也是引导科技资源市场配置的重要工具。在科技资源交易市场，价格机制是作为反馈机制而存在的，它在市场系统中发挥着反馈经济信息的作用，因此，又把价格机制称为市场机制的信息要素。同时，价格机制对科技资源的供给者和需求者的决策、科技资源的配置起着至关重要的作用，也是重要的引导机制。价格的信息传递功能主要反映在：科技资源的价格反映科技资源的供求状况，在科技资源市场的所有信号里，价格信号具有最灵敏、最有效的特性，是最有利的"调节器"，是价值规律这一"看不见的手"的外在表现。科技资源价格反映了科技资源的稀缺程度。西方经济学家认为，短缺的资源具有价值，就是说，人们情愿放弃其他的效用来换取它。价格的引导机制体现在两个方面：一方面科技资源价格的提高，可以引导更多的单位建设和提供科技资源；另一方面科技资源价格的下降，会导致科技资源供给的减少。价格机制如图10-7所示。

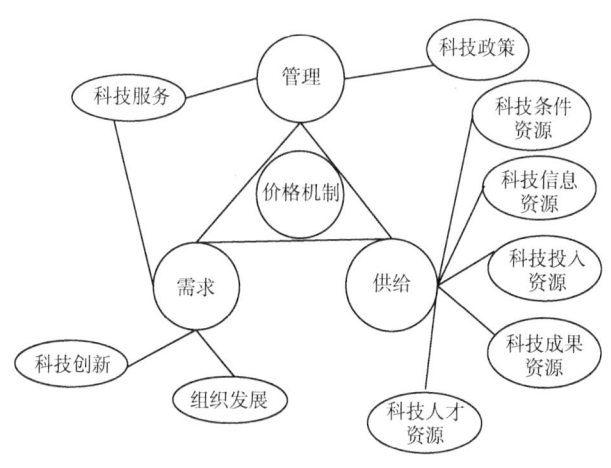

图 10-7 价格机制

3）竞争机制

市场的供求失衡必然产生竞争，竞争的出现，推动供求由不平衡发展到平衡。在科技资源市场上，竞争主要来自三个方面：一是科技资源供给者之间的竞争。在科技资源交易市场中，科技资源的交易一般采用协议转让、竞价拍卖和招标转让等形式，无论采用何种方式，谁的科技资源价格低，谁就具有竞争力。二是科技资源需求者之间的竞争。科技资源需求者之间相互竞争的动机，是科技资源可以满足科研生产需要，带来比购买科技资源更多的利润。从表面上看，需求者的竞争力源于它们的经济实力和对科技资源的购买欲望，实际上，真正的竞争力在于各需求者单位科技资源的边际产出的高低。科技资源的边际产出越高，科技资源需求者的竞争力越强。科技资源需求者之间竞争产生的直接后果是拉动科技资源价格上升。在科技资源价格上升的同时，又迫使需求者合理安排自身的科研和生产，尽可能地充分利用科技资源。因此，没有需求者之间的竞争，就不可能推动科技资源配置工作，不可能提高科技资源的配置效率。三是科技资源供给者和需求者之间的竞争。买卖双方的竞争是市场竞争的最基本形式，也是供求对立运动的基本反映。在科技资源交易市场，一方面，科技资源拥有方想以高的价格出售手中的科技资源，以便获得更大的利润；另一方面，科技资源的受让方想以较低的价格购买科技资源，以降低科研、生产成本。这一矛盾双方竞争的结果是按照价值规律的要求形成市场价格。由此可见，只有通过买卖双方的竞争，才能对科技资源价值进行正确的评价，竞争越激烈，科技资源的市场配置越有效。

供求机制、价格机制和竞争机制的合力作用推动了科技资源市场的运行。从价格机制与供求机制相互作用来看，价格反映科技资源的供求状况，并且作为反馈信息，推动供求做反向的运动。科技资源价格升高，则会刺激科技资源市场供给增加；同时，价格升高，必然会导致科技资源需求的降低；反之，价格降低则会导致科技资源供给减少；同时，价格的下降，会刺激用户增加科技资源使用需求。从价格机制和竞争机制之间的关系来看，价格是竞争的重要手段，科技资源的均衡价格是在竞争中形成的。从供求机制、价格机制和竞争机制相互作用的关系来看，在竞争中形成科技资源的市场均衡价格，价格又引导着供求关系；反过来，供求关系决定了市场价格，价格又决定了竞争。科技资源市场就是在这三种市场机制的交互作用下，形成市场交易的均衡，在这种均衡状态下，科技资源得到最充分的利用，配置效率达到最优。价格机制、供求机制和竞争机制的相互关系如图10-8所示。

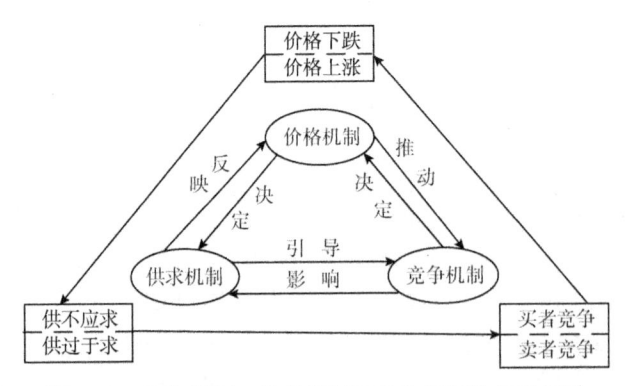

图10-8 价格机制、供求机制和竞争机制的相互关系

2. 科技资源市场配置的反馈机制

反馈机制是维系动力、保障运行的辅机制，反馈机制包括传导机制、监管机制和激励机制。

1) 传导机制

信息传导指对系统内外部信息的监测、整合与扩散。信息既不是所有事物间的一种普遍联系，又不是超乎物质、能量的第三者，它是一些具有目的行为的特殊事物间的一种特殊联系，在内容上它要表征事物的性态和运动趋势，在形式上它是借助于一定的物质形态来表征上述内容和意义的符号或代码系统，在效用上它是能消除认识上不确定性的东西。一个处在不断变化的环境中的系统，随时可能受到来自外界的干扰和影响，其结果是导致系统偏离原来的状态，这种偏离对系统来说可能是有利的，也可能是不利的，需要根据外界干扰的情况和系统自身状态进行判断与决策。因此，信息传导机制指从维持自身发展的目的出发，通过建立信宿与信源之间的某种形式的相互作用来主动接收。科技资源市场配置的信息传导实际是由于主体之间信息差异的存在，由于创新主体规模、能力和所处地位的不同，信息获取手段和途径有所区别，表现为不同主体拥有的信息数量和质量的差异，即系统中信息在时间和空间上的分布不均衡。信息传导过程包括信息获取、信息传输、信息储存、信息转换和信息处理五个环节，信息传导机制的功能主要体现为以下五个方面，如图10-9所示。

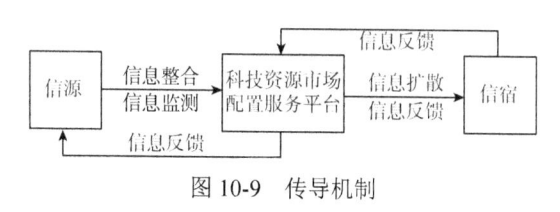

图10-9 传导机制

一是信息监测。信息监测功能是信息传导机制的首要功能，科技资源市场配置是一个开放的系统，在与外部环境交换信息、资源的过程中实现自身的成长和演化，外部环境的变动可能会对系统内部资源供需关系的调整产生影响。同时，共享是一种协同行为，内部信息的对称与否可能会影响相关利益主体的决策。因此，信息监测功能起到了很好的平衡作用。科技资源共享系统的信息监测对象包括外部刺激信息与内部供需信息两个部分。外部刺激信息主要包括科技政策、行业政策、技术研发趋势、市场需求信息等。内部供需信息主要体现为资源共享的供给与需求。

二是信息整合。大量的分散信息不利于从中发现问题和机会，必须在筛选、归类的基础上进行整合，突出那些有利的信息才能引导系统向着高阶有序的方向发展。信息整合的过程包括信息储存、信息转换和信息处理三个部分。信息储存可以被看作信息传输速度暂时为零的信息传递，把它看成信息传递的一种特殊情况的原因在于储存只是一个暂时的过渡，最终将会重新获得速度进行传递。信息储存能够起到调节信息传递速度的作用，适当地调节信息传递速度，将起到保存信息内容和中间结果的作用。信息转换包括物质载体的转换和符号的转换，这种转换是指信息表达形式的变换，要求不改变信息的内容。在这一过程中，信息载体发生了多次变化，但信息的内容却始终不变。

三是信息处理。信息处理是指对信息内容的处理，从而使它的意义和价值发生相应的变化，如科学计算、推理等。输入与输出的信息在形式和内容上都有不同。一般信息处理包括变换、排序、核对、合并、增删改补、更新、摘出、分筛、和生成几个部分。信息处理为系统内的决策提供依据。经过储存、转换和处理的信息以系统需要的形式进入信息传输通道，实现科技资源共享信息的扩散。

四是信息扩散。信息是连接整个共享过程的桥梁，只有当共享信息传播出去，并被信宿接收，实现资源共享和应用，资源主体各自的需求获得满足，才能实现科技资源共享的最终目的。信息扩散既是信息传导的手段，也是信息传导的目的，信息孤岛的存在使得各主体对于资源共享裹足不前，通过信息扩散使得系统真正成为一个开放的系统，既能充分利用外部环境的刺激实现系统内部结构的调整，又能推动市场配置科技资源理念在信息扩散过程中成为系统特定的文化。

五是信息反馈。信息反馈指将系统的输出信息经过某种处理回到输入系统，进而影响系统再输出的运动过程。通过反馈，系统可以更好地根据环境变化调节内部要素之间的结构，更好地适应环境乃至改变环境。信息在传递至不同用户主体时，由于外界变化的干扰如资源主体需求的突然变化、市场需求趋势的转变，系统需要根据反馈信息采取相应措施进行控制，如更新客户需求信息、更新市场需求信息等。信息传导机制的反馈功能使得系统能够根据输入输出的变化及时调整自身的状态参数，增强环境适应性，保证系统的自组织运行。

2）监管机制

科技资源市场配置是一项复杂的系统工程，由各类资源主体或组织协作完成，因此，科技资源市场配置又可以看作一个组织架构完备的虚拟组织，其运行既符合一般组织的特点又具有自己的特色。科技资源市场配置的组织监管机制是以系统内管理部门的指导为前提，以科学规划和政策为保障，以相关沟通技术为支撑，实现资源供需主体成功对接的一系列流程和规章措施。

科技资源市场配置中，由于信息在各主体间分布的不对称，必然产生"趋利""寻租""搭便车"等问题。这些问题存在于不同的主体中，对全社会的科技资源市场配置产生负面作用。因此，市场主体间的有效监管是建立和完善科技资源市场配置机制的重要问题。科技资源市场配置主要存在于科技资源利用过程中的分配、组合，分配经常居于矛盾运用的主要方面，因此政府作为制度安排的最高层次决定者，掌握着各类资源，能够便捷地获取各类监管信息，是科技资源市场配置监管机制的主体之一。监管发挥有效作用不仅依靠政府监管，而且需要重视独立于政府之外的第三方监管主体。第三方监管者的选择与设立可以通过政府授权，但是组织建构上又不同于政府。发挥政府的权威性、全面性，由政府对科技资源市场配置进行统筹规划和顶层设计，建立科技资源市场配置体系的准入监管体制，对参与科技资源市场配置的主体进行行业准入监管，可以有效地规范科技资源市场配置主体的行为。对各类科技资源市场配置的监管，可以有效地统一调配资源市场配置过程中所需的人力、物力、财力资源等，还可以调整好科技资源建设和利用等相关部门、机构之间的复杂关系，明确各方的权利和义务，避免科技资源市场配置的过度集中或过度分散等问题，避免资源的浪费、挪作他用等问题，以达到最高的科技资源市场配置效率。

监管是一种持续有效的过程。监管应该是一个长期的、动态优化的过程，方式和手段不断出新，如图 10-10 所示。首先，监管手段要实现信息化，实现信息快速传递，使监管的反馈能够得到快速回应，从而加强监管主体与被监管主体之间的信息沟通，强化监管效力。其次，完善科技资源市场配置的监督机制，在科技资源市场配置中，多数科技资源具有公共产品的特性。因此，政府监管是必需的。政府要平衡好科技资源市场配置的效率和公平问题，监管政策要满足资源拥有者与资源使用者之间的利益均衡；加强监管有效的信息传输结构和传输机制，保证信息披露的公正透明，改善科技资源市场配置的信息不对称；通过健全监管指标体系、完善风险预警机制、加强监管信息系统等来降低监管成本。最后，为了有效解决"监管劣势"问题，政府监管和第三方监管的"双主体"监管以及监管的全程动态双向监管模式，更有利于提高科技资源市场配置的能力和效率。

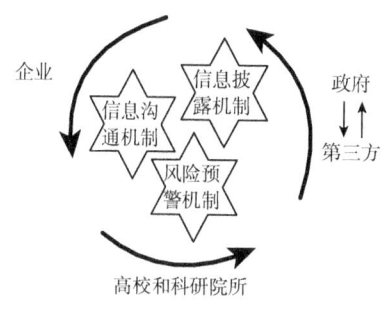

图 10-10 监管机制

3）激励机制

高校、科研院所作为从事科学研究、传播科学知识的主阵地，是科技资源所有者，主要将其所用的资源共享给企业。在科技资源市场配置、共享过程中，高校、科研院所每共享一个单位的科技资源，将给其带来一定的效用。企业作为科技资源市场配置体系中数量最多、最重要的利益主体，是技术和产品的载体，也是科技资源市场配置活动的直接受益人。在市场经济条件下，企业要想实现利润最大化就必须加大技术创新的投入，但现实中很多企业尤其是中小企业缺乏技术创新的能力和资源。因此，企业通过科技资源的有效市场配置与共享可以获取自身发展所需要的核心资源。科技资源市场配置的管理和运行，客观上要求有一支稳定和高水平的人才队伍，因此必须重视加强人才队伍建设，建立相关的激励机制以稳定专业人才队伍。根据科技资源市场配置服务业绩与专业人员评价结果，各有关单位应对科技资源管理、使用、维护进行补贴,对研究人员进行奖励。科技资源市场配置服务管理机构应当根据评价结果,对优秀的专业人才进行表彰,从而充分发挥其积极性、主动性和创造性,保证市场配置服务的高效运行。

建立科技资源市场配置的激励机制,协调科技资源所在方、中介服务方和需求方的利益,平衡资源所有者、经营与使用者的利益,在降低资源市场配置成本的基础上,提高科技资源市场配置效率。保证科技资源市场配置的高效运行,首先确立以经济利益为核心的激励机制,形成一种"共享受益"的氛围;政府对设备的供给方给予补贴,并许可在一定范围内收取仪器设备维护和保养费用,调动资源拥有方的积极性,从而实现科技资源需求与供给的相对平衡,实现需求方和供给方的共赢。通过分配制度、奖励制度等的改革,吸引一批科技资源拥有者加入资源市场配置平台,如图10-11所示。

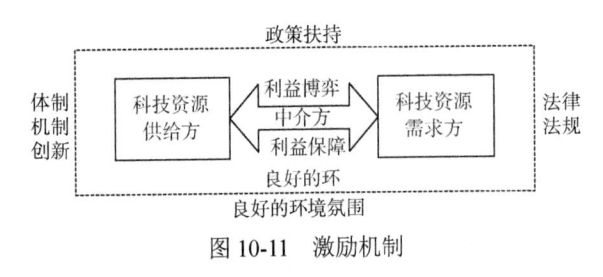

图 10-11 激励机制

10.3 本章小结

本章开展科技资源市场配置的模式和机制研究,主要从国内外典型案例分析、科技资源市场配置的模式和机制探究等方面开展分析。

国内外典型案例分析部分,分别分析日本的社团市场经济的科技资源配置模式、德国的社会市场经济的科技资源配置模式、美国的自由市场经济模式,并分析国内的"北京模式"、西安科技大市场等案例,为开展我国科技资源市场配置的模式和机制探究奠定基础。

科技资源市场配置的模式和机制探究部分,提出了我国科技资源市场配置模式以及运行机制,主要包动力机制与反馈机制两个部分,动力机制主要包括供求机制、价格机制和竞争机制,反馈机制包括传导机制、监管机制和激励机制。

第 11 章 优化我国科技资源市场配置路径

11.1 理顺管理体制，加强科技资源配置的统筹与协调

按照《中华人民共和国科技进步法》，科技行政管理部门肩负着宏观管理、统筹协调的职能，但实践中的协调工作十分困难。因为国家层面涉及科技经费管理的部门多达 20 余个，各部门均为平级单位，要从职能上加强统筹管理和总体协调，需要更高层级的协调机构。这种总体相对分散、局部高度集中的科技管理体制，已经成为科技资源优化配置的瓶颈。因此，要优化科技资源配置，必须构建新型的科技资源管理体制。

1. 设立国家科技管理的最高决策机构

建立科学合理的决策架构，是近年来我国科技体制改革的难点，也是改革取得成效的关键。当前，应当通过自上而下的改革，建立起国家科技管理的最高决策机构，如成立国家科技发展战略专家委员会，或将科技管理统筹协调的职能集中归口到国家科学技术部，形成协调一致的科技工作格局，为科技进步和创新营造更好的宏观环境。

2. 分配各管理层次科技资源配置职能

重点确立和强化中观层面科技资源配置主体地位。在国家宏观层次上，要通过立法赋予国务院各行政管理部门在科技资源配置中的工作职责，清晰界定职能，由最高决策机构、人民代表大会及国务院相关纪检机构定期对各部门的履职行为进行检查，避免政出多门，切实解决科技资源配置的分散、重复和低效等问题。同时，国家宏观管理层面要进一步下放科技资源配置权力，减少具体、直接的项目管理，不仅要承认，而且要在一定形式上确立企业、高校、科研院所等中观管理层面的机构在科技资源配置方面的主体地位。只有充分调动中观层面的管理单位的积极性，才能提高科技资源配置的实践性与灵活性，保证科技资源配置的合理性和有效性。

3. 中央与地方科技管理工作的协调和衔接

中央政府宏观科技政策的落实和推进，很大程度上需要地方政府的支持与配

合。当前，应进一步理顺中央与地方之间的关系，明确中央与地方科技管理职能的区分和各自重点。其中，国家科技宏观管理部门应将工作重点转移到科技工作的宏观布局、统筹协调、战略性和重点任务的组织实施、科技工作绩效考评等宏观职能上来，地方科技管理部门则应依据本地产业发展实际，并结合国家战略导向，来具体落实相关科技计划和项目，提高科技资源配置的效率与效益。

4. 创新科技资源配置工作机制

在管理体制既定的条件下，要积极推动管理创新，构建新型、有效的科技资源配置工作机制。现实条件下，比较可行的机制有：一是建立科技资源管理工作协调机制，以建立部门间决策信息共享平台为支撑，通过部省会商、部际联席会议等形式，加强对科技规划、经费投入、课题立项等重要事项的综合平衡和战略协商；二是建立科技资源绩效考评工作机制，尤其要突出支持中介机构，建立第三方评估制度，逐步实现分类评估、独立评估、定期评估和科学评估；三是建立科技资源分配过程公开机制，使科技资源配置过程接受各有关方面的监督，广泛听取意见，确保资源配置的科学性与公正性；四是建立健全科技资源分配结果公示与备案工作机制，既有利于接受各界监督，又有利于建设信息共享库，为相关科技管理决策部门提供决策参考；五是建立健全科技资源配置中的激励机制，促进科技资源的开放和共享，提高科技资源利用的综合效益。

11.2 深化机构改革，优化科技资源配置的布局和结构

从事基础研究、前沿技术研究和社会公益研究的科研机构，是我国科技创新的重要力量。充分发挥科研机构的重要作用，必须以提高创新能力为目标，以健全机制为关键，进一步深化管理体制改革，对原有的科研力量和结构布局进行战略性调整，突破导致机构交叉和重复设置的部门、地区间的行政壁垒，实现资源的优化配置，加快建设"职责明确、评价科学、开放有序、管理规范"的现代科研院所制度。当前，科技宏观管理体制的改革应主要集中在以下几个方面。

1. 加快科研机构的整合与重组

科研机构改革既是国家科技力量微观基础的再造，也应成为国家科技力量宏观布局和科技结构的一次大调整。要按照国家赋予的职责定位加强科研机构建设，切实改变目前部分科研机构职责定位不清、力量分散、创新能力不强的局面，优化资源配置，集中力量形成优势学科领域和研究基地。另外，对科研院所与高校的研究应适当分工，高等院校应更偏重承担基础研究，科研院所应偏重承担应用研究，对于一些主要从事基础研究且规模较小的科研机构，可以直接并入学科相

近的高校,增强高校的基础科研力量。在东部地区,重点依托企业和科研机构,共建和新设一批合作型的科研机构,将研究机构建在企业,提升企业的研发实力。在中部和西部地区,重点在于依托区域创新中心,通过合并和重组,做大做强一批科研机构,通过强化政府投入,提升中西部欠发达地区科研机构的创新能力。

2. 建设现代研究机构制度

科研机构改革应依据其自身的情况和科技发展规律进行。对现已明确进行改制的科研机构,根据《中华人民共和国公司法》的相关规定,可按照股权多元化的原则,建立现代公司及相应的治理结构公益性研究院所,一些涉及国家安全、代表国家科学技术地位的研究院所的改制,则需要对组织制度进行特殊设计。要根据科学研究规律,打破专业和学科设置界限,改变小而全、老化、僵化的管理格局,优化院所内部科技组织结构、专业结构和人才结构,加强学科带头人、中青年科技骨干和各领域、各环节专门人才的培养,从组织结构、管理运行、社会保障、分配及财务制度等方面,确保新型科研院所体制的确立。

3. 深化人才制度改革

通过深化用工和人事制度改革,形成不唯学历、不唯职称、不唯资历、重视技术创新和创造发明贡献的良好用人体制和环境,进一步扩大科研院所在科技经费、人事制度等方面的自主权,确立以劳动、资本、技术和管理等生产资源按贡献参与分配的原则,实行按岗定酬、按绩取酬,对科技人才的工资收入,要有相应的激励和约束办法,形成既鼓励竞争又有效约束的收入分配机制。

4. 明确科技成果权益的分配及归属

积极推进科研机构的产权制度改革,明确并合理界定产权关系,建立多元化的产权结构形式,是当前我国科研机构改革的关键所在。目前,我国中西部地区科技成果转化率低的原因主要在于科技成果转化的财富效应、激励机制问题没有得到有效解决,进而造成"西部成果东部转化"的现象时有发生。因此,明确科技成果的权益分配,必将有利于促进科技成果的转化。在风险资本催化下,鼓励企业直接或通过中介机构与科研机构合作,通过建立有效模式促进科研院所和高校科技成果的直接转化,带动地方经济增长和科技进步,将科技成果的权益细化为发明权、所有权、经营管理权以及利益分配权,并通过政府的支持直接在科研机构建立国家技术转移中心,负责科技成果的经营管理;积极完善和落实科技成果转化的相关配套政策与激励措施。

11.3 加强科技立法，提升科技资源配置的权威和规范

改革开放以来，我国先后颁布实施了一系列的科技法律法规和政府规章制度，初步构建起内容广泛、针对性较强的科技政策法规体系和科技管理制度体系。但我国的科技立法仍存在一些问题，如有些立法缺乏可操作性，有些法规效力层次过低而影响其效能，有些法规由不同部门陆续颁布而存在相互矛盾或作用重复等。当前，我国应以支撑科技创新与技术进步为核心，以保护知识产权、优化科技资源配置和提高科技创新及成果转化能力为重点，加快科技政策法规体系建设进程，着力构建推动自主创新的科技政策法规体系，充分发挥科技政策法规的激励导向作用。

1. 加强科学技术进步法的配套立法

《中华人民共和国科技进步法》全面系统地构筑了我国科技法律制度体系，但大多还是纲领性、政策性的宣示，还缺乏配套的、具有可操作性的法规制度。与此同时，我国传统部门法规普遍受到科技发展带来的挑战，如信息技术、网络技术的发展，使生产方式、贸易方式、人际交往方式变化巨大，科技进步使得知识的价值不断提升，由此带来技术股权、期权等一系列权利概念的诞生和扩展。这些变化几乎涉及经济、社会、文化与人类生活的各个领域，并需要相应的法规进行规范，这些法规需要适应科技进步的要求。因此，我们不仅需要制定专门性的科技法规，而且其他相关立法都应当考虑到科技进步的影响，从而建立功能齐全、相互协调、可操作性强的科技法规体系，营造有利于科技创新与进步的法制环境。

2. 对现行的科技政策法规进行系统梳理和修订完善

法律对于保障和指引国家创新体系的形成与发展有着十分重要的作用。目前，我国科技政策法规的效力等级较低，难以形成社会强制力。各科技政策法规之间层次关系比较混乱，必须予以废除或修订，以提高其整体实施效力，应尽快制定科技投入法；需要建立科技投入稳步增长机制；要通过加强科技人才培养政策法规的修订工作，激发科技人员的创新热情；通过实施科技与经济融合的政策法规，包括税收激励、融资担保和贷款贴息、政府采购、保护知识产权等政策文件，加强科技成果转化；要通过加强科技管理制度建设，从科技项目的立项评审、组织实施以及项目资金管理、绩效考评等多个方面，进一步规范科技管理程序和措施，规范行政行为；通过加强技术市场方面的立法工作，对技术市场进行规范管理。同时，对一些国务院及各部委颁布的临时性"办法""通知""意见""规定"，力争通过人民代表大会程序，将相关政策上升为法律和条例，增强科技法规的统筹

协调力与执行力,提高科技立法的稳定性和权威性。

3. 通过立法明确对科技计划和科研机构的管理

与西方国家相比,我国科技计划大多采用政府政令的形式审批立项,由科技主管部门负责执行,若执行不当往往容易导致国家级科技计划演变为部门计划。另外,科技决策出台较快且变化频繁,强调政策性规定但缺乏责任条款和问责机制,因此执行过程中出现漏洞也难以追究责任。建议对一定限额以上的国家级科技计划采用立法形式予以规范,明确规定计划的目标、内容、实施办法、负责机构和法律责任等,按照所有制性质,即资金来源和管理属性对不同类别的科研机构分类立法管理,采用法律形式及相关制度规范,界定各类科研机构的研发行为,明确规定科研机构的基本定位、任务、性质、权利、义务、上级主管部门、组织方式、运行方式、拨款方式等,各级立法机构和政府也必须依法资助与监督管理相关机构的科研活动。

4. 加强对科技法规的执法检查

要进一步明确科技政策法规的执行责任主体,不断创造条件,提高科技政策法规的执行力。进一步加强对科技法规的普及宣传和教育,营造有利于科技法规执行的良好社会氛围。要通过多种方式和多方面协调,加大对科技法规的实施监督力度,特别是人民代表大会与政府有关部门要加强协调,就科技法规的落实情况进行执法检查,提高执法力度。要积极做好工商、税务及财政等部门的协调工作,确保科技政策法规的有效贯彻实施。

11.4 完善投入机制,优化科技资源配置政策和支持

经费投入是实施科技创新、建设创新型国家的基础保障。在科技经费筹集多元化的趋势下,财政投入仍然起着重要的基础保障和引导、调节作用,是优化科技经费投入的关键,也是通过机制创新优化科技资源配置的最有效手段。中央财政尤其要充分发挥对全社会科技资源投入的优化与引导作用,促进科技资源的均衡与协调发展,提高财政资金的配置效率。

1. 优化科技经费投入结构

经费投入结构决定经费使用效益。当前,要针对我国科技经费投入结构中不尽合理的方面不断采取优化措施,适当调整竞争性经费和非竞争性经费投入比例,以便稳定基本科研,营造适当的科技竞争氛围。科技基础研究是技术创新的源泉,代表着一个国家的科研实力和科技水平,是一个国家科技、经济和社会发展的潜

力与后劲所在,加之基础研究具有公共产品属性,因此,财政经费尤其是中央财政应该更多地关注基础研究。适当调整在不同类科技资源建设与条件创造方面的资金投入。优化科技经费在不同类型单位的分配格局。对于高校和重要的高水平科研院所,应该对其基础研究工作予以重点支持,对于行业特点鲜明的科研院所,应该与产业发展紧密结合,重点支持其应用基础研究和 R&D 工作,对于一些军民两用的共性技术研究单位,可加大投入力度,促进其技术研发与推广。

2. 加大中央财政向中西部欠发达地区倾斜的力度

对政府"促进区域科技资源公平、合理分配的调节职能"而言,中央财政科技拨款除了体现效率目标以外,更应该体现均衡目标。当前,东部发达地区地方政府财政实力较强,对科技投入力度也较大,对中央财政科技投入的需求相对较少;中西部欠发达地区则投入不足,需要中央政府通过直接财政投入、重大科技战略布局、科技计划与项目、财政税收和科技金融等各种政策手段,调动优势科技资源向中西部倾斜和支持,特别是将东部地区先进的创新资源和现代科技理念与管理经验引进到中西部欠发达地区,通过市场开发与政府引导相结合、基础能力培育与引进消化吸收相结合,统筹利用好国际国内"两种资源、两个市场",去着力扶持少数民族地区、边远地区、贫困地区的科学发展和技术进步,促进地区之间科技资源的均衡配置和科技协调发展。

3. 建立多元化科技经费投入体系

充分发挥财政科技经费在全社会科技投入中的"杠杆作用"和"放大效应",通过财政补贴、税收优惠等多种方式,引导全社会多渠道、多形式和多层次地投入研发活动,增强政府投入调动全社会科技资源配置的能力,建立以政府投入为引导、企业投入为主体、金融信贷与风险投资为支撑、社会投入为补充的多元化、多渠道的科技投融资体系。在保证中央财政基本投入的基础上,建立中央与地方投入联动机制,形成财政支持科技活动的强大合力,保证地方科技财政资金的稳定增长。鼓励银行、证券、保险等金融机构加强对创新型企业的金融支持,引导金融部门积极向科技创新项目倾斜,积极发展中小企业信用担保和再担保机构,加快建立科技型中小企业信用担保体系,建立科技成果转化和高新技术风险投资机制,大力发展风险投资基金和风险投资公司,扶持创业投资企业发展,并引导其增加对中小企业和高新技术企业的投资。

4. 强化科技经费的监管

建立和完善适应科学研究规律和科技工作特点的科技经费管理制度,要按照国家预算管理的规定,提高国家科技计划管理的公开性、透明度和公正性,提高财政资金使用的规范性、安全性和有效性，建立健全相应的评估和监督管理机制。规范科技经费使用，完善科技计划体系，加强衔接，强化科技经费使用监管，减少科技经费的交叉投入和重复浪费，实行经费管理重心后移，放宽预算调整条件，加强合理性审计，妥善解决科技经费使用中的现实问题，结余资金由科研单位统筹使用，过程公开。建立和完善政府资助项目的监督管理机制，包括加快对中介组织的培育，建立第三方监管体系，建立相关利益者参与机制，解决成本约束下的有效监督问题，完善现有的项目竞标机制，使政府的资金配置在保证效率的基础上兼顾公平。

11.5 实施人才战略，加强科技资源配置基础和动力

科技创新，人才为本。当前，人才资源已成为最重要的战略资源，必须着力加强科技人才队伍建设，为建设创新型国家提供人才保障。

1. 加大对重点科研人才和团队的引进与培养

要认真落实《国家中长期人才发展规划纲要（2010—2020 年）》精神，根据重点领域、重点产业的人才需求状况，依托重大科研和建设项目、重点学科和科研基地以及国际学术交流与合作项目，深入实施"千人计划""创新人才推进计划""海外高层次人才引进计划""国家高技能人才振兴计划"等重大人才工程，培养造就一批具有世界前沿水平的高级专家。其中，在东部地区，重点围绕东部产业转型升级需求，分层次、有计划地引进一批能够突破关键技术、发展高新技术产业、带动新兴学科的战略科学家和创新创业领军人才，建设一批海外高层次人才创新创业基地。在中西部欠发达地区，主要通过制定和落实相关人才政策，灵活采用多种人才引进模式，以及灵活的工作时间安排和用人制度，促进高层次创新型人才在欠发达地区创新创业。

2. 加大对青年科技人才的支持力度

大力推进"青年英才开发计划""专业技术人才知识更新工程"，采取及早选苗、重点扶持、跟踪培养等特殊措施，使大批青年人才持续不断地涌现。特别是对于中西部欠发达地区，要依托重点学科和科研基地、重大科研项目和重大工程，以及国际学术交流合作项目，破除科学研究中的论资排辈和急功近利现象，着力培养造就一大批中西部紧缺的青年科技人才和创新团队。支持国有高新技术企业对做出突出贡献的科技人员和管理人员实施期权等激励政策，探索建立知识、技术与管理等资源参与分配的相关举措。支持企业引进高层次科技人才和招聘外籍科学家与工程师。

3. 完善人才共享、流动、激励机制

推进创新人才的信息共享，建立分类人才信息库，重点建立创新型领军人才信息库，逐步健全配套完善、反应灵敏、指导有效的人才开发信息体系。完善人才在企业、高校、科研院所之间的流动机制，促进创新人才"柔性流动"和"柔性聘用"，建立公正、客观的人才选拔和评价机制，积极推进股权激励工作，鼓励智力资源和技术资源以各种形式参与创新收益分配，加大政府奖励，实行期权、分红、年薪制等，增强对关键岗位、核心骨干等的激励，激发创新人才的创新热情和活力。

4. 构建有利于创新人才成长的文化环境

在企业、高校和科研院所建立符合科技人才不同特点的职业发展途径，鼓励和支持科技人员在创新实践中成就事业并享有相应的社会地位与经济待遇。改进科技评价和奖励方式，完善以创新和质量为导向的科研评价办法，改变考核过于频繁、过度量化、标准单一的倾向。加大对基础研究、前沿技术研究、社会公益类科研机构的投入力度，建立以财政性资金设立的科研机构，创新绩效综合评价制度，完善科技经费管理办法和国家科技计划管理办法，对高水平创新团队给予长期稳定的支持，改善青年科技人才的生活条件。加强科研诚信建设，遏制学术研究中的浮躁之风和不良风气。鼓励探索，宽容失败，倡导学术自由和民主，提倡理性怀疑和批判，激发创新思维，活跃学术气氛，形成宽松和谐、健康向上的创新文化氛围。

11.6 加强平台建设，促进科技资源配置共建和共享

科技基础条件平台是在信息、网络等技术支撑下，由研究实验基地、大型科学设施和仪器装备、科学数据与信息、自然科技资源等组成，通过有效配置和共享，服务于全社会科技创新的支撑体系，它是科技创新的物质基础和保障。

1. 建立一批科技创新平台

根据国家重大战略需求，在东部地区新兴前沿交叉领域和关键产业及重点科技领域，依托重要的科研院所、高校和大中型科技企业或采取企业与科研院所和大学共建的方式，继续建设一批具有世界领先水平的国家和省级重点实验室、工程技术中心及大科学工程，着力增强东部发达地区科技型企业的自主创新能力和市场竞争力。在中西部地区，选择科技基础条件较好、资源存量较丰富，特别是科技人才相对聚集的区域创新中心，或者在若干具有地方特色和优势的领域，依

托国家科研院所和研究型大学,重点建设一批队伍强、水平高、学科综合交叉的国家重点实验室、工程技术中心和其他科学研究实验基地,提升中西部地区科技创新能力。通过这些区域创新中心的研究实验基地建设,进一步推进项目、人才、基地的深度结合,促进优势科技资源的整合与利用,发挥科技资源效益。与此同时,要以各区域创新中心为龙头,以各科研单位和科技型企业为依托,积极推进大型科学仪器、设备、设施的共享与建设,逐步形成全国性的共享网络。

2. 建立一批科技成果转化平台

在东、中、西部地区,充分利用现代信息技术手段,通过体制机制创新,积极探索建立一批政府引导和市场机制推动相结合的科技成果转化平台,为中小企业和科技人才创新创业提供良好的环境。一是围绕各地主导产业和优势传统产业,整合创新资源,培育一批具有资质和品牌的科技型企业孵化器、生产力促进中心、高新技术企业创业服务中心、科技信息中心、技术市场和评估等科技服务机构,加快企业技术中心、行业工程技术研究中心和产业公共技术服务平台建设。二是积极发展民营科技中介服务机构,为科技型中小企业提供融资咨询、项目推介、创业辅导、人才引进、投融资担保以及减免税收、科技立项等全方位的一站式服务,促进科技成果的快速转化。

3. 建立一批科学数据与信息公共服务平台

"以整合为主线,以共享为核心",建设覆盖全国各大中城市的科技信息与技术创新服务平台。一是建设一批数字化的科技文献资源库,促进相关部门、地方科技文献网络系统的对接和共享,构建种类齐全、结构合理的国家科技文献资源保障和服务体系。二是选择若干重大科学领域,充分利用现代信息技术和公共网络基础设施,构建服务于全社会科技创新活动的跨地域、实时的网络协同环境,促进科学数据与文献资源的共享,推动科学研究手段、方式的变革。三是对科技资源进行战略重组和系统优化,构建集中与分散相结合的国家科学数据中心群,推动面向各类创新主体的共享服务网建设,形成国家科学数据分级分类共享服务体系。

4. 健全科技基础条件平台共享机制

建立有效的共享机制是科技基础条件平台建设的前提。当前,要根据"整合、共享、完善、提高"的原则,借鉴国际相关标准和规范,一是在国家层面做好科技资源共享的顶层设计,制定各类科技资源的法律法规、管理制度和技术标准,健全科技资源共享的政策法规体系,推进不同部门、地方和单位间实现共享科技条件资源;二是针对不同类型科技条件资源的特点,打破当前条块分割、相互封闭、重复分散的格局，推进大型科学仪器设备和设施、科学数据和信息等科技资源的共建共享，形成一批联网运行和资源共享的综合性、专业性野外观测实验基地；三是通过体制机制创新，采用灵活多样的共享模式，促进全社会科技资源高效配置和综合集成，提高科技创新能力。

11.7 建立创新体系，促进科技资源配置产学研紧密结合

市场竞争是科技创新的外部动力，而科技创新又是企业提升其市场竞争力的根本途径。随着我国市场体制的不断健全和对外开放的不断深化，我国企业在技术创新中发挥着越来越重要的作用。建立以企业为主体的产学研科研体系，已成为我国科技发展的必然趋势和根本方向。

1. 为企业创新营造良好的环境

当前，建立以企业为主体、产学研有机结合的创新体系其实是一个市场环境问题，如果非创新企业在市场中能获利甚至可获得暴利，则企业就没有冒风险进行创新的内在动力。目前，战略性新兴产业更多应激励生产环节的创新，一旦核心技术壁垒取得突破，会吸引大量投资。中小企业特别是科技型中小企业富有创新活力，但承受创新风险的能力较弱。而中国的一些大企业则热衷于通过各种关系取得廉价土地谋求丰厚利润，相对而言，主动进行科技创新的热情不够。同时，尽管中小企业有创新热情，但新兴战略产业发展规划主要为了支持大企业发展，进入门槛很高，难以形成合理的市场竞争态势。因此，建立以企业为主体的产学研科研体系，改革科技管理体制，营造良好的创新环境至关重要。

2. 着力培育企业成为真正的创新主体

当前，企业还不是真正的创新主体。今后，应加快完善市场经济环境，通过财税、金融等政策，引导企业增加研究开发投入，推动企业逐步成为科技创新的真正主体。一是鼓励企业与高校、科研院所建立各类技术创新联合组织，增强技术创新能力。可依托具有较强研发能力和技术辐射能力的转制科研机构或大企业，集成高校、科研院所等相关力量，组建以企业为主体的国家工程中心、重点实验室等，提升企业科技创新能力。二是通过优惠政策，引导社会资金向研发和产业化聚集，提升企业高新技术研发投入的积极性。三是健全技术转移机制，提升企业技术的集成应用能力。只有让更多的企业成为研发投入的主体、技术创新的主体、创新成果应用的主体，我国的科技进步和创新才可以实现新的历史性跨越。

3. 增强企业创新的内在动力

一方面，应积极深化企业化转制科研机构产权制度等方面的改革，构建完善的科研管理体制和合理有效的激励机制，提升企业在高新技术产业化和行业技术创新中的作用与影响力。另一方面，要把技术创新能力建设作为考核科技型企业的重要指标，在高新技术企业产权制度改革中，将技术资源参与分配作为重要内容纳入进去，努力探索在市场经济条件下，依靠利益驱动来引导企业进行科技创新。

4. 做大做强经济技术开发区和高新技术产业园区

一是在有资源优势、有市场需求、有聚集效应的地方，经过充分论证和一定的审批程序，建设产业聚集园区，引进产业项目吸引各类创新型企业向园区集聚，鼓励国内外资金、项目、技术和人才参与园区建设，达到互利共赢的目标。二是落实好国家自主创新配套政策，用足、用活、用好高新技术企业认定、研发费用税前加计扣除、技术转让免税等政策。同时，鼓励利用资本市场，积极研究扩大代办股份转让系统的试点范围，适时将试点扩大到具备条件的高新技术园区。

11.8 建立区域联盟，强化科技资源配置区域能力

1. 加大对中西部欠发达重点区域的倾斜力度

地理学派增长极理论的最早阐述者、美国经济学家赫希曼在其代表作《经济发展战略》中指出，经济进步并不同时在每一处出现，而一旦出现，强有力的因素必然会使得科技创新增长围绕最初出发点集中。对于任何具有较高收入水平的经济而言，它必定会在一个或几个区域实力中心首先发展，而在发展过程中，增长点或增长极出现的必然性意味着增长在区际间的不平等是增长本身不可避免的伴生物和条件。科技资源配置要在遵循市场规律和科技创新集聚效应的前提下，在提高市场效率的同时，尽可能促进区域科技的公平协调发展。强化重点区域科技资源的聚集效应，加快建立以推进知识、技术的生产、转移和应用为主要任务的区域科技创新中心，促进中西部地区的特色区域创新体系建设，进而带动所在地区的科技发展。

2. 积极培育以集成创新为特征的区域"创新联盟"

促进科技成果转化并不能仅仅局限于市场的力量，还必须实现资金、技术、市场和政府作用的最佳均衡，走集成创新之路。当前，科技成果在中西部地区实

现转化之所以困难重重，一方面是因为资金分散、技术分散、市场分散，有市场但不能形成有形的技术转化和突破的力量，进而难以实现资金、技术、人才等资源的有效组合；另一方面是因为以企业为主体、市场为导向、产学研相结合的技术创新体系没有真正建立起来。问题的根本原因在于企业技术创新主体地位还不够稳固，企业的创新投入还远远不够。因此，必须尽快摆脱由政府或"体制内"的机构为主导直接实现科技成果转化的模式，逐步形成由市场和行业中的优势企业通过组建以集成创新为特色的区域"技术创新联盟"来实施与推动的模式。

3. 形成区域创新技术市场服务体系

整合全国技术转移和创新服务资源，形成统一开放、网上网下结合、产学研中介等各方主体扁平化合作的全国大技术市场。建立全国技术转移联盟和技术转移行业组织，推动建立区域和行业技术转移联盟。建立全国技术转移合作组织。以国家高新区和重点高新技术企业为依托，组建以国家技术转移示范机构、高校、科研院所为支撑的产业技术转移联盟，推动国家重大科技成果落地转化。筹建全国技术转移联盟和技术转移专业委员会，推动建立区域、行业技术转移联盟。在条件合适的中心城市或国家高新区形成省市共建的以区域科技资源的统筹与配置为核心功能的新型市场。创新技术产权交易模式，探索建立服务于高新区、高新技术企业股权交易、技术并购及股权融资等业务的技术产权交易平台。

4. 建设国家技术转移集聚区和区域技术转移核心区

依托有比较优势区域，建设主体功能突出、创新基础较好的区域性服务业创新中心和产业化基地。充分发挥北京中关村国家自主创新示范区的资源与政策优势，在中关村西区建设国家技术转移集聚区，实现国内外知名产业（工业）技术研究机构、技术转移机构、科技金融机构等的空间集聚，打造连接国内外技术、金融、资本、人才和资源高效配置的国家技术转移大平台。在深圳、西安、成都等地建立南方、西北、西南等区域技术转移核心区。集成资源，创新商业模式，着重突破技术转移"最后一公里"的瓶颈制约，形成全国技术转移全新格局。初步形成东、中、西部分工协作、功能互补、多层次合作的区域创新体系。

参 考 文 献

[1] 刘玲利. 关于科技资源配置的国外研究综述［J］. 生产力研究，2008（6）：147-150.
[2] 董明涛，孙研，王斌. 科技资源及其分类体系研究［J］. 合作经济与科技，2014（19）：28-30.
[3] 杨子江. 科技资源内涵与外延探讨［J］. 科技管理研究，2007（2）：213-216.
[4] 刘润达. 科技资源共享及其关键问题分析——基于利益驱动的视角［J］. 情报杂志，2014，33（1）：173-177.
[5] 刘玲利. 科技资源要素的内涵、分类及特征研究［J］. 情报杂志，2008（8）：125-126.
[6] 李建华，刘玲利，郑东. 科技资源要素的特征及作用机制［J］. 经济纵横，2007（3）：51-53.
[7] 青木昌彦，奥野正宽. 经济体制的比较制度分析［M］. 北京：中国发展出版社，1999.
[8] 钱国靖. 比较经济学［M］. 上海：复旦大学出版社，1997.
[9] 樊纲. 渐进改革的政治经济学分析［M］. 上海：上海远东出版社，1996.
[10] 李炳炎. 中国经济大辞典［M］. 海口：南方出版社，1990.
[11] 马克思，恩格斯. 马克思恩格斯选集：第1~4卷［M］. 北京：人民出版社，1995.
[12] 列宁. 列宁全集：第10卷［M］. 北京：人民出版社，1958.
[13] 何新. 何新政治经济论集［M］. 哈尔滨：黑龙江教育出版社，1995.
[14] 亚当·斯密. 国富论［M］. 大连：大连理工大学出版社，2013.
[15] 宋河发，眭纪纲. NIS框架下科技体制改革问题、思路与任务措施研究［J］. 科学学研究，2012（3）：1157-1164.
[16] 杨振寅，邓广，刘新立. 反思当今的中国科技体制改革［J］. 战略与管理，2003（3）：101-107.
[17] 张忠迪. 高校科技创新体制和机制存在的问题及对策研究［J］. 科技管理研究，2010（11）：124-126.
[18] 李正风. 关于深化我国科技体制改革的若干思考［J］. 清华大学学报（哲学社会科学版），2000（6）：39-44.
[19] 曾丽雅. 科技创新的体制障碍与改革方向［J］. 公共管理，2012（11）：150-153.
[20] 曾白凌，张金来. 科技创新体制与法治关系研究［J］. 中国科技论坛，2007（8）：23-27.
[21] 杜宝贵. 论转型时期我国"科技创新举国体制"重构中的几个重要关系［J］. 科技进步与对策，2012（9）：1-4.
[22] 周振华. 科技宏观管理体制及机制如何变革与创新［J］. 学术月刊，2006（38）：79-86.
[23] 黄涛，张瑞. 论科技管理体制改革的理论基础［J］. 科技管理研究，2012（23）：21-25.
[24] 王毅. 探索中国科技管理体制的新变化［J］. 华东经济管理，2007（3）：93-95.
[25] 潘源源. 适应入世发展形势要求深化科技管理体制改革［J］. 今日科技，2002（6）：21-22.
[26] 林亚萍. 浅谈我国科技管理体制改革［J］. 科技视界，2015（11）：288.
[27] 曹聪，李宁，李侠，等. 中国科技体制改革新论［J］. 自然辩证法通讯，2015，37（1）：12-23.

[28] 朱效民. 科技体制改革的"体"与"用"——兼谈科技体制改革的一点思路 [J]. 自然辩证法研究, 2012, 28 (7): 68-73.

[29] 林武汉. 科技管理体制现状分析及改革建议 [J]. 科技致富向导, 2010 (26): 152-153.

[30] 冯晓青. 科技创新体制与我国知识产权公共政策的完善 [J]. 吉首大学学报 (社会科学版), 2013 (2): 53-57.

[31] 黄涛, 胡雅洵. 我国科技体制改革向何处去——一个综述的视角 [J]. 长沙理工大学学报 (社会科学版), 2014, 29 (6): 5-10.

[32] 宋振全, 于云荣, 张学津. 科技创新体制的建立与培育 [J]. 科技信息 (科学教研), 2008 (18): 350.

[33] 彭华涛. 科技体制改革演进过程中的科技创新规律——基于《人民日报》1985—2013年标题的文本分析 [J]. 科学学研究, 2014, 32 (9): 1313-1321.

[34] 张敏容. 中国科技体制改革的路径选择 [J]. 北京理工大学学报 (社会科学版), 2007 (6): 47-50.

[35] 王宏伟, 李平. 深化科技体制改革与创新驱动发展 [J]. 求是学刊, 2015, 42 (5): 49-56.

[36] 云涛. 我国科技体制改革的阶段成效与深化改革的对策建议 [J]. 科学管理研究, 2009, 27 (4): 10-12.

[37] 张钊, 杨建飞, 李辉. 打造中国经济升级版下的中国科技创新体制研究 [J]. 科学管理研究, 2015 (1): 20-23.

[38] 顾建光. 公共经济学原理 [M]. 上海: 上海人民出版社, 2007.

[39] 詹姆斯·布坎南. 民主财政论——财政体制和个人选择 [M]. 北京: 商务印书馆, 1993.

[40] 科斯, 诺斯, 威廉姆森, 等. 制度、契约与组织 [M]. 北京: 经济科学出版社, 2003.

[41] 埃瑞克·G. 菲吕博顿, 鲁道夫·瑞切特. 新制度经济学 [M]. 孙经纬, 译. 上海: 上海财经大学出版社, 1998.

[42] 魏守华, 吴贵生. 区域科技资源配置效率研究 [J]. 科学学研究, 2005 (4): 467-473.

[43] 管燕, 吴和成, 黄舜. 基于改进DEA的江苏省科技资源配置效率研究 [J]. 科研管理, 2011 (2): 145-150.

[44] 杨传喜, 徐顽强, 张俊飚. 农林高等院校科技资源配置效率研究 [J]. 科研管理, 2013 (4): 115-122.

[45] 罗珊, 安宁. "泛珠三角"区域科技资源配置的现状、问题及对策 [J]. 科研管理, 2007 (1): 181-188.

[46] 丁厚德. 科技管理创新是科技创新的保证——试论科技资源宏观层次的配置管理 [J]. 科学学与科学技术管理, 2001 (5): 7-10.

[47] 陈光, 王艳芬. 关于中国大型科研仪器共享问题的分析 [J]. 科学学研究, 2014 (10): 1546-1551.

[48] 刘剑. 科技资源优化配置提高集合创新力研究 [J]. 科学管理研究, 2014 (4): 12-15.

[49] 范斐, 杜德斌, 李恒. 区域科技资源配置效率及比较优势分析 [J]. 科学学研究, 2012 (8): 1198-1205.

[50] 丁厚德. 改革与建设国家创新体系——中国科技体制改革的挑战与机遇 [J]. 清华大学学报 (哲学社会科学版), 1999 (4): 4-24.

[51] 刘磊, 胡树华. 国内外R&D管理比较研究及对中国科技资源配置的启示 [J]. 科学学

研究，2000（1）：62-66.

[52] 戚湧，郭逸. 基于 SFA 方法的科技资源市场配置效率评价 [J]. 科研管理，2015，36（3）：84-91.

[53] Jorgenson D W, Nishimizu M. *US and Japanese economic growth 1952～1974: an international comparison* [J]. The economic journal, 1978, 88（352）: 707-726.

[54] 刘友平. 美日德韩国家科技资源配置模式比较及其借鉴意义 [J]. 科技与管理，2005，33（5）：91-94.

[55] 雷国胜，李旭. 科技资源配置的路径选择 [J]. 生产力研究，2006（2）：40-41.

[56] 陈若愚. 关于区域科技创新资源及其配置分析的理性思考 [J]. 中国科技论坛，2003（5）：36-39.

[57] 孙宝凤，李建华. 基于可持续发展的科技资源配置研究 [J]. 社会科学战线，2001（5）：36-39.

[58] 吴贵生，魏守华，徐建国，等. 区域科技浅论 [J]. 科学学研究，2004，22（6）：572-577.

[59] 李应博. 有效制度安排下的科技创新资源配置研究 [J]. 科学学研究，2008，26（3）：645-651.

[60] 翟运开，谢锡飞，李娜. 协同创新视角下的高校科技资源配置模式研究 [J]. 科技管理研究，2014（18）：91-95.

[61] 陈喜乐，赵亮. 基于自主创新的科技资源配置模式与整合机制 [J]. 科学管理研究，2011，29（3）：11-15.

[62] 李健，杨丹丹，高杨. 面向区域自主创新的科技资源配置模式研究 [J]. 科学管理研究，2013，31（6）：13-16.

[63] 马宁. 企业主导型产学研合作中科技资源配置模式研究 [J]. 研究与发展管理，2006，18（5）：89-93.

[64] 刘玲利. 科技资源配置机制研究——基于微观行为主体视角[J]. 科技进步与对策，2009，26（15）：1-3.

[65] Battese G E, Corra G S. *Estimation of a production frontier model: with application to the pastoral zone of eastern Australia* [J]. Australian journal of agricultural & resource economics, 2012, 21（3）: 169-179.

[66] Gale D, Shapley L S. *College admissions and the stability of marriage* [J]. American mathematical monthly, 1962（69）: 9-15.

[67] 李廉水，我国产学研合作创新的途径 [J]. 科学学研究，1997（3）：41-44.

[68] 鲍新中，王道平. 产学研合作创新成本分摊和收益分配的博弈分析 [J]. 研究与发展管理，2010（5）：75-81.

[69] 罗利，鲁若愚. 产学研合作对策模型研究 [J]. 管理工程学报，2000（2）：1-5.

[71] 高宏伟. 产学研合作利益分配的博弈分析 [J]. 技术经济管理，2011（3）：30-34.

[71] Shapley L S. *Quota solutions of n-person games* [J]. Contributions to the theory of games, 1952（2）: 343-359.

[72] 王敏，唐开秀，李彦. 科技成果转化概述 [J]. 中国高新技术企业，2013（26）：10.

[73] 陈庆. 转型期政府与市场的制度博弈——一个委托代理模型的中国案例分析 [J]. 南方经济，2013（9）：20-22.

[74] 张星明. 科技成果鉴定及其改革研究 [D]. 北京：中国科学技术信息研究所，2003.

[75] 原国家科学技术委员会. 国家科委关于科学技术研究成果的管理办法 [Z]. 1978-11-01.
[76] 夏春阳, 戚湧, 戴力新, 等. 科技创业服务链建设探究——以江苏为例 [D]. 北京: 科学出版社, 2015.
[77] 许端阳. 世界主要国家科技成果转化的新举措及其启示 [J]. 全球科技经济瞭望, 2014 (29): 46-48.
[78] Edward B. Roberts, Denis E. Malone. *Policies and structures for spinning off new companies from research and development organizations* [J]. Working paper, 1995 (3): 1-31.
[79] Henry Etzkowitz. *The norms of entrepreneurial science: cognitive effects of the new university-industry linkages* [J]. Research policy, 1998 (27): 823-833.
[80] Yusuf S. *Intermediating knowledge exchange between universities and business* [J]. Research Policy, 2008, 37 (8): 1167-1174.
[81] Anderson T R. *Measuring the efficiency of university technology transfer* [J]. Technovation, 2007, 27 (5): 306.
[82] 王凯, 邹晓东. 美国大学技术商业化组织模式创新的经验与启示——以"概念证明中心"为例 [J]. 科学学研究, 2014, 32 (11): 1754-1755.
[83] 张慧颖, 史紫薇. 科技成果转化影响因素的模糊认知研究——基于创新扩散视角 [J]. 科学学与科学技术管理, 2013, 34 (5): 28-29.
[84] 赵志耘, 杜红亮. 我国科技成果转化过程监测指标体系探讨 [J]. 中国软科学, 2011 (11): 8-9.
[85] 汪良兵, 洪进, 赵定涛. 中国技术转移体系的演化状态及协同机制研究 [J]. 科研管理, 2014 (5): 1-2.
[86] 吴金希, 李宪振. 台湾工研院科技成果转化经验对发展新兴产业的启示 [J]. 中国科技论坛, 2012 (7): 89-90.
[87] 何彬, 范硕. 中国大学科技成果转化效率演变与影响因素: 基于 Bootstrap-DEA 方法和面板 Tobit 模型的分析 [J]. 科学学与科学技术管理, 2013 (10): 93-94.
[88] 袁晓东, 张军荣, 杨健安. 中国高校专利利用的影响因素研究 [J]. 科研管理, 2014 (4): 76-77.
[89] 吴友群, 赵京波, 王立勇. 产学研合作的经济绩效研究及其解释 [J]. 科研管理, 2014 (7): 146-147.
[90] 郭仁康. 基于 DEA 的科技成果转化效率评价研究 [J]. 新经济, 2014 (2): 34-35.
[91] 赵喜仓, 安荣花. 江苏省科技成果转化效率及其影响因素分析——基于熵值和随机前沿的实证分析 [J]. 科技管理研究, 2013 (9): 81-82.
[92] 张权. 中国科技成果转化效率比较及对策研究 [J]. 科技管理研究, 2014 (13): 141-142.
[93] 唐五湘, 周飞跃, 牛芳. 新时期我国科技成果分类方法与国家重点科技成果推广计划的覆盖范围 [J]. 中国科技论坛, 2005 (2): 65-67.
[94] 孙玉伟. 基于委托代理理论的科技中介机构激励机制研究 [J]. 情报探索, 2010 (2): 47-48.
[95] Arrow K J. *Aspects of the theory of risk-bearing* [M]. Helsinki: Academic Bookstore, 1965.
[96] Reitzig M. *What determines patent value—insights from the semiconductor industry* [J]. Research Policy, 2003 (32): 13-26.
[97] Hu X J, Rousseau R, Chen J. *Citations, family size, opposition and the value of patent rights*

[J]. Journal of the American Society for Information Science and Technology, 2012, 63 (9): 1834-1842.

[98] 张克群, 魏晓辉, 郝娟, 等. 基于社会网络分析方法的专利价值影响因素研究 [J]. 科学学与科学技术管理. 2016 (5): 67-74.

[99] Reitzig M. *Improving patent valuations for management purposes-validating new indicators by analyzing application rationales* [J]. Research Policy, 2004, 33 (6): 939-957.

[100] 岳贤平. 基于产品产出水平的技术许可转让定价机制研究 [J]. 审计与经济研究, 2010 (6): 83-90.

[101] Bidault F. *Technology Pricing: From Principles to Strategy* [J]. Macmillan, London, New York, St Martin's Press, 1989.

[102] 万小丽, 朱雪忠. 专利价值的评估指标体系及模糊综合评价 [J]. 科研管理, 2008 (29): 185-191.

[103] James Bessen. *Estimates of patent rents from firm market value* [J]. Research Policy, 2009 (38): 1604-1616.

[104] 肖翔. 高新技术商品定价模式研究 [J]. 数量经济技术经济研究, 2001 (3): 78-81.

[105] Klemperer P. *How broad should the scope of patent protection be?* [J]. Rand Journal of Economics, 1990, 21 (1): 113-130.

[106] Gilbert R, Shapiro C. *Optimal patent length and breadth* [J]. Rand Journal of Economics, 1988 (21): 106-112.

[107] Se Joon Hong, Jong Won Seo, Young Suk Kim, et al. *Construction technology valuation for patent transaction* [J]. KSCE Journal of Civil Engineering, 2010 (14): 111-122.

[108] Chih-Fong Tsai, Yu-Hsin Lu, Yu-Chung Hung, et al. *Intangible assets evaluation: The machine learning perspective* [J]. Neurocomputing, 2016 (175): 110-120.

[109] 张古鹏, 陈向东. 专利价值评估指标体系与专利技术质量评价实证研究 [J]. 管理工程学报, 2013 (4): 142-148.

[110] 中国技术交易所. 专利价值分析与评估体系规范研究 [M]. 北京: 知识产权出版社, 2015.

[111] 谭春辉, 李思佳, 程凡. 武汉市创新科技成果评价指标研究 [J]. 科研管理, 2016 (4): 607-613.

[112] Grid Thoma. *Composite value index of patent indicators: Factor analysis combining bibliographic and survey datasets* [J]. World Patent Information, 2014 (38): 19-26.

[113] 侯军岐, 侯丽媛. 地方高校科技成果评价因素及排序 [J]. 科研管理, 2016 (4): 476-481.

[114] Michele Grimaldia, Livio Cricellia, Martina Di Giovannib, et al. *The patent portfolio value analysis: A new framework to leverage patent information for strategic technology planning* [J]. Technological Forecasting and Social Change, 2015 (94): 286-302.

[115] 李清海, 刘洋, 吴泗宗. 专利价值评价指标概述及层次分析 [J]. 科学学研究, 2007 (2): 281-286.

[116] 胡小君, 陈劲. 基于专利结构化数据的专利价值评估指标研究 [J]. 科学学研究, 2014 (3): 343-351.

[117] Waugh F V. *Quality factors influences vegetables prices* [J]. Journal of Journal of Farm Economics, 1928 (10): 185-196.

[118] Sherwin Rosen. *Hedonic price and implicit market: product differentiation in pure competition* [J]. Journal of Political Economy, 1974（82）：34-55.

[119] Felix Schläpfer, Fabian Waltert, Lorena Segura, et al. *Valuation of landscape amenities: A hedonic pricing analysis of housing rents in urban, suburban and periurban Switzerland* [J]. Landscape and Urban Planning, 2015（141）：24-40.

[120] Eun Soon Yima, Suna Lee. *Determinants of a restaurant average meal price: An application of the hedonic pricing model* [J]. International Journal of Hospitality Management, 2014（39）：11-20.

[121] John K. Ashton, Robert S. Hudson. *The price, quality and distribution of mortgage payment protection insurance: A hedonic pricing approach*[J]. The British Accounting Review, 2016（39）：145.

[122] 周寄中. 科技资源论 [M]. 西安：陕西人民教育出版社，1999.

[123] 谭文华，郑庆昌. 论国家和地方科技条件建设的分工与互补关系 [J]. 科学学与科学技术管理，2007（4）：37-39.

[124] 吴晓玲，何世伟，郭鹰. 江浙科技条件资源的现状比较及优化配置 [J]. 技术与创新管理，2012（6）：655-659.

[125] 任贵生，李一军. 基于信息化基础的公益性科技资源共享建设若干问题研究 [J]. 中国软科学，2007（1）：122-127.

[126] 周琼琼，玄兆辉. 科技基础条件资源影响力评价体系研究 [J]. 中国科技论坛，2012（6）：5-9.

[127] 石蕾，鞠维刚. 我国重点科技基础条件资源配置的现状与对策 [J]. 科学管理研究，2012（4）：1-4.

[128] 王桂凤，卢凡. 我国科技条件平台建设进展及其思考 [J]. 科技进步与对策，2006（11）：9-13.

[129] 郑庆昌. 科技条件平台共享机制内涵与构成探究——基于资源共享利益矛盾的视角[J]. 科学学与科学技术管理，2009（2）：10-13，22.

[130] 刘继云. 科技基础条件平台的运行机制初探 [J]. 中国科技论坛，2005（5）：56-59.

[131] 吕先志，王瑞丹. 科技基础条件资源丰度指数研究[J]. 中国科技论坛，2013（8）：15-19.

[132] 郭鹰，吴晓玲，何世伟. 科技基础条件资源的自身特征与开放共享——基于浙江大型科学仪器资源调查数据的实证分析 [J]. 科技管理研究，2013，33（2）：24-26，35.

[133] 曾硕勋，张龙，肖琬蓉. 科技基础条件资源保有水平影响因数研究——以甘肃省为例[J]. 甘肃科技，2011（23）：6-12，46.

[134] 王通讯. 人才学通论 [M]. 天津：天津人民出版社，1985.

[135] 叶中海. 人概论 [M]. 长沙：湖南人民出版社，1983.

[136] 李新生. 群体人才学 [M]. 北京：红旗出版社，1987.

[137] Banker R D, Kauffman R J. *Measuring gains in operational efficiency from information technology: A study of the positran development at Hardees's Inc*[J]. Journal of Management Information System, 1990（2）：29-54.

[138] Gedbjerg P. *Human resource development as a strategic parameter in adapting the company to the new market conditions* [J]. VGB Kraftwerkstechnik（German Edition），2001（1）：64-70.

[139] Bodnar, Gabriella, Hornyanszky, et al. *Talent development at the budapest university of technology and economics* [J]. Periodica Polytechnica, Social and Management Sciences, 2005（1）：15-36.

[140] Wang Pengtao. *System analysis applying to talent resource development research* [J]. Journal of Systems Science and Systems Engineering, 2001（3）：381-384.

[141] 王金干,李玉萍,施小丽. 人力资源管理中人才甄选的灰色多层次评价[J]. 工业工程, 2005, 8（1）：87-89.

[142] 封铁英. 科技人才评价现状与评价方法的选择和创新[J]. 科研管理, 2007（S1）：30-34.

[143] 张春海,孙健,刘长花. 我国科技人才开发水平的测度研究[J]. 科技进步与对策, 2012（12）：137-140.

[144] 胡瑞卿. 科技人才合理流动综合指数评价法及其指标权数的确定[J]. 中国软科学, 2006（7）：151-158.

[145] 孙锐,王通讯,任文硕. 我国区域人才强国战略实施评价实证研究[J]. 科研管理, 2011（4）：113-119.

[146] 宋姝婷,吴绍棠. 日本官产学合作促进人才开发机制及启示[J]. 科技进步与对策, 2013（9）：143-147.

[147] 王媛,马小燕. 基于模糊理论与神经网络的人才评价方法[J]. 科学管理研究, 2006（3）：79-81.

[148] 仲伟俊,梅姝娥,谢园园. 产学研合作技术创新模式分析[J]. 中国软科学, 2009（8）：174-181.

[149] 陈劲,阳银娟. 协同创新的理论基础与内涵[J]. 科学学研究, 2012, 30（2）：161-164.

[150] 亨利·埃茨科维兹. 三螺旋[M]. 周春彦,译. 北京：东方出版社, 2005.

[151] Lundvall B-A. *The University in the Learning Economy* [J]. DRUID Working Paper. No 02-06. Aalbory University. Department of Business Studies, 2002.

[152] 张秀萍,黄晓颖. 三螺旋理论：传统"产学研"理论的创新范式[J]. 大连理工大学学报（社会科学版）, 2013, 34（4）：1-6.

[153] 康健,胡祖光. 基于区域产业互动的三螺旋协同创新能力评价研究[J]. 科研管理, 2014, 35（5）：19-26.

[154] 侍卫东. 深入实施创新驱动发展战略推动经济发展迈上新台阶[N]. 宿迁日报, 2015-02-13（6253）.

[155] 郁芬. 省第八批科技镇长团出征王炯出席下派工作会议并讲话[EB/OL]. 新华日报, 2015-09-01/2018-09-26.

[156] 吴纪攀. 江苏常熟"科技镇长团"给力经济转型升级[EB/OL]. 人民网, 2014-05-04/2018-09-26.

[157] 孙忠法. 江苏选派"科技镇长团"提升区域创新能力的实践[EB/OL]. 中国共产党新闻网, 2012-10-08/2018-09-26.

[158] 苏屹,李柏洲. 大型企业原始创新支持体系的系统动力学研究[J]. 科学学研究, 2010, 28（1）：141-150.

[159] 王灏晨,夏国平. 基于系统动力学的广西区域创新系统研究[J]. 科学学与科学技术管理, 2008, 29（6）：66-71.

[160] 严炜炜. 产业集群跨系统创新服务融合系统动力学分析[J]. 科技进步与对策, 2015,

32（8）：56-60.

[161] 彭华涛. 区域科技资源配置的新制度经济学分析［J］. 科学学与科学技术管理，2006（1）：141-144.

[162] 雷国胜，李旭. 资源配置的路径选择［J］. 生产力研究，2006（2）：40-41.

[163] 孙绪华. 我国科技资源配置的实证分析与效率评价［D］. 武汉：华中农业大学，2011：41.

[164] 李立，邓玉勇. 科技资源市场化配置模式探析［J］. 青岛化工学院学报，2000（4）：33-35，46.

[165] 刘凤朝，徐茜. 基于计算实验的科技资源配置结构优化研究［J］. 管理学报，2011（12）：1851-1858.

[166] 李冬琴，李靖华，吴晓波. 我国高校和科研机构科技竞争力的比较分析［J］. 科学学研究，2003（8）：378-384.

[167] Shohert S. Prevezer M. *UK biotechnology: institutional linkages, technology transfer and the role of intermediaries* ［J］. R&D Management，1996，26（3）：283-298.

[168] Seaton R，Cordey-Hayes M. *The development and application of interactive models of industrial technology transfer* ［J］. Technovation，1993，13（1）：45-53.

[169] Hargadon A，Sutton R I. *Technology brokering and innovation in a product development firm* ［J］. Administrative Science Quarterly，1997，42（9）：716-749.

[170] Mantel S J，Rosegger G. *The role of third-parties in the diffusion of innovations: a survey* ［A］. Rothwell R，Bessant J. *Innovation: adaptation and growth*［C］. Amsterdam: Elsevier，1987.

[171] Aldrich H E，von Glinow M A. *Business start-ups: The HRM imperative* ［A］. Birley S，acMillan I C. *International Perspectives on Entrepreneurial Research* ［C］. New York: North-Holland，1992.

[172] Turpin T，Garrett-Jones S，Rankin N. *Bricoleurs and boundary riders: Managing basic research and innovation knowledge networks*［J］. R&D Management，1996，26（3）：267-282.

[173] 胡树华，高艳. 中部科技投入的现状及其对经济增长的相关性分析［J］. 科技进步与对策，2004（12）：56-58.

[174] 刘志辉，唐五湘. 北京市科技投入现状分析与评价［J］. 科学学与科学技术管理，2007（12）：1-7.

[175] 赖于民. 云南省全社会科技投入现状分析与评价［J］. 中国软科学，2004（5）：103-106.

[176] 王永春，王秀东. 日本科技投入现状及其发展趋势［J］. 科技进步与对策，2010，27（13）：21-23.

[177] 盖红波. 后危机时代全球科技投入态势分析［J］. 世界科技研究与发展，2011，33（6）：1094-1098.

[178] Gary Becker，Murply. *The division labor, coordination knowledge* ［J］. Quarterly Journal of Economics，1992（107）：1137-1160.

[179] Guellec，Bruno. *R&D and productivity growth: panel data analysis of 16 OECD countries* ［J］. OECD Economic Studies，2001（33）：103-126.

[180] Coe David and Helpman. *International R&D spillovers* ［J］. European Economic Review，1995（39）：859-887.

[181] Jones Charles I. *Growth: with or without scale effect*[J]. American Economic Review, 1998 (89): 139-144.

[182] Brimble P, Doner R. *University-industry linkages and economic development: The case of Thailand* [J]. World Development, 2007, 35 (6): 1021-1036.

[183] 张治河, 冯陈澄, 李斌, 等. 科技投入对国家创新能力的提升机制研究 [J]. 科研管理, 2014, 35 (4): 149-160.

[184] 赵捷. 地区科技投入强度与经济发展对比分析 [J]. 中国科技论坛, 2004 (5): 49-53.

[185] 李惠娟, 赵静敏, 马元三. 基于省际面板数据模型的地方财政科技投入与经济增长的关系研究 [J]. 科技进步与对策, 2010, 27 (13): 44-48.

[186] 王立成, 牛勇平. 科技投入与经济增长: 基于我国沿海三大经济区域的实证分析 [J]. 中国软科学, 2010 (8): 169-177.

[187] 唐未兵, 傅元海. 科技投资、技术引进对经济增长集约化的动态效应——基于状态空间模型的变参数估计 [J]. 中国软科学, 2014 (9): 172-181.

[188] 胡恩华, 刘洪, 张龙. 我国科技投入经济效果的实证研究 [J]. 科研管理, 2006, 27 (4): 71-76.

[189] Guan J C, Chen K H. *Modeling the relative efficiency of national innovation systems* [J]. Research Policy, 2011 (7): 1-14.

[190] Raab R A, Kotamraju P. *The efficiency of the high-tech economy: Conventional development indexes versus a performance index*[J]. Journal of Regional Science, 2006, 46 (3): 545-562.

[191] Lu Y H, Shen C C, Ting C T, et al. *Research and development in productivity measurement: An empirical investigation of the high technology industry* [J]. African Journal of Business Management, 2010, 4 (13): 2871-2884.

[192] Nasierowski W, Arcelus F J. *On the efficiency of national innovation systems* [J]. Socio-economic Planning Sciences, 2003 (37): 215-234.

[193] Wang Eric C. *R&D efficiency and economic performance: A cross-country analysis using the Stochastic frontier approach* [J]. Journal of Policy Modeling, 2007, 29 (2): 260-273.

[194] Helvoigt T L, Adams D M. *A stochastic frontier analysis of technical progress, efficiency change and productivity growth in the Pacific Northwest sawmill industry* [J]. Forest Policy and Economics, 2009 (11): 280-287.

[195] Kneller R, Stevens P A. *Frontier technology and absorptive capacity: Evidence from OECD manufacturing industries* [J]. Oxford Bulletin of Economics and Statistics, 2006, 68 (1): 1-21.

[196] 刘媛媛, 孙慧. 新疆科技投入对区域经济增长的贡献度分析——基于扩展C-D生产函数和DEA分析法 [J]. 科研管理, 2014, 35 (10): 26-32.

[197] 方爱平, 李虹. 基于DEA模型的西部区域科技投入产出效率分析——以西部大开发12个省、市、自治区为例 [J]. 科技进步与对策, 2013, 30 (15): 52-56.

[198] 管燕, 吴和成, 黄舜. 基于改进DEA的江苏省科技资源配置效率研究 [J]. 科研管理, 2011 (2): 45-150.

[199] 韩晶. 中国高技术产业创新效率研究——基于SFA方法的实证分析 [J]. 科学学研究, 2010, 28 (3): 467-472.

[200] 胡求光,李洪英. R&D 对技术效率的影响机制及其区域差异研究——基于长三角、珠三角和环渤海三大经济区的 SFA 经验分析 [J]. 经济地理, 2011, 31 (1): 26-31.

[201] 丁昇. 科技资源共享之政府职责研究 [J]. 才智, 2010 (9): 202.

[202] 程刚. 试论政府微观规制在市场经济发展中作用的有效性——兼论市场失灵带来的资源配置损失 [J]. 新疆金融, 2008 (8): 15-18.

[203] 邵长斌. 知识与智力资源配置的市场化与规制研究 [J]. 学术论坛, 2016, 39 (4): 51-55.

[204] 王宏原,马启华. 论人才的非规范流动及其规制 [J]. 北京劳动保障职业学院学报, 2004, 12 (2): 23-25.

[205] 康凯,张鲁,蒋石梅. 加拿大工程技术人才培养的质量规制分析 [J]. 高等工程教育研究, 2015 (6): 83-89.

[206] 钟灿涛. 开放与保密:科技信息传播控制及其对创新的影响——以美国科技信息传播控制机制为例 [J]. 科学学研究, 2013, 31 (3): 335-343.

[207] Krysiak F C. *Environmental regulation, technological diversity, and the dynamics of technological change* [J]. Journal of Economic Dynamics & Control, 2011, 35 (4): 528-544.

[208] Kim E H. *Deregulation and differentiation: Incumbent investment in green technologies* [J]. Strategic Management Journal, 2013, 34 (10): 1162-1185.

[209] Hira R. *U. S. immigration regulations and India's information technology industry* [J]. Technological Forecasting & Social Change, 2004, 71 (8): 837-854.

[210] Agboola J I. *Technological innovation and developmental strategies for sustainable management of aquatic resources in developing countries* [J]. Environmental Management, 2014, 54 (6): 1237.

[211] Engberg R, Altmann P. *Regulation and technology innovation: A comparison of stated and formal regulatory barriers throughout the technology innovation process* [J]. Journal of Technology Management & Innovation, 2015, 10 (3): 85-91.

[212] 付小勇,朱庆华. 政府管制下处理商选择拆解方式的演化博弈研究 [J]. 中国人口·资源与环境, 2012 (1): 70-76.

[213] 吴建南,卢攀辉. 地方政府对科技资源整合模式的选择与应用分析 [J]. 科学学与科学技术管理, 2006 (9): 132-136.

[214] 葛新权,王国成. 博弈实验进展 [M]. 北京:社会科学文献出版社, 2008.

[215] 陈珂珂. 科技基础条件平台共享机制演化博弈分析 [J]. 中国科技资源导刊, 2012 (2): 55-50.

[216] 郑长江,谢富纪. 科技资源共享的效益提升路径设计 [J]. 科技进步与对策, 2010 (15): 7-10.